高职高专"十三五"精品规划教材

有机化学实验技术

（第二版）

主编　茹立军　李文有　张禄梅

U0218284

天津大学出版社
TIANJIN UNIVERSITY PRESS

内 容 提 要

本书按照绪论、有机化学实验基础知识、有机化学实验技术、有机化合物物理常数的测定、有机化合物的性质及合成制备、生物高分子化合物实验技术和综合性、设计性实验等 7 章进行编写。前 4 章以培养有机实验技术的基本技能为主;后 3 章与有机合成结合起来,提升有机综合实验能力。本书是高职高专化工类专业的通用教材,也可作为有机合成操作人员进行职业技能培训的教材和专业技术人员的参考书。

图书在版编目(CIP)数据

有机化学实验技术/茹立军,李文有,张禄梅主编.
—2 版 . —天津:天津大学出版社,2018. 10(2022. 1 重印)
高职高专"十三五"精品规划教材
ISBN 978 - 7 - 5618 - 6081 - 6

Ⅰ. ①有…　Ⅱ. ①茹…②李…③张…　Ⅲ. ①有机化
学—化学实验—高等职业教育—教材　Ⅳ. ①O62 - 33

中国版本图书馆 CIP 数据核字(2018)第 029447 号

出版发行	天津大学出版社
地　　址	天津市卫津路 92 号天津大学内(邮编:300072)
电　　话	发行部:022 - 27403647
网　　址	publish. tju. edu. cn
印　　刷	廊坊市海涛印刷有限公司
经　　销	全国各地新华书店
开　　本	185mm×260mm
印　　张	12. 75
字　　数	328 千
版　　次	2012 年 3 月第 1 版　2018 年 10 月第 2 版
印　　次	2022 年 1 月第 3 次
定　　价	32. 00 元

第二版前言

《有机化学实验技术》第一版于 2012 年 3 月出版。第一版的编写旨在建立一个集能力与素质于一体的实验技能训练模式,即实现基本技能、应用性技能与综合性技能训练。几年来该书经石油化工生产技术、应用化工技术、制药、生物工程、工业分析检验等专业的使用,取得了一定的成效。学生经过该模式的训练之后,都能较熟练地掌握有关有机合成及基本物理常数测定等实验技能,并且综合应用实验技能解决实际问题的能力都有了显著提高。

第二版教材在保持第一版的指导思想和教材特色的基础上,为进一步推进大学一年级化学实验教学的改革和发展,遵循教育部有关实验改革的精神,大力改革实验教学的形式和内容,开设综合性、设计性实验,在进一步加强学生的自学能力、解决实际问题的能力和创新能力的培养方面作了一些新的尝试。据此对第一版作了如下修改。

第一,内容涵盖了有机化学实验的基础知识、基本操作和基本技能,如有机化合物熔点、沸点的测定,蒸馏、萃取、重结晶等操作技术;同时融入了有机合成,天然物质有效成分的提取、纯化等实验内容,如阿司匹林的制备、茶叶中咖啡因的提取等;并且新加入了部分设计性实验,如香豆素的制备、冬青油的制备等,使学生在巩固和加深基础理论和基本知识的基础上,分析问题和解决问题的能力均得到提高;在巩固有机化学经典实验的基础上,还加入了有机化学近年来的新反应、新技术等。

第二,对原第 1~5 章内容进行了部分精简,对实验编排作了合理的调整,增设了色谱分析等方面的新实验。

第三,新增了第 6 章生物高分子化合物实验技术,编排了生物碱、色素、植物芳香油三类物质的提取及分离鉴定。

第四,原第 6 章有机综合实验技术改为第 7 章,增加了设计性综合实验技能训练。经过精选创新实验内容,编写了一组设计性新实验,实验内容难度适中,有一定的趣味性和应用性,并附有合理的指导,学生在实验指导的指点下,通过查阅资料、综合应用理论知识、设计实验方案以及实施自拟方案等环节,可以提高独立分析与解决问题的能力和创新能力。

第五,选择了部分与工业生产、人类生活、环境保护、材料科学密切相关的内容,体现了应用性、趣味性,也反映了现代化学的新进展、新技术。如"紫菜中碘的提取及含量测定"结合实际情况,编排了少量性质实验,实验结合理论,可以激发学生的兴趣。

本次修订工作由茹立军主持完成,李文有、张禄梅参加了修订工作。

本次修订工作得到了酒泉职业技术学院化工系同人的精心指导及使用本教材的各高等院校师生的大力支持,在此深表感谢。

本次修订是否妥当,恳请同行及读者提出宝贵意见。

编者

2017 年 9 月

第一版前言

人才培养模式的改革和创新是目前高等职业教育理论研究的一个热点问题。本书是根据我国高等职业教育的发展和培养目标的要求,为适应有机化学实验技术发展趋势,突出基本实验技术和技术应用能力训练,以满足教学改革的要求编写而成的。

本书按照绪论、有机化学实验基础知识、有机化学实验技术、有机化合物物理常数的测定、有机化合物合成制备技术和有机综合实验技术等6章进行编写。前4章以培养有机实验技术的基本技能为主;后2章与有机合成结合起来,提升有机综合实验能力。

本书的第二章、第三章、第六章由李文有老师编写,第一章、第四章、第五章、附录由张禄梅老师编写。全书由李文有统稿。刘吉和老师帮助排版、校稿,许新兵、郭文婷老师对有关内容给予了精心指导,在此致以衷心的感谢。

本书可作为化工专业有机化学实训教材,亦可作为相关专业技术人员的参考用书。由于编者水平有限,书中不妥之处在所难免,敬请读者批评与指正。

编者

2011 年 10 月

目　　录

第1章 绪 论

1.1 实验目的

(1)让学生在进行化学实验之前认真学习和领会化学实验的一般知识。

(2)让学生认识实验中可能用到的玻璃仪器的名称及用途。

(3)使学生了解化学实验的基本实验方法和实验技术,学会通用仪器的操作,培养学生的动手能力。

(4)通过实验操作、现象观察和数据处理,锻炼学生分析和解决问题的能力。

(5)加深学生对化学基本原理的理解,给学生提供理论联系实际和理论应用于实践的机会。

(6)培养学生勤奋学习、求真求实、勤俭节约的优良品德和科学精神。

1.2 实验要求

1.2.1 实验预习

在实验之前要进行充分的预习和准备。预习时除了反复阅读实验内容、领会实验原理外,还必须仔细阅读实验书中有关的实验及基础知识,明确本次实验测定什么量、最终求算什么量、用什么实验方法、使用什么仪器、控制什么实验条件,同时要了解有关实验步骤和注意事项,并在此基础上,将实验目的、操作步骤、记录表和实验时的注意事项写在预习笔记本上。

进入实验室后不要急于动手做实验,首先要对照卡片查对仪器,看仪器是否完好,发现问题及时向指导教师提出,然后对照仪器进一步预习,并接受教师的提问、讲解,在教师指导下进行实验准备工作。

1.2.2 实验操作及注意事项

经指导教师同意方可接通仪器电源进行实验。仪器的使用要严格按照操作规程进行,不可盲目行动。对于实验操作步骤,应通过预习做到心中有数,严禁"抓中药"式的操作,看一下书,动一下手。在实验过程中要仔细观察实验现象,发现异常现象应仔细查明原因,或请指导教师帮助分析处理。实验结果必须经教师检查,数据不合格的应及时返工重做,直至获得满意的结果为止。要养成良好的记录习惯,实验数据应随时记录在预习笔记本上,记录数据要实事求是,详细准确,且注意整洁清楚,不得任意涂改,同时尽量采用表格形式。实验完毕,经指导教师同意后,方可离开实验室。

1.2.3 实验记录

每名学生都必须准备一本实验记录本,并编上页码,不能用活页本或零散纸张代替。不准撕下记录本的任何一页。如果写错了,可以用笔划掉重写,但不得涂改。文字要简练明确,书写整齐,字迹清楚。做好实验记录是进行科学实验的一项重要训练。

在实验过程中,学生必须养成一边做实验一边直接在记录本上进行记录的习惯,不允许事后凭记忆补写,或以零散纸张暂记再转抄。记录的内容包括实验的全部过程,如加入药品的数量,仪器装置,每一步操作的时间、内容和所观察到的现象(包括温度、颜色、体积或质量的数据等)。记录要求实事求是,准确反映真实的情况,特别是当观察到的现象和预期的不同以及操作步骤与教材规定的不一致时,要按照实际情况记录清楚,以作为总结讨论的依据。其他各项,如实验过程中的一些准备工作、现象解释、称量数据等,可以记在备注栏内。应该牢记,实验记录是原始资料,任何科学工作者都必须重视。

1.2.4　实验记录示例

溴乙烷的制备

【实验目的】
(1)学习由醇制备溴代烷的原理和方法。
(2)学习蒸馏装置和分液漏斗的使用方法。

【实验原理】
主反应:

$$NaBr + H_2SO_4 \longrightarrow NaHSO_4 + HBr$$
$$HBr + C_2H_5OH \Longrightarrow C_2H_5Br + H_2O$$

副反应:

$$2C_2H_5OH \xrightarrow{H_2SO_4} C_2H_5OC_2H_5 + H_2O$$
$$C_2H_5OH \xrightarrow{H_2SO_4} C_2H_4 + H_2O$$

【物理常数】

表1-1　实验中各物质的物理常数

物质名称	相对分子质量	相对密度	熔点/℃	沸点/℃	溶解度/(g/100 g 溶剂)
乙醇	46	0.79	-117.3	78.4	水中∞
溴化钠	103				水中79.5(0 ℃)
硫酸	98	1.83	10.38	340(分解)	水中∞
溴乙烷	109	1.46	-118.6	38.4	水中1.06(0 ℃),醇中∞
硫酸氢钠	120				水中50(0 ℃),100(100 ℃)
乙醚	74	0.71	-116	34.6	水中7.5(20 ℃),醇中∞
乙烯	28		-169	-103.7	

【计算】

表1-2　实验数据计算

物质名称	实际用量	理论量	过量	理论产量
乙醇(95%)	8 g(10 mL,0.165 mol)	0.126 mol	31%	
溴化钠	13 g(0.126 mol)	0.126 mol		
浓硫酸(98%)	19 mL(0.35 mol)	0.126 mol	154%	
溴乙烷		0.126 mol		13.7 g

【实验流程】

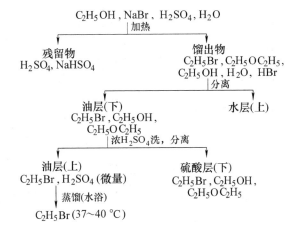

C_2H_5OH，$NaBr$，H_2SO_4，H_2O
　　　　↓加热

残留物　　　　　　　馏出物
H_2SO_4，$NaHSO_4$　C_2H_5Br，$C_2H_5OC_2H_5$，
　　　　　　　　　　C_2H_5OH，H_2O，HBr
　　　　　　　　　　　↓分离

油层（下）　　　　　　　水层（上）
C_2H_5Br，C_2H_5OH，
$C_2H_5OC_2H_5$
　　↓浓H_2SO_4洗，分离

油层（上）　　　　　　硫酸层（下）
C_2H_5Br，H_2SO_4（微量）　C_2H_5Br，C_2H_5OH，
　↓蒸馏（水浴）　　　　　$C_2H_5OC_2H_5$
C_2H_5Br（37～40 ℃）

【仪器装置】

仪器装置见图 1－1。

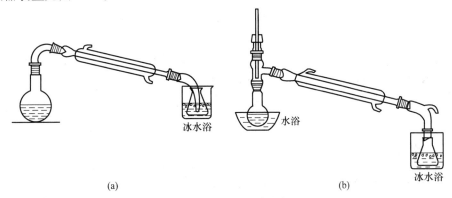

（a）　　　　　　　　　　　　　　（b）

图 1－1　溴乙烷的制备

（a）反应装置　（b）蒸馏装置

【实验记录】

表 1－3　实验记录

时间	步骤	现象	备注
8:30	安装反应装置（见图 1－1(a)）		接收器中盛 20 mL 水，用冰水冷却
8:45	向烧瓶中加入 13 g 溴化钠，然后加入 9 mL 水，振荡使其溶解	固体呈碎粒块，未全溶	
8:55	再加入 10 mL 95% 的乙醇，混合均匀		
9:00	在振荡下逐渐滴加 19 mL 浓硫酸，同时用冰水冷却	放热	
9:10	加入 3 粒沸石开始加热		
9:20		出现大量细泡沫	
9:25		冷凝管中有馏出液，乳白色油状物沉在水底	
10:15		固体消失	
10:25	停止加热	馏出液中已无油滴，瓶中残留物冷却成无色晶体	鉴定该无色晶体，为硫酸氢钠

3

时间	步骤	现象	备注
10:30	用分液漏斗分出油层		油层 8 mL
10:35	油层用冰水冷却,滴加 5 mL 浓硫酸,振荡后静置	油层(上)变透明	
10:50	分去下层硫酸		
11:05	安装蒸馏装置(见图 1-1(b))		
11:10	水浴加热,蒸馏油层		接收瓶　　　53.0 g
11:18		38 ℃时开始有馏出液	接收瓶 + 溴乙烷　63.0 g
11:33		39.5 ℃时蒸馏完	溴乙烷　　　10.0 g

【日期】

2011 年 3 月 14 日。

【产物】

溴乙烷。它是无色透明液体,沸程 38~39.5 ℃,产量 10 g,产率 73%。

【讨论】

本次实验的产物在产量和质量方面基本合格。加浓硫酸洗涤时发热,表明粗产物中乙醚、乙醇或水分。这可能是反应时加热太猛,使副反应增加的缘故。另外,也可能存在过多从水中分出粗油层时带了一点水过来。溴乙烷沸点很低,用硫酸洗涤时发热会使一部分产物挥发损失。

1.2.5　实验报告

学生应独立完成实验报告,并在下次实验前送指导教师批阅。

实验报告的内容包括实验目的、实验原理(包括反应式)、仪器及药品(包括主要试剂的规格和用量)、实验装置(以简图表示,有时可用方块图表示)、实验步骤、数据处理、结果讨论和思考题等。数据处理应有原始数据记录表和计算结果记录表(有时可合二为一),需要计算的数据必须列出算式,对于多组同类数据,可列出其中一组数据的算式。实验报告的数据处理不仅包括计算,有时也包括列表格、作图,还应有必要的文字叙述。例如"所得数据列入××表""由表中数据作××~××图"等,以使写出的报告更加清晰、明了,逻辑性强,便于批阅和留作以后参考。结果讨论应包括对实验现象的分析解释、查阅文献的情况、对实验结果误差的定性分析或定量计算、对实验的改进意见和做实验的心得体会等,这是锻炼学生分析问题能力的重要一环,应予重视。

1.2.5.1　物理化学量的测定实验报告格式示例

实验名称:醋酸解离常数的测定

姓名_____ 班级_____ 实验时间_____

第_____ 室_____ 号位　指导教师_____

【实验目的】

(略)

【实验原理】

（略）

【实验步骤】

（略）

【实验结果及数据处理】

表 1－4　实验结果及数据处理

室温＿＿＿℃;pH 计编号＿＿＿;醋酸(CH_3COOH)标准溶液浓度＿＿＿＿＿ $mol \cdot L^{-1}$

实验编号	$c(CH_3COOH)/(mol \cdot L^{-1})$	pH 值	$c(H^+)/(mol \cdot L^{-1})$	$K_a^{\ominus}(CH_3COOH)$
1				
2				
3				
⋮				
n				

$$\overline{K_a^{\ominus}}(CH_3COOH) = \frac{\sum K_a^0(CH_3COOH)}{n} = $$

【问题与讨论】

（略）

1.2.5.2　有机物制备实验报告格式示例

实验名称:乙酸乙酯的制备

姓名＿＿＿＿＿＿＿班级＿＿＿＿＿＿＿实验时间＿＿＿＿＿＿＿

第＿＿＿＿＿＿＿室＿＿＿＿＿＿＿号位　指导教师＿＿＿＿＿＿＿

【实验目的】

(1)了解由有机酸合成酯的一般原理及方法。

(2)掌握蒸馏、分液漏斗的使用等操作方法。

【实验原理】

$$CH_3COOH + CH_3CH_2OH \underset{回流}{\overset{H_2SO_4}{\rightleftharpoons}} CH_3COOCH_2CH_3 + H_2O$$

【仪器及药品】

1. 仪器

阿贝折射仪、电热套、标准磨口仪。

2. 药品

无水乙醇(4.75 mL)、冰醋酸(3 mL)、浓硫酸(1.25 mL)、饱和碳酸钠溶液、饱和食盐水(2.5 mL)、饱和氯化钙溶液(2.5 mL)、无水硫酸镁。

【实验装置】

实验装置见图 1－2。

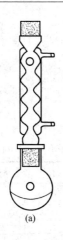
(a)

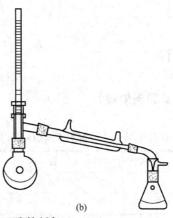
(b)

图 1-2 乙酸乙酯的制备

(a)回流装置 (b) 蒸馏装置

【实验步骤】

1. 粗产物的制备

(略)

2. 分离提纯

(略)

【实验记录】

日 期 年 月 日

时间	步骤		现象	备注
8:30	安装回流装置(见图1-2(a))			
8:40	向烧瓶中加入4.75 mL无水乙醇和3 mL冰醋酸,再缓慢小心地加入1.25 mL浓硫酸,混匀后加入1~2粒沸石,加热回流0.5 h		加热产生回流	
9:15	停止加热,冷却			
9:20	将回流装置改装成蒸馏装置(如图1-2(b)所示)			
9:35	安装好蒸馏装置,水浴加热,蒸馏油层			
9:40			冷凝管中有馏出液	
10:30	蒸出生成的乙酸乙酯,馏出液约为反应物总体积的1/2时停止			
10:35	分离提纯	(1)向馏出液中加入饱和碳酸钠溶液,不断振荡,直至无二氧化碳产生,在分液漏斗中分去水层	冒气泡	
10:50		(2)将有机层用2.5 mL饱和食盐水洗涤,分去水层	分层	
11:05		(3)将有机层用2.5 mL饱和氯化钙溶液洗涤,分去水层	分层	
11:15		(4)将有机层用水洗涤,再分去水层	分层	
11:25		(5)将有机层转入一只干燥的三角烧瓶中,用无水硫酸镁干燥		
11:35		(6)进行蒸馏,收集沸程为73~78 ℃的馏分。称重,计算产率,测定折光率		称量: 接收瓶 $m_1 =$ (接收瓶 + 乙酸乙酯)$m_2 =$ 乙酸乙酯($m_2 - m_1$) =

【产物】

乙酸乙酯。它是无色透明液体。

【数据处理】

(计算产率)

【问题与讨论】

(略)

【总结】

本次实验的产物在产量和质量方面基本合格。

在实验操作中应注意如下事项。

(1)乙醇为低沸点易燃物质,操作时必须注意安全。

(2)分离提纯时,洗涤的顺序不能颠倒,否则会给分离带来困难。

(3)每一次洗涤时,都要注意分去水层后再加洗涤试剂。

(4)乙酸乙酯和水能形成恒沸物,用无水硫酸镁干燥时一定要干燥完全,蒸馏装置中的仪器必须事先干燥。

1.2.6 试剂的过量百分数、理论产量和产率

在进行合成实验时,通常并不是完全按照反应方程式所要求的比例投入各原料,而是增加某原料的用量。究竟过量使用哪一种物质,要根据其价格是否低廉、在反应完成后是否容易去除或回收、能否引起副反应等情况来决定。

计算时,首先要根据反应方程式找出哪一种原料的用量最少,以它为基准计算其他原料的过量百分数。产物的理论产量是假定作为基准的原料全部转变为产物所得到的产量。由于有机反应常常不能进行完全,有副反应,同时操作中有部分损失,产物的实际产量总比理论产量低。通常将实际产量与理论产量的百分比称为产率。产率是评价实验方法以及考核实验者的一个重要指标。

1.2.7 总结讨论

做完实验以后,除了整理报告,写出产物的产量、产率、状态和实际测得的物性(如沸程、熔程等数据)以及回答指定的问题外,还要根据实际情况就产物的质量和数量、实验过程中出现的问题等进行讨论,以总结经验和教训。这是把直接的感性认识提高到理性认识的必要步骤,也是科学实验中不可缺少的一环。

1.3 实验室规则

实验室规则是人们长期从事实验工作的总结,它是保持良好环境和工作秩序、防止意外事故、做好实验的重要前提,也是培养学生优良素质的重要措施。实验室的一般规则如下。

(1)实验时应遵守操作规则,遵守一切安全要求,保证实验安全进行。

(2)遵守纪律,不迟到、不早退,保持室内安静,不大声谈笑,不到处乱走,不许在实验室内嬉闹及搞恶作剧。

(3)使用水、电、煤气、药品试剂等都应本着节约的原则。

(4)未经教师允许不得乱动精密仪器,使用时要爱护仪器。如发现仪器损坏,应立即报

告指导教师并追查原因。

（5）随时注意室内整洁卫生,火柴杆、纸张等废物只能丢入废物缸内,不能随地乱丢,更不能丢入水槽中,以免堵塞。实验完毕要将玻璃仪器洗净,把实验桌打扫干净,公用仪器、试剂药品等都要整理整齐。

（6）实验时要集中注意力,认真操作,仔细观察,积极思考,实验数据要及时、如实、详细地记录在预习报告本上,不得涂改和伪造,如记错可在原数据上画一杠,再在旁边记下正确值。

（7）实验结束后,由同学轮流值日,负责打扫整理实验室,检查水、煤气、门窗是否关好,电闸是否拉开,以保证实验室的安全。

1.4　文献资料

关于有机化学实验的文献资料非常丰富,主要有如下项目。

（1）工具书。

（2）参考书。

（3）期刊。

（4）网络资源。

第2章 有机化学实验基础知识

2.1 有机化学实验基本常识

2.1.1 化学实验室安全操作知识

在进行化学实验时,需经常使用水、电、煤气,并常碰到一些有毒、有腐蚀性或者易燃、易爆的物质。不正确和不经心的操作以及忽视操作中必须注意的事项都可能造成火灾、爆炸或其他不幸的事故。发生事故不仅危害个人,还会危害周围同学,使国家财产受到损失,影响工作的正常进行。因此,重视安全操作、熟悉一般的安全知识是非常必要的。必须从思想上重视安全,绝不要麻痹大意,但也不能盲目害怕而缩手缩脚,不敢大胆做实验。

为了保证实验的顺利进行,必须熟悉和注意以下安全措施。

(1)熟悉实验室及其周围环境,水、电、煤气开关和灭火器的位置。

(2)使用电器时要谨防触电,不要用湿的手、物接触电源,实验完毕后应及时拔下插头,切断电源。

(3)一切涉及有毒、恶臭气体的实验,都应在通风橱内进行。

(4)为了防止药品腐蚀皮肤和进入体内,不能用手直接拿取药品,要用药匙或指定的容器取用。取用强腐蚀性的药品(如氢氟酸、溴水等),必须戴上橡胶手套。绝不允许用舌头尝药品的味道。实验完毕后须将手洗净。严禁在实验室内饮食,严禁将食品及餐具等带入实验室。

(5)不允许将各种化学药品混合,以免引起意外事故,自选设计的实验务必与教师讨论并征得同意后方可进行。

(6)使用易燃物(如酒精、丙酮、乙醚等)、易爆物(如氯酸钾等)时,要远离火源,用完后应及时将易燃物、易爆物加盖,存放在阴凉处。

(7)酸、碱是实验室常用试剂,浓酸、碱具有强烈的腐蚀性,应小心取用,不要洒在衣服或皮肤上。实验用过的废酸应倒入指定的废酸缸中。

(8)使用浓 HNO_3、浓 HCl、浓 H_2SO_4、浓 $HClO_4$、浓氨水、冰醋酸等,均应在通风橱中操作。夏天打开浓氨水瓶盖之前,应先将氨水瓶放在自来水水流下冷却,再开启。如不小心溅到皮肤上或眼内,应立即用水冲洗。

(9)如果有机溶剂洒到地上,应立即用纸巾吸除,并进行适当的处理。

(10)禁止使用无标签、性质不明的物质。

(11)实验室内应保持整齐、干净。勿将火柴棒、废纸、残渣、pH 试纸、玻璃碎片等固体废物扔入水槽内,此类物质应收集起来放入废物桶内或实验室规定的其他存放处。应将废液小心地倒入废液缸中。毛刷、抹布、拖把等卫生用品要清洗干净,摆放整齐。

(12)用完煤气、天然气后,或遇煤气、天然气临时中断供应时,应立即关闭开关。如遇煤气、天然气泄漏,应停止实验,进行检查。

(13)实验完毕后,值日生和最后离开实验室的人员应负责检查门、窗、水、煤气是否关好,电闸是否拉开。

(14)实验室内的所有药品不得携带出实验室,用剩的有毒药品应交还教师妥善处理。

2.1.2 实验室中意外事故的急救处理知识

实验室内备有小药箱,以供发生事故时临时处理之用。

1. 割伤(玻璃或铁器刺伤等)

被玻璃割伤时应先把碎玻璃从伤口处挑出,如轻伤可用生理盐水或硼酸液擦洗伤处,涂上紫药水(或红汞),必要时撒些消炎粉,用绷带包扎。割伤伤势较重时,则先用酒精在伤口周围清洗消毒,再用纱布按住伤口压迫止血,并立即送往医院。

2. 烫伤

烫伤可用10%的$KMnO_4$溶液擦洗灼伤处,轻伤涂以玉树油、正红花油、鞣酸油膏、苦味酸溶液均可。重伤撒上消炎粉或抹上烫伤药膏,用油纱绷带包扎,送医院治疗,切勿用冷水冲洗。

3. 受强酸腐蚀

受强酸腐蚀时,先用大量水冲洗,然后以3%~5%的碳酸氢钠溶液洗,再水洗,拭干后涂上碳酸氢钠油膏或烫伤油膏。如受氢氟酸腐蚀受伤,应迅速用水冲洗,再用稀苏打溶液冲洗,然后将受腐蚀部位浸泡在冰冷的饱和硫酸镁溶液中0.5 h,最后敷以由硫酸镁(20%)、甘油(18%)、水和盐酸普鲁卡因(1.2%)配成的药膏,伤势严重时,应立即送医院急救。

当酸溅入眼睛时,首先用大量水冲洗眼睛,然后用稀的碳酸氢钠溶液冲洗,最后用清水洗眼。

4. 受强碱腐蚀

受强碱腐蚀时,应立即用大量水冲洗,然后用10%的柠檬酸或硼酸溶液冲洗,最后用水洗。当碱液溅入眼睛时,先用水冲洗,再用饱和硼酸溶液冲洗,最后滴入蓖麻油。

5. 磷烧伤

被磷烧伤时,用5%的硫酸铜、10%的硝酸银或高锰酸钾溶液处理后,送医院治疗。

6. 吸入溴、氯等有毒气体

吸入溴、氯等有毒气体时,可吸入少量酒精和乙醚的混合蒸气以解毒,同时应到室外呼吸新鲜空气。被溴灼伤,应立即用大量水洗,然后用乙酸擦至无溴液存在,再涂上甘油或烫伤油膏。

7. 触电

发生触电事故应立即拉开电闸,切断电源,尽快用绝缘物(干燥的木棒、竹竿)将触电者与电源隔离。

2.1.3 实验室中一些剧毒、强腐蚀性药品知识

1. 氰化物

氰化钾、氰化钠、丙烯腈等系列性毒品,进入人体50 mg即可致死,与皮肤接触经伤口进

入人体,即可引起严重中毒。这些氰化物遇酸产生氢氰酸气体,易被吸入人体而引起中毒。

在使用氰化物时,严禁用手接触。大量使用这类药品时,应戴上口罩和橡胶手套。含有氰化物的废液严禁倒入酸缸中,应先加入硫酸亚铁使之转变为毒性较小的亚铁氰化物,然后倒入水槽中,再用大量水冲洗器皿和贮放该器皿的水槽。

2. 汞和汞的化合物

汞的可溶性化合物(如氯化汞、硝酸汞)都是剧毒药品。在实验中(如使用温度计、压力计、汞电极等)应特别注意金属汞的使用,因金属汞易蒸发,蒸气有剧毒,又无气味,吸入人体具有积累性,容易引起慢性中毒,所以切不可麻痹大意。

汞的密度很大(约为水的13.6倍),制作压力计时应用厚玻璃管,贮汞容器应为厚壁容器且必须坚固,应存放少量汞而不能盛满,以免容器破裂或脱底而使汞流失。在装有汞的容器下面应放一个搪瓷盘,以免不慎将汞洒在地上。为减少室内的汞蒸气,贮汞容器应紧密封闭,汞表面加水覆盖,以防蒸气逸出。一旦汞洒落在桌上或地上,须尽可能收集起来,并用硫黄粉覆盖,使汞转变成不挥发的 HgS,然后清除干净。

3. 砷和砷的化合物

砷和砷的化合物都有剧毒,常使用的是三氧化二砷(即砒霜,内服 0.1 g 即可致死)和亚砷酸钠。这类物质的中毒一般是由口服引起的。当用盐酸和粗锌反应制备氢气时,也会产生一些剧毒的砷化氢气体,应加以注意。一般可将产生的氢气用高锰酸钾溶液洗涤后再使用。

砷的解毒剂是二巯基丙醇,由肌肉注射即可解毒。服用新配制的氧化镁与硫酸铁溶液经强烈摇动后形成的氢氧化铁悬浮液也可解毒。

4. 硫化氢

硫化氢是极毒的气体,有臭鸡蛋味,它能麻痹人的嗅觉,以致不闻其臭,所以特别危险。使用硫化氢或者用酸与硫化物反应时,应在通风橱中进行。

5. 一氧化碳

煤气中含有一氧化碳,使用煤炉或煤气时,一定要提高警惕,防止中毒。煤气中毒,轻者头痛、眼花、恶心,重者昏迷。若发生中毒,应立即将中毒的人移出中毒的房间,使其呼吸新鲜空气,必要时进行人工呼吸,并做好保暖,及时送医院治疗。

6. 有毒的有机化合物

常用的有机化合物有苯、硝基苯、苯胺、甲醇等,常用作溶剂,但它们容易引起中毒,特别是慢性中毒,使用时应特别注意和加强防护。

7. 氯和溴

氯气有毒和刺激性,吸入人体会刺激喉管,引起咳嗽和喘息。进行有关氯气的实验,必须在通风橱中操作。闻氯气时,不能直接对着管口或瓶口。

溴为棕色液体,易蒸发成红色蒸气,强烈地刺激眼睛、催泪、损伤眼睛、气管和肺。触及皮肤,轻者剧烈灼痛,重者溃烂,长久不愈。使用溴时应加强防护,戴橡胶手套。

8. 氢氟酸与氟化氢

氢氟酸与氟化氢都具有剧毒和强腐蚀性,能灼伤肌体,轻者剧痛难忍,重者肌肉腐烂,透入体内,如不及时抢救,就会造成死亡。因此在使用氢氟酸时,应特别注意,操作必须在通风橱内进行,并戴上橡胶手套,用塑料滴管吸取。

其他剧毒、腐蚀性无机物还有很多(如磷、铍的化合物,可溶性钡盐、铅盐,浓硝酸,碘蒸气等),使用时都应注意,这里不一一介绍。

2.1.4 防火、灭火常识

一般有机物,特别是有机溶剂,大都容易着火,它们的蒸气或其他可燃性气体、固体粉末等(如氢气、一氧化碳、苯、油蒸气、面粉)与空气按一定比例混合后,当有火花时(点火、电火花、撞击火花等)就会燃烧或猛烈爆炸。

某些化学反应由于放热而引起燃烧,如金属钠、钾等遇水会燃烧甚至爆炸。

有些物品易自燃(如白磷遇空气就自行燃烧),由于保管和使用不善会燃烧。

有些化学试剂混在一起,在一定的条件下也会燃烧和爆炸(如将红磷与氯酸钾混在一起,磷就会燃烧和爆炸)。

2.1.4.1 防火

实验室有如下防火注意事项。

(1)使用易燃溶剂时应远离火源,切勿将易燃溶剂放在敞口容器内用明火加热或放在密闭容器中加热。

(2)在进行易燃物质实验时,应先将酒精等易燃物质搬离。

(3)蒸馏易燃物质时,装置不能漏气,接收器支管应与橡胶管相连,使余气通往水槽中或室外。

(4)回流或蒸馏液体时应放沸石,不要用火焰直接加热烧瓶,而应根据液体沸点的高低使用石棉网、油浴、沙浴或水浴,冷凝水要保持畅通。

(5)切勿将易燃溶剂倒入废液缸中,更不能用敞口容器放易燃液体。倾倒易燃液体时应远离火源,最好在通风橱中进行。

(6)油浴加热时,应绝对避免水滴溅入热油中。

(7)酒精灯用毕应立即盖火。避免使用灯颈已破损的酒精灯。切忌斜持一只酒精灯到另一只酒精灯上去借火。

2.1.4.2 灭火

万一着火,要沉着、快速地处理,首先切断热源、电源,把附近的可燃物品移走,再针对燃烧物的性质采取适当的灭火措施。不可抱着燃烧物往外跑,因为跑动时空气更易流通,火势会更猛。

电路或电器着火时,首先切断电源,防止事态扩大。电器着火的最好灭火器是四氯化碳和二氧化碳灭火器。

在着火和救火时,若衣服着火,千万不要乱跑,因为这样会由于空气迅速流动而加剧燃烧,应当躺在地上滚动,这样一方面可压熄火焰,另一方面可避免火烧到头部。立即脱下衣服,马上以大量水灭火也是行之有效的方法。

常用于灭火的材料和器材有以下几种,使用时要根据火灾的轻重、燃烧物的性质、周围环境和现有条件进行选择。

1. 石棉布

石棉布适用于扑灭小火。用石棉布盖上着火点以隔绝空气,就能灭火。如果火很小,用湿抹布或石棉板盖上即可。

2. 干沙土

干沙土一般装于沙箱或沙袋内,只要抛撒在着火物体上即可灭火。其适用于不能用水扑救的燃烧,但对火势很猛、面积很大的火灾效果欠佳。注意沙土应保持干燥。

3. 水

水是常用的救火物质,它能使燃烧物的温度下降,但对一般有机物着火不适用。因溶剂与水不相溶,又比水轻,水浇上去后,溶剂还漂在水面上,扩散开来继续燃烧。当燃烧物与水互溶,或用水没有其他危险时,可用水灭火。溶剂着火时,先用泡沫灭火器把火扑灭,再用水降温是有效的救火方法。

4. 泡沫灭火器

泡沫灭火器是实验室常用的灭火器材,使用时把灭火器倒过来,对准火场喷洒。灭火器内生成二氧化碳及泡沫,喷出后使燃烧物与空气隔绝而灭火。此法效果较好,适用于除电路起火外的火情。

5. 二氧化碳灭火器

向小钢瓶中装入液态二氧化碳,救火时打开阀门,把喇叭口对准火场,喷射出二氧化碳以灭火。此法在工厂和实验室都很适用,不损坏仪器,不留残渣,对于通电的仪器也可使用,但金属镁燃烧不可使用二氧化碳灭火器来灭火。

6. 四氯化碳灭火器

四氯化碳沸点较低,喷出来后形成沉重而惰性的蒸气覆盖在燃烧物体周围,使其与空气隔绝而灭火。四氯化碳不导电,适于扑灭带电物体的火灾。但四氯化碳在高温时分解放出有毒气体,故在不通风的地方最好别用。另外,在有钠、钾等金属存在时不能使用,因为有引起爆炸的危险。

7. 新型灭火器

除以上几种常用灭火器外,近年来还出现了多种新型的高效能灭火器。如 1211 灭火器,它在钢瓶内装有一种药剂(二氟一氯一溴甲烷),灭火效率很高。又如干粉灭火器,它将二氧化碳和某种干粉剂配合起来使用,灭火速度很快。

8. 水蒸气

在有水蒸气的地方把水蒸气对准火场喷,也能隔绝空气而起到灭火作用。

9. 石墨粉

当钾、钠或锂着火时,不能用水、泡沫灭火器、二氧化碳灭火器、四氯化碳灭火器等灭火,可用石墨粉扑灭。

2.2　化学实验常用玻璃仪器的认知

化学实验用玻璃仪器要求具有优良的物理、化学性能:内部结构良好,具有较好的力学性能和化学性能,较小的膨胀系数,能耐受很大的温差,具有良好的灯焰加工性能和很好的透明度,并可以用多种方法按需要制作不同形状的产品。

2.2.1 常见仪器的分类

一般根据仪器的主要用途的不同,可将常见化学实验用仪器分为下列八类。

1. 计量类

用于量度质量、体积、温度、密度等的仪器。这类仪器多为玻璃量器,主要有滴定管、移液管、量筒、量杯等。

2. 反应类

用于发生化学反应的仪器,也包括一部分可加热的仪器。这类仪器多为玻璃或瓷质烧器,主要有试管、烧瓶、蒸发皿、坩埚等。

3. 容器类

用于盛装或贮存固体、液体、气体等各种化学试剂的试剂瓶等。

4. 分离类

用于进行过滤、分液、萃取、蒸发、灼烧、结晶、分馏等分离提纯操作的仪器。主要有漏斗、分液漏斗、蒸发皿、烧瓶、冷凝器、坩埚、烧杯等。

5. 固定夹持类

用于固定、夹持各种仪器的用品或仪器。主要有铁夹、铁圈、铁架台、漏斗架等。

6. 加热类

用于加热的用品或仪器。主要有试管、烧杯、烧瓶、蒸发皿、坩埚等。

7. 配套类

组装、连接仪器时所用的玻璃管、玻璃阀、橡胶管、橡胶塞等用品或仪器。

8. 其他类

不便归于上述各类的其他仪器或用品。

2.2.2 实验中玻璃仪器的防损

化学实验基本操作在化学学习中具有重要作用,基本操作技能的训练对学生做好化学实验和学好化学知识有很大的帮助。但是在基本操作中常发生试管、烧杯、滴定管等玻璃仪器损坏的现象,这不仅损耗了实验器材,而且给学生造成了危险,由此引起学生对实验有畏惧心理,谈虎色变或过分紧张的现象。对此,应找出原因,对症下药,提出解决方案,避免错误操作,减少仪器损耗。

1. 方法不当,引起破裂

(1)对不可直接加热的玻璃仪器(如烧杯、烧瓶等)进行加热,不垫石棉网,使容器受热不均匀,引起局部过热,致使容器破裂。

(2)用冷水冲洗烧得很热的玻璃仪器,骤冷引起炸裂。

(3)取用块状固体药品或金属颗粒时,没有采取先把容器横放,然后把药品放入容器中,再把容器慢慢竖立使药品缓缓滑到容器底部的方法,而是把药品直接投入容器底部,由于块状固体药品或金属颗粒密度大,在重力作用下将容器壁击破。

(4)洗涤玻璃仪器时用力过猛。刷洗玻璃容器时,刷子应在容器内稍稍用力上下移动或转动,否则刷洗用力过猛,会致使刷顶铁丝撞击玻璃内壁而造成破裂;刷洗试管时,若没有控制好试管刷的长度,会导致试管刷顶端铁丝捅破试管底部;洗涤滴定管、移液管等分析仪器时,若没有按要求操作,会造成上端或者下端破裂,或活塞脱落而摔碎。

(5)仪器和药品放置无序,造成损坏。按照实验常规,一般用左手拿的仪器放在左边,用右手拿的仪器放在右边,常用的仪器、药品要放近些,矮的玻璃仪器要放在高的前面,这样全部实验器材更容易看得见,且操作方便。反之,放置无序,在实际操作中观察不明显,且磕磕碰碰容易造成器皿破损。

(6)仪器和零件(橡胶管、玻璃管、塞子等)连接时操作不当。一般容器加塞,只需一手拿住容器口颈部,一手抓住塞子,稍稍用力转动,至塞子约一半以上在容器口内严密即可。若操作不当,把玻璃容器按在桌子上向瓶颈口用劲,把塞子压进去,会致使容器破裂。同样,在连接玻璃管与橡胶管时,若没有将玻璃管被连接的一端用水润湿就匆匆用力塞入,也会引起破损现象的发生。

2. 没有严格按规范操作,造成损坏

(1)使用试管夹夹持试管时,横插或由口部往下套,或持试管夹时,拇指按在短柄上,容易造成夹碎试管或试管脱落的现象。固定试管时,铁夹夹在容器口边缘,且螺旋旋得过紧,忽视了"松紧适度,以稍能转动不掉为宜"的要求,会使夹得过紧的瓶口管颈部受热膨胀而开裂。

(2)搅拌时玻璃棒转动速度太快,没有掌握持棒转动时手腕要按一个方向均匀搅拌、速度适中、不撞击容器内壁的正确方法,导致玻璃仪器破碎。

(3)加热试管内液体时,试管触及灯芯,温度突然降低,引起试管骤冷破裂。加热完毕的试管立即用冷水冲洗,也会因骤冷而破裂。

(4)使用移液管、吸量管、量筒时,造成管口撞损。

(5)加热外壁有水的玻璃容器,易引起破裂。

(6)容量瓶塞子打不开时,使用蛮力敲破容量瓶。

3. 缺乏化学知识,误操作引起损坏

(1)用量筒稀释浓硫酸时,错误地把水倒入浓硫酸中,顷刻产生大量的热导致量筒破裂(很危险)。

(2)配制氢氧化钠溶液时,烧杯中放置氢氧化钠,加水溶解而未及时搅拌,使得烧杯底部因受热不均匀而破裂。

4. 实验操作顺序颠倒,引起损坏

加热盛有固体物质的试管,不是先移动加热,使其预热,而是一开始就集中对固体药品部位加热,然后移动加热,造成局部受热,导致试管破裂。

以上现象不包括玻璃仪器在加工或运输过程中产生的内应力使仪器在第一次使用过程中就破裂,化学反应剧烈引发学生心理紧张导致其手忙脚乱而损坏仪器,也不包括学生在实验室中不谨慎及不专心而损坏仪器。

在化学实验中玻璃仪器受损是个颇具普遍性的问题,应该引起必要的重视。有的放矢地进行实验操作训练,做到防患于未然,可以使学生在仪器的使用和基本操作技能方面得到进一步提高,同时可以增加学生对化学的学习兴趣。

2.2.3　玻璃仪器的分类与用途

2.2.3.1　烧瓶

常见的烧瓶外形示意见图 2－1。

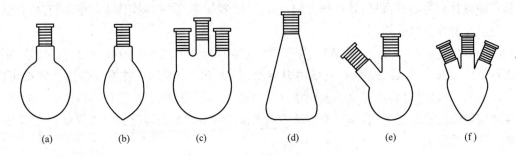

图 2－1　烧瓶

（a）圆底烧瓶　（b）梨形烧瓶　（c）三口烧瓶　（d）锥形烧瓶　（e）二口烧瓶　（f）梨形三口烧瓶

1. 圆底烧瓶

圆底烧瓶能耐热和承受反应物（或溶液）沸腾以后所产生的冲击震动。在有机化合物的合成和蒸馏实验中圆底烧瓶最常被使用,也常用作减压蒸馏的接收器。其外形示意见图 2－1(a)。

2. 梨形烧瓶

梨形烧瓶的性能和用途与圆底烧瓶相似。它的特点是:在合成少量有机化合物时,烧瓶内能保持较高的液面,蒸馏时残留在烧瓶中的液体少。其外形示意见图 2－1(b)。

3. 三口烧瓶

三口烧瓶最常用于需要进行搅拌的实验。中间口装搅拌器,两个侧口装回流冷凝管和滴液漏斗或温度计等。其外形示意见图 2－1(c)。

4. 锥形烧瓶(简称锥形瓶)

锥形烧瓶常用于有机溶剂重结晶的操作,或有固体产物生成的合成实验,因为生成的固体物容易从锥形烧瓶中取出来。其通常也用作常压蒸馏实验的接收器,但不能用作减压蒸馏实验的接收器。其外形示意见图 2－1(d)。

5. 二口烧瓶

二口烧瓶常用于半微量、微量制备实验中作为反应瓶。中间口接回流冷凝管、微型蒸馏头、微型分馏头等,侧口接温度计、加料管等。其外形示意见图 2－1(e)。

6. 梨形三口烧瓶

梨形三口烧瓶用途类似于三口烧瓶,主要用于半微量、小量制备实验中作为反应瓶。其外形示意见图 2－1(f)。

2.2.3.2　冷凝管

常见冷凝管的外形如图 2－2 所示。

1. 直形冷凝管

蒸馏物质的沸点在 140 ℃以下时,要在直形冷凝管的夹套内通水冷却;超过 140 ℃时,往往冷凝管内管和外管的接合处会炸裂。在微量合成实验中,直形冷凝管用于加热回流装置上。其外形示意见图 2-2(a)。

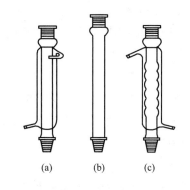

2. 空气冷凝管

当蒸馏物质的沸点高于 140 ℃时,常用它代替通冷却水的直形冷凝管。其外形示意见图 2-2(b)。

3. 球形冷凝管

其内管的冷却面积较大,对蒸气冷凝有较好的效果,适用于需要加热回流的实验。其外形示意见图 2-2(c)。

图 2-2 冷凝管
(a)直形冷凝管 (b)空气冷凝管 (c)球形冷凝管

2.2.3.3 漏斗

各种漏斗的外形示意如图 2-3 所示。

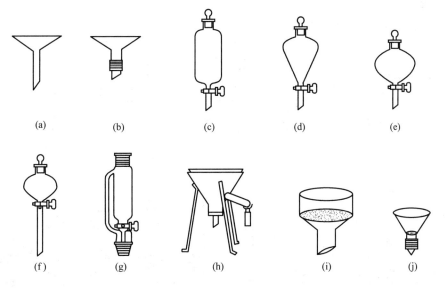

图 2-3 漏斗
(a)长颈漏斗 (b)带磨口漏斗 (c)筒形分液漏斗 (d)梨形分液漏斗 (e)圆形分液漏斗
(f)滴液漏斗 (g)恒压滴液漏斗 (h)保温漏斗 (i)布氏漏斗 (j)小型玻璃多孔板漏斗

1. 长颈漏斗和带磨口漏斗

这两种漏斗在普通过滤时使用。其外形示意见图 2-3(a)、(b)。

2. 分液漏斗

分液漏斗用于液体的萃取、洗涤和分离,有时也用于滴加试料。其外形示意见图 2-3(c)、(d)、(e)。

3. 滴液漏斗

滴液漏斗能把液体一滴一滴地加入反应器中,即使漏斗的下端浸没在液面下,也能够明显地看到滴加的快慢。其外形示意见图 2-3(f)。

4. 恒压滴液漏斗

恒压滴液漏斗用于合成反应实验的液体加料操作,也可用于简单的连续萃取操作。其外形示意见图2-3(g)。

5. 保温漏斗

保温漏斗也称热滤漏斗,用于需要保温的过滤操作。它在普通漏斗的外面装上一个铜质的外壳,外壳中间装水,用煤气灯加热侧面的支管,以保持所需要的温度。其外形示意见图2-3(h)。

6. 布氏漏斗

布氏漏斗是瓷质的多孔板漏斗,在减压过滤时使用。其外形示意见图2-3(i)。

7. 小型玻璃多孔板漏斗

小型玻璃多孔板漏斗用于减压过滤少量物质。其外形示意见图2-3(j)。

还有一种类似于图2-3(b)的小口径漏斗,附带玻璃钉,过滤时把玻璃钉插入漏斗中,在玻璃钉上放滤纸或直接过滤。

2.2.3.4 常用的玻璃配件

常用的玻璃配件见图2-4。

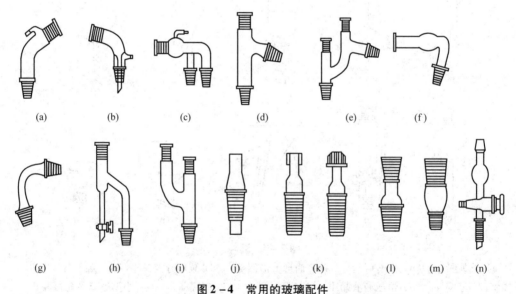

图2-4 常用的玻璃配件

(a)接引管 (b)真空接引管 (c)双头接引管 (d)蒸馏头 (e)克氏蒸馏头

(f)弯形干燥管 (g)75°弯管 (h)分水器 (i)二口连接管

(j)搅拌套管 (k)螺口接头 (l)大小接头

(m)小大接头 (n)二通旋塞

2.2.4 玻璃仪器的洗涤与干燥

2.2.4.1 玻璃仪器的洗涤

化学实验所用的玻璃仪器必须十分洁净,否则会影响实验结果,甚至导致实验失败。洗涤时应根据污物性质和实验要求选择不同方法。洁净的玻璃仪器的内壁应能被水均匀地润湿而不挂水珠,并且无水的条纹。一般而言,附着在玻璃仪器上的污物既有可溶性物质,也有尘土、不溶物及有机物等。

洗涤剂包括去污粉、洗衣粉、洗洁精和铬酸洗液等。

毛刷包括试管刷、烧杯刷、烧瓶刷等。

1. 洗涤方法

1)刷洗法

用水和毛刷刷洗仪器,可以去掉仪器上附着的尘土、可溶性物质及易脱落的不溶性物质。注意使用毛刷刷洗时,不可用力过猛,以免戳破容器。

2)去污粉洗涤法

去污粉是由碳酸钠、白土、细沙等混合而成的。它利用 Na_2CO_3 的碱性具有的强去污能力、细沙的摩擦作用、白土的吸附作用,增强对仪器的清洗效果。先将待洗仪器用少量水润湿,然后加入少量去污粉,再用毛刷刷洗,最后用自来水洗去去污粉颗粒,并用蒸馏水洗去自来水带来的钙、镁、铁、氯等离子。每次蒸馏水的用量要少(本着“少量多次”的原则)。其他合成洗涤剂也有较强的去污能力,使用方法类似于去污粉。

3)铬酸洗液洗涤法

铬酸洗液是由浓 H_2SO_4 和 $K_2Cr_2O_7$ 配制而成的(将 25 g $K_2Cr_2O_7$ 置于烧杯中,加50 mL 水溶解,然后在不断搅拌下缓慢加入 450 mL 浓 H_2SO_4),呈深褐色,具有强酸性、强氧化性,对有机物、油污等的去污能力特别强。太脏的玻璃仪器应先用水冲洗并倒尽残留的水后,再加入铬酸洗液润洗,以免洗液被稀释。洗液可反复使用,用后倒回原瓶密闭保存,以防吸水。当洗液由棕红色变为绿色时即失效。此时可加入适量 $K_2Cr_2O_7$ 加热溶解后继续使用。实验中常用的移液管、容量瓶和滴定管等是具有精确刻度的玻璃器皿,可恰当选择洗液进行清洗。但铬酸洗液具有很强的腐蚀性和毒性,故近年来较少使用。使用 NaOH/乙醇溶液洗涤附着有机物的玻璃器皿,效果较好。

4)“对症”洗涤法

该法是针对附着在玻璃器皿上的不同物质的性质,采用特殊的洗涤方法。如硫黄用煮沸的石灰水,难溶硫化物用 HNO₃/HCl 溶液,铜或银用 HNO₃ 溶液,AgCl 用氨水,煤焦油用浓碱,黏稠焦油状有机物用回收的溶剂,MnO_2 用热浓盐酸等。

2. 洗涤程序

洗涤程序为:倒出废液→水洗→洗涤剂洗→水洗→蒸馏水洗。

3. 洗涤原则

洗涤原则为:少量多次,不挂水珠。

2.2.4.2　玻璃仪器的干燥

在有机化学实验中,经常需要使用干燥的玻璃仪器。因此每次实验完成后,都应该将仪器洗净并晾干,供下次实验使用,以节省时间。仪器的干燥方法如下:

1. 空气晾干

空气晾干又叫风干,是最简单易行的干燥方法,只要将仪器在空气中放置一段时间即可。先尽量倒净其中的水滴,然后使其晾干。

2. 烤干

该法是将仪器外壁擦干后用小火烘烤,并不停转动仪器,使其受热均匀。该法适用于试管、烧杯、蒸发皿等仪器的干燥。

3. 烘干

该法是将仪器放入烘箱中,控制温度在105 ℃左右烘干。待烘干的仪器在放入烘箱前应尽量将水倒净并放在金属托盘上。用带鼓风机的电烘箱将仪器烘干,烘箱温度保持在100~120 ℃。注意,禁止使烘得很热的仪器骤然碰到冷水或冷的金属表面,以免炸裂。厚壁仪器(如量筒、吸滤瓶、冷凝管等)不宜在烘箱中烘干。分液漏斗和滴液漏斗进烘箱前必须拔去盖子和旋塞并擦去油脂。纸片、布条、橡皮筋等不能进烘箱。此法不能用于精密度高的容量仪器。

4. 吹干

该法是用气流干燥器或电吹风将仪器吹干。

5. 有机溶剂法

该法即用有机溶剂干燥。体积小的仪器急需干燥时,可采用此法。先用少量丙酮或无水乙醇将内壁均匀润湿后倒出,再用乙醚将内壁均匀润湿后倒出,然后依次用电吹风的冷风和热风吹干,此种方法又称为快干法。

2.2.4.3 玻璃仪器的连接

有机化学实验中所用玻璃仪器间的连接一般采用两种形式,即塞子连接和磨口连接。现大多使用磨口连接。

除了少数玻璃仪器(如分液漏斗的上、下磨口是非标准磨口)外,绝大多数玻璃仪器上的磨口是标准磨口。我国标准磨口采用国际通用技术标准,常用的是锥形标准磨口。根据玻璃仪器的容量大小及用途不同,可采用不同尺寸的标准磨口。常用的标准磨口系列见表2-1。

表2-1 常用的标准磨口系列

编号	10	12	14	19	24	29	34
大端直径/mm	10.0	12.5	14.5	18.8	24.0	29.2	34.0

仪器上带内磨口还是外磨口取决于仪器的用途。具有相同编号的仪器可以互相连接,不同编号的磨口需要用大小接头或小大接头过渡才能紧密连接。

使用标准磨口仪器时应注意以下事项。

(1)必须保持磨口表面清洁,特别是不能粘有固体杂质,否则磨口不能紧密连接。硬质沙粒还会给磨口表面造成永久性的损伤,破坏磨口的严密性。

(2)标准磨口仪器使用完毕必须立即拆卸、洗净,各个部件分开存放,否则磨口的连接处会发生黏结,难以拆开。非标准磨口部件(如滴液漏斗的旋塞)不能分开存放,应在磨口间夹上纸条以免日久黏结。

(3)盐类或碱类溶液会渗入磨口连接处,蒸发后析出固体物质,使磨口黏结,所以不宜用磨口仪器长期存放这些溶液。使用磨口装置处理这些溶液时,应在磨口涂润滑剂。

(4)在常压下使用时,磨口一般无须润滑,以免沾污反应物或产物。为防止黏结,也可在磨口靠大端的部位涂敷很少量的润滑脂(如凡士林、真空活塞脂或硅脂)。如果要处理盐类溶液或强碱性物质,则应将磨口的全部表面涂上一薄层润滑脂。

(5)减压蒸馏使用的磨口仪器必须涂润滑脂(真空活塞脂或硅脂)。在涂润滑脂之前,应将仪器洗刷干净,磨口表面一定要干燥。

(6)从内磨口涂有润滑脂的仪器中倾出物料前,应将磨口表面的润滑脂用有机溶剂擦拭干净(用脱脂棉或滤纸蘸石油醚、乙醚、丙酮等易挥发的有机溶剂),以免物料受到污染。

(7)只要遵循使用规则,磨口很少会打不开。一旦磨口发生黏结,可采取以下措施:

①将磨口竖立,往上面的缝隙间滴几滴甘油。如果甘油能缓慢渗入磨口,最终能使连接处松开;

②使用吹风机的热风、热毛巾,或在教师指导下小心地用灯火焰加热磨口外部,仅使外部受热膨胀,内部还未热起来,尝试能否将磨口打开;

③将黏结的磨口仪器放在水中逐渐煮沸,常常也能使磨口打开;

④用木板沿磨口轴线方向轻轻地敲外磨口的边缘,振动磨口,也会松开。

如果磨口表面已被碱性物质腐蚀,黏结的磨口就很难打开了。

2.2.4.4　仪器的装配

使用同一编号的标准磨口仪器,仪器利用率高、互换性强,可在实验室中组合成多种多样的实验装置(参见各制备实验中的"仪器装置")。

实验装置(特别是机械搅拌这样的动态操作装置)必须用铁夹固定在铁架台上,才能正常使用。因此要注意铁夹等的正确使用方法(见"蒸馏"部分)。

仪器装置的安装顺序一般为:以热源为准,从下到上,从左到右。

实验一　仪器的认领、洗涤和干燥

【实验目的】

(1)熟悉有机化学实验室的规则和要求。

(2)领取有机实验常用仪器,熟悉其名称、规格及使用注意事项。

(3)学习并练习常用仪器的洗涤和干燥方法。

【仪器及药品】

1. 仪器

如表 2-2 所示的仪器、毛刷。

2. 药品

去污粉、肥皂、洗涤剂、铬酸洗液。

【实验内容】

1. 仪器的认领

对照仪器清单领取仪器。

2. 常用仪器的洗涤

玻璃仪器的洗涤方法很多,应根据实验的要求、污物的性质、沾污的程度来选用,常用的洗涤方法如下。

1)刷洗

用水和毛刷刷洗,除去仪器上的尘土、其他不溶性杂质和可溶性杂质。

表2-2 仪器清单

名称	规格	数量	名称	规格	数量
烧杯	500 mL	1	量筒	10 mL	1
	250 mL	1		50 mL	1
	100 mL	2		100 mL	1
试管	中号	8	锥形瓶	250 mL	2
硬质试管	30 mL	2	表面皿	中号	1
离心试管	10 mL	10	蒸发皿	60 mL	1
试管架		1	铁夹		1
试管夹		1	铁圈		1
酒精灯		1	石棉网		1
球形冷凝管		1	圆底烧瓶		1
直形冷凝管		1	梨形烧瓶		1
蛇形冷凝管		1	三口烧瓶		1
空气冷凝管		1	锥形烧瓶		1
酸式滴定管	25 mL	1	二口烧瓶		1
吸量管	10 mL	1	碱式滴定管	25 mL	1
	5 mL	1	移液管	25 mL	1
接引管	m	2			

2)用去污粉、肥皂或洗涤剂洗

洗去油污和有机物质,若仍洗不干净,可用热的碱液洗。

3)用铬酸洗液洗

(1)铬酸洗液的制备。

在进行精确的定量实验时,对仪器的洁净程度要求很高,若所用仪器形状特殊,要用洗液洗。将8 g研细的工业 $K_2Cr_2O_7$ 加到100 mL温热的浓硫酸中小火加热,切勿加热到冒白烟。边加热边搅动,冷却后储于细口瓶中。

(2)洗涤方法。

① 将玻璃器皿用水或洗衣粉洗刷一遍。尽量把器皿内的水倒净,以免冲稀洗液。

② 将洗液倒入待洗容器中,反复浸润内壁,使污物被氧化溶解。

③ 将洗液倒回原瓶内,以重复使用。

④ 洗液瓶的瓶塞要塞紧,以防洗液吸水失效。铬酸洗液有强酸性和强氧化性,去污能力强,适用于洗涤油污及有机物。洗液有强腐蚀性,勿溅到衣物、皮肤上。当洗液的颜色由原来的深棕色变为绿色,即重铬酸钾被还原为硫酸铬时,洗涤效能下降,应重新配制。比色皿应避免使用毛刷和铬酸洗液。

4)洗涤玻璃仪器的基本要求

用以上各种方法洗涤后,经自来水冲洗干净的仪器上往往还留有 Ca^{2+}、Mg^{2+}、Cl^- 等,如果实验不允许这些离子存在,应用蒸馏水把它们洗去,使用蒸馏水的目的只是洗去附在仪器壁上的自来水,所以应该尽量少用,符合少量(每次用量少)多次(一般洗 3 次)的原则。

(1)洗净的仪器壁上不应附着不溶物、油污。这样的仪器可被水完全润湿,把仪器倒过来,水即顺器壁流下,器壁上只留下一层薄而均匀的水膜,不挂水珠,表示仪器已洗净。

(2)已洗净的仪器不能用布或纸抹。因为布和纸的纤维会留在器壁上弄脏仪器。

(3)在定性、定量的实验中,由于杂质的引进会影响实验的准确性,故对仪器的要求比较高。但在有些情况下,如一般的有机制备、性质实验,对仪器的洁净程度要求不高,仪器只要刷洗干净即可,不要求不挂水珠,也不必用蒸馏水荡洗,在工作中应依据实际情况决定洗涤的程度。

3. 常用仪器的干燥

常用仪器可用以下方法干燥。

1)晾干

不急用的仪器,洗净后可倒挂在干净的实验柜内或仪器架上,任其自然干燥。

2)烤干

一些常用的烧杯、蒸发皿等可放在石棉网上,用小火烤干。试管可用试管夹夹住,在火焰上来回移动,直至烤干,但必须使管口低于管底,以免水珠倒流至试管的灼热部分,使试管炸裂,待烤到不见水珠后,将管口朝上赶尽水汽。

3)气流烘干

试管、量筒等适合在气流烘干器中烘干。

4)电吹风吹干

夹住试管用电吹风吹干。

【实验注意事项】

(1)容器内的废液必须先倒入废液缸中,后注水洗涤。实验用水应做到少量多次。

(2)不能一手同时握拿多只试管,刷洗时应用力适度。实验柜内的仪器摆放应便于取用。

(3)铬酸洗液常放置在通风橱内,用后要回收。

【思考题】

铬酸洗液如何配制?能否重复利用?

【考核评分】

见表 2 – 3。

表 2 – 3　仪器的认领、洗涤和干燥操作考核评分

项目	评分要素	配分	评分标准	扣分	得分	备注
仪器认领 (20 分)	仪器的领取	10	认领准确、齐全			
	仪器的名称、使用方法	10	正确使用			
仪器洗涤 (20 分)	洗涤方法	5	正确			
	试管刷的使用	2	正确			
	洗涤剂的使用	3	正确			
	洗涤效果	10	清洁、无污垢			
仪器放置 (20 分)	仪器的放置	10	合理			
	仪器橱、柜的卫生	10	整洁、不零乱			

续表

项目	评分要素	配分	评分标准	扣分	得分	备注
结束工作 （20分）	实验室卫生	5	干净整洁			
	实验后仪器、试剂的整理	5	洗净仪器，将仪器、试剂摆放整齐			
	水、电、气、门窗的关闭	10	全部关闭			
实验素质 （20分）	实验中的创新	10	有			
	实验中问题的解决	5	正确处理与解决			
	割伤、烫伤的预防与急救	5	简洁表述或处理			

第3章 有机化学实验技术

3.1 台秤与电子分析天平、电光分析天平的使用

3.1.1 台秤的使用

台秤用于粗略的称量。最大载荷为200 g的台秤,能称准至0.1 g(即感量为0.1 g);最大载荷为500 g的台秤,能称准至0.5 g(即感量为0.5 g)。台秤及其使用见图3−1。

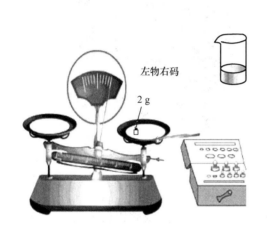

左物右码

2 g

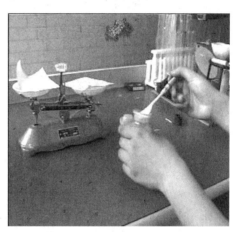

图3−1 台秤及其使用

台秤的横梁架在台秤座上,横梁左右有两个盘子,横梁中部的下面有指针(有的台秤指针在上面)。根据指针在刻度盘前摆动的情况,可看出台秤的平衡状态。称量前要先测定台秤的零点(即不放物体时,台秤的指针在刻度盘上的指示位置)。零点应在刻度盘的中央,如果不在,可用中间的螺丝(有的螺丝在两边)来调节。称量时,在左盘中放试样,用镊子将砝码(由大到小)夹入右盘,再调游码,直至指针在刻度盘中心线左右等距离摆动。砝码及游码指示数值之和即为所称试样质量。

称量时必须注意以下几点。

(1)称量物要放在称量用纸或表面皿上,不能直接放在托盘上;潮湿的或具有腐蚀性的药品,则要放在玻璃容器内。

(2)不能称量热的物品。

(3)称量完毕后,应把砝码放回砝码盒中,把标尺上的游码移至"0"处,使台秤各部分恢复原状。

(4)应保持台秤及桌面的整洁。

3.1.2 电子分析天平及电光分析天平的使用

3.1.2.1 电子分析天平的使用方法

电子分析天平是最新一代的天平,是根据电磁力平衡原理直接称量的精密仪器,全量程不需砝码。放上称量物后,在几秒钟内即达到平衡,显示读数。称量速度快,精度高。电子分析天平的支撑点用弹性簧片取代机械天平的玛瑙刀口,用差动变压器取代升降枢装置,用数字显示代替指针刻度。因而,电子分析天平具有使用寿命长、性能稳定、操作简便和灵敏度高的特点。电子分析天平的外观如图 3 – 2(a)所示。

(a)　　　　　　　　　　　　　(b)

图 3 – 2　分析天平

(a)电子分析天平　(b)电光分析天平

此外,电子分析天平还具有自动校正、自动去皮、超载指示、故障报警等功能,同时具有质量电信号输出功能,且可与打印机、计算机联用,进一步扩展其功能,如统计称量的最大值、最小值、平均值及标准偏差等。由于电子分析天平具有机械天平无法比拟的优点,尽管其价格较贵,但还是越来越广泛地应用于各个领域并逐步取代机械天平。

电子分析天平的使用方法如下。

(1)水平调节。观察水平仪,如水平仪的水泡偏移,需调整水平调节脚,使水泡位于水平仪中心。

(2)预热。接通电源,预热至规定时间。

(3)开启显示器。轻按"ON"键,显示器全亮,约 2 s 后,显示天平的型号,然后是称量模式"0.000 0 g"。读数时应关上天平门。

(4)天平基本模式的选定。天平通常为"通常情况"模式,并具有断电记忆功能。使用时若改为其他模式,使用后一经按"OFF"键,天平即恢复"通常情况"模式。称量单位的设置等可按说明书进行操作。

(5)校准。天平安装后,第一次使用前应进行校准。因存放时间较长、位置移动、环境变化或未获得精确测量结果,天平在使用前一般都应进行校准操作。本天平采用外校准(有的电子天平具有内校准功能),由"TAR"键清零及"CAL"键、200 g 校准砝码完成。

(6)称量。按"TAR"键,显示为零后置称量物于秤盘上,待数字稳定即显示器左下角的

"0"标志消失后,即可读出称量物的质量值。

(7)去皮称量。按"TAR"键清零,置容器于秤盘上,天平显示容器质量,再按"TAR"键,显示零,即去除皮重。再置称量物于容器中,或将称量物(粉末状物或液体)逐步加入容器中直至达到所需质量,待显示器左下角的"0"消失,这时显示的是称量物的净质量。将秤盘上的所有物品拿开后,天平显示负值,按"TAR"键,天平显示"0.000 0 g"。若在称量过程中秤盘上的总质量超过最大载荷(FA1604 型电子天平为 160 g),天平仅显示上部线段,此时应立即减小载荷。

(8)称量结束后,若在较短时间内还使用天平(或其他人还使用天平),一般不用按"OFF"键关闭显示器。实验全部结束后,关闭显示器,切断电源。若在短时间内(例如 2 h 内)还使用天平,可不必切断电源,再用时可省去预热时间。

3.1.2.2　电光分析天平的使用规则和注意事项

电光分析天平的外观如图 3-2(b)所示。其使用规则和注意事项如下。

(1)称量前应检查天平是否正常,是否处于水平位置,吊耳、圈码是否脱落,玻璃框内外是否清洁。

(2)应从左右两门取放称量物和砝码。

(3)称量物不能超过天平负载(200 g),不能称量热的物体。

(4)有腐蚀性或吸湿性的物体必须放在密闭容器中称量。

(5)开启升降旋钮(开关旋钮)时,一定要轻放,以免损伤玛瑙刀口。转动圈码读数时动作要轻而缓慢,以免圈码掉落。

(6)每次加减砝码、圈码或取放称量物时,一定要先关升降旋钮(关闭天平),加完后再开启旋钮(开启天平)。

(7)读数时一定要将升降旋钮开关顺时针旋转到底,使天平完全开启。

(8)同一化学实验中的所有称量应自始至终使用同一架天平,使用不同的天平会造成误差。

(9)每架天平都配有固定的砝码,不能错用其他天平的砝码。要保持砝码清洁、干燥。砝码只许用镊子夹取,绝不能用手拿,用完放回砝码盒内。

(10)称量完毕,应检查天平梁是否托起,砝码是否归位,指数盘是否转到"0",电源是否切断,边门是否关好。

(11)罩好天平,填写使用记录。

3.1.2.3　分析天平的称量方法

根据待称量样品的性质不同,可选用直接称量法和差减称量法进行称量。

1. 直接称量法

对于不易吸湿、在空气中性质稳定的试样,如金属、矿石等,可采用直接称量法。称量时将试样放在已知质量的清洁、干燥的小表面皿上,直接称取试样的质量,然后将试样全部转移到接收容器中。

2. 差减称量法

此法用于称量易吸水、易氧化、易吸收二氧化碳的固体粉末状物质。将试样装入干燥的称量瓶中,准确称出称量瓶和试样的总质量 m_1。取出称量瓶,放在容器上方,将称量瓶倾斜,用称量瓶盖轻轻敲瓶口上部,使试样落入容器中,如图 3-3(a)所示。当倾出量接近所需质量时,将称量瓶竖起,再用瓶盖轻敲瓶口上部,使粘在瓶口的试样落下,然后盖好瓶盖,将称量瓶放回天平盘上,称得质量为 m_2。两次质量之差 $m_1 - m_2$ 即为试样质量。

若从称量瓶中倒出的试样太多,不能倒回称量瓶中,必须重新称量。称量时应注意:取放称量瓶时应用干净的纸带套住装试样的称量瓶,手持纸带两端移动称量瓶,如图 3-3(b) 所示。

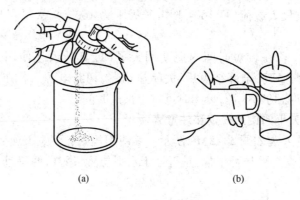

(a)   (b)

图 3-3　称量方法
(a)称量操作　(b)用纸带拿称量瓶的方法

实验二　分析天平称量练习

【实验目的】
(1)了解电光分析天平的构造和使用方法。
(2)学习准确称取物体。

【仪器及药品】

1. 仪器

电光分析天平、电子分析天平、台秤、表面皿、称量瓶、纸条、药匙。

2. 药品

铝箔(30~40 mg)、固体粉末(Na_2CO_3 或 NaCl)。

【实验内容】

(1)电光分析天平的认识及检查:

①根据本教材的内容,对照电光分析天平实物,了解它的构造、性能和用法;

②检查天平;(检查什么?)

③调节电光分析天平的零点。(如何调?)

(2)用直接称量法称量表面皿的质量。

先在台秤上粗称一块表面皿的质量,然后在电光分析天平上精确称量,称量误差不得超过 0.2 mg,记下质量并与老师核对,合格后再进行下面的练习。

(3)用直接称量法称 0.03~0.04 g 铝箔。用纸将称好的铝箔包上,写上班级、姓名和所称质量,交给老师保存,供后面的实验用。

(4)用差减称量法称 0.2~0.3 g Na_2CO_3 固体试样一份。

(5)NaCl 的称量(电子分析天平):

①取下天平罩,放在统一的位置,检查门是否关好;

②检查框罩内外、天平盘是否洁净,若不净,用软毛刷刷净;

③检查天平是否处在水平位置,若不在,轻旋水平调节脚;

④检查天平电源是否插好,是否处于待机状态,即左下角显示"0",若"0"不显示在左下角,请按"ON";

⑤进行称量操作;

⑥读数,天平自动显示被测物质的质量,等稳定后(显示屏左侧的亮点消失)即可读数并记录;

⑦关闭天平,进行使用情况登记。

【实验数据的记录与处理】

1. 铝箔的称量(电光分析天平)

台秤粗称表面皿质量_____ g;电光分析天平称量记录见表3－1。

表3－1　电光分析天平称量记录

	表面皿质量	表面皿＋铝箔质量
砝码质量/g		
环码质量/mg		
光屏读数/mg		
总计/g		
铝箔质量 =_____ g		

2. Na_2CO_3 粉末的称量(电光分析天平)

盛有 Na_2CO_3 固体的称量瓶用台秤粗称量有_____ g;电光分析天平称量记录见表3－2。

表3－2　电光分析天平称量记录

	m_1	m_2
砝码质量/g		
环码质量/mg		
光屏读数/mg		
总计/g		
Na_2CO_3 粉末质量(m_1-m_2) =_____ g		

【思考题】

(1)为什么要测电光分析天平的零点? 天平的零点和停点有何区别? 如何测定它们?

(2)为了保护电光分析天平的刀口,操作时应注意什么? 下面的操作是否正确? 为什么?

①在砝码和称量物的质量相差悬殊的情况下,完全打开升降旋钮;

②急速地关、开升降旋钮;

③未关闭升降旋钮就加减砝码或取下称量物。

(3)下列操作是否影响准确称量?

①用手拿砝码;

②不关闭天平门;

③ 被称物品吸水性很强而又未放在密闭容器内。

（4）在电光分析天平加减砝码的过程中,标尺往哪个方向移动需要加砝码或环码?

（5）电光(子)分析天平若以克为单位可称到小数点后几位? 若电光(子)分析天平称出的数值恰巧为 3.200 0 g,为什么不可写成 3.2 g?

3.2　玻璃工操作和塞子配置

实验三　玻璃管(棒)的加工和塞子的钻孔

【实验目的】

（1）了解酒精灯和酒精喷灯的构造和原理,掌握正确的使用方法。

（2）练习玻璃管(棒)的截断、弯曲、拉制和熔烧等基本操作。

（3）练习塞子钻孔的基本操作。

（4）完成玻璃棒、滴管的制作和洗瓶的装配。

【相关知识——灯的使用】

酒精灯和酒精喷灯是实验室常用的加热器具。酒精灯的火焰温度一般可达 400 ~ 500 ℃;酒精喷灯的火焰温度则可达 700 ~ 1 000 ℃。

1. 酒精灯

酒精灯由灯壶、灯帽和灯芯构成,其正常火焰(如图 3 - 4 所示)分为三层:焰心、内焰(还原焰)和外焰(氧化焰)。进行实验时,一般都用外焰加热。

酒精灯的使用方法:①检查灯芯,并修整;②用漏斗添加酒精;③用火柴点燃;④用毕后使用灯罩熄灭,熄灭后重盖一次,防止冷却后造成负压打不开;⑤使用防风罩可使火焰平稳。

2. 酒精喷灯

常用的酒精喷灯有座式和挂式两种。座式酒精喷灯的结构如图 3 - 5 所示。挂式酒精喷灯的结构如图 3 - 6 所示。

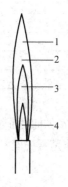

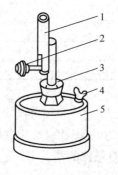

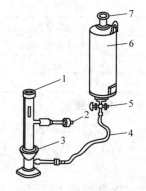

图 3 - 4　正常火焰
1—氧化焰;2—最高温区;
3—还原焰;4—焰心

图 3 - 5　座式酒精喷灯
1—灯管;2—空气调节器;
3—预热盘;4—铜帽;5—酒精壶

图 3 - 6　挂式酒精喷灯
1—灯管;2—空气调节器;
3—预热盘;4—橡胶管;
5—开关;6—贮筒;7—盖子

酒精喷灯的使用方法如下(以挂式酒精喷灯为例)。

(1)关闭开关 5,向贮筒 6 内加入酒精,盖上盖子 7 后,把贮筒挂于高处(贮筒与酒精灯的相对距离直接影响酒精供给量)。

(2)微微打开开关 5,使酒精由灯座上的喷口流入预热盘 3 内,待盘内酒精将满时,关闭开关 5 和空气调节器 2。

(3)点燃预热盘内的酒精。

(4)待预热盘内的酒精将烧尽时,打开开关 5,并旋转空气调节器 2。这时由于酒精在灼热的灯管内汽化,并与进入的空气混合,所以用火柴即可点燃灯管口的气体。

(5)调节空气调节器 2,使管口形成稳定的高温火焰。

(6)用毕,旋紧空气调节器 2,同时关闭开关 5,火焰即自行熄灭。

使用中必须注意,在旋转空气调节器和点燃管口气体前,应该充分灼热灯管。否则,酒精不能全部汽化,会有液体酒精从管口喷出,可能形成“火雨”。

使用酒精喷灯的注意事项如下。

(1)使用酒精喷灯时,首先用捅针捅一捅酒精蒸气出口,以保证出气口畅通。

(2)借助小漏斗向酒精壶内添加酒精时,酒精壶内的酒精不能装得太满,以不超过酒精壶(座式)容积的 2/3 为宜。

(3)打开酒精壶的开关,拧紧酒精灯的铜帽,然后往预热盘里注入一些酒精,点燃酒精使灯管受热,待酒精接近燃完且灯管口有火焰时,上下移动空气调节器调节火焰为正常火焰。

(4)用毕后,先关闭酒精壶的开关,待橡胶管内和灯内的酒精燃烧完后,火焰自然熄灭,再关紧酒精灯的旋钮。若长期不用,须将酒精壶内剩余的酒精倒出。

【相关知识——玻璃管(棒)的简单加工】

1. 截断

将玻璃管(棒)平放在桌面上,依需要的长度左手按住要切割的部位(如图 3-7 所示),右手用锉刀的棱边在要切割的部位按一个方向(不要来回锯)用力挫出一道凹痕。然后双手持玻璃管(棒),两拇指齐放在凹痕背面,轻轻地由凹痕背面向外推折,同时两食指和两拇指将玻璃管(棒)向两边拉,如此将玻璃管(棒)截断,如图 3-8 所示。两种玻璃管截面的比较如图 3-9 所示。

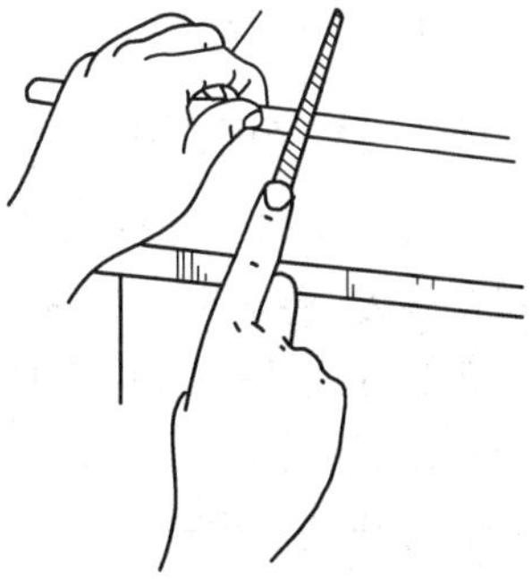

2. 熔光

切割的玻璃管(棒),其截断面的边缘很锋利,容易割破

图 3-7　玻璃管(棒)的截断

皮肤、橡胶管或塞子,所以必须放在火焰中熔烧,使之平滑,这项操作称为熔光(或圆口)。其方法为将刚切割的玻璃管(棒)的一头插入火焰中熔烧,如图 3-10 所示。熔烧时,角度一般为 45°,并不断来回转动玻璃管(棒),直至管口变得红热平滑为止。熔烧时,加热时间过长或过短都不好:过短,管(棒)口不平滑;过长,管径会变小。转动不匀,会使管口不圆。灼热的玻璃管(棒)应放在石棉网上冷却,切不可直接放在实验台上,以免烧焦台面,也不要用手去摸,以免烫伤。

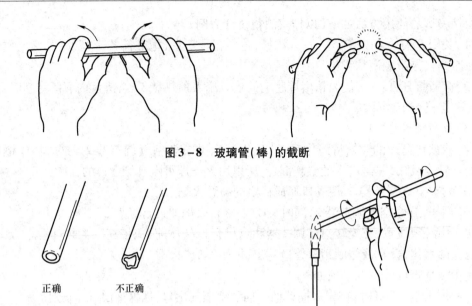

图 3 - 8　玻璃管(棒)的截断

图 3 - 9　两种玻璃管截面的比较　　　　图 3 - 10　玻璃管(棒)的熔光

正确　　　不正确

3. 弯曲

1)烧管

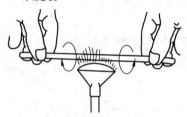

图 3 - 11　加热玻璃管的方法

　　将玻璃管用小火预热一下,然后手持玻璃管,把要弯曲的地方斜插入氧化焰中,以增大玻璃管的受热面积(也可以在燃气灯上罩鱼尾灯头扩展火焰,以增大玻璃管的受热面积),同时缓慢而均匀地转动玻璃管,两手用力要均等,转速要一致,以免玻璃管在火焰中扭曲,一直加热到玻璃管变软,如图 3 - 11 所示。

2)弯管

　　从火焰中取出玻璃管,稍等片刻(1～2 s),使各部温度均匀,迅速准确地把玻璃管弯成所需的角度,待玻璃管变硬时再停止。弯管的正确手法是"V"字形,两手在上方,玻璃管的弯曲部分在两手中间的下方(见图 3 - 12(a))。弯好后待其变硬再把玻璃管放在石棉网上继续冷却,待玻璃管冷却后检查其角度是否准确。冷却后应检查其角度是否准确,整个玻璃管是否处在同一个平面上。

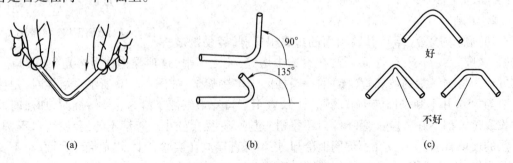

(a)　　　　　　　　　(b)　　　　　　　　　(c)

图 3 - 12　玻璃管(棒)的弯曲

(a)弯制玻璃管　(b)弯管实例　(c)好与不好的弯管实例

120°以上的角度可以一次弯成。较小的锐角可分几次弯成。如图 3 – 12(b)所示,先弯一个较大的角度,然后在第一次受热部位的稍偏左或右处进行第二次加热和弯曲,直到弯曲成所需的角度为止。弯管质量好坏见图 3 – 12(c)。

4. 制备毛细管和滴管

1)烧管

拉细玻璃管时,加热玻璃管的方法与弯玻璃管时基本一样,不过烧的时间要长一些,玻璃管软化程度更大一些,烧至红黄色。

2)拉管

待玻璃管烧成红黄色软化以后,取出,两手沿着水平方向边拉边旋转玻璃管(见图 3 – 13),拉到所需的细度时,一手持玻璃管向下垂一会儿。待玻璃管冷却后,按需要的长度截断,形成两个尖嘴管。如果要求细管具有一定的厚度,应在加热过程中当玻璃管变软后,将其轻缓地向中间挤压,缩短它的长度,使管壁增厚,然后按上述方法拉细。

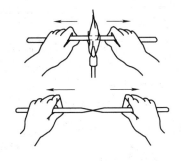

图 3 – 13　玻璃管的控制

3)滴管的扩口

将未拉细的另一端玻璃管口以 40°角斜插入火焰中加热,并不断转动。待管口灼烧至红热后,将金属锉刀柄斜放入管口内迅速而均匀地旋转,使管口扩开。另一种扩口的方法是待管口烧至稍软化后,将玻璃管口垂直放在石棉网上,轻轻向下按一下,将管口扩开。冷却后安上胶头即成滴管。

【相关知识——塞子钻孔】

为了在塞子上装置玻璃管、温度计等,塞子需预先钻孔。常用的钻孔器是一组直径不同的金属管。它们的一端有柄,另一端很锋利,可用来钻孔。

1. 塞子大小的选择

塞子的大小应与仪器的口径相适合,塞子塞进瓶口或仪器口的部分不能少于塞子高度的 1/2,也不能多于 2/3。

2. 钻孔器大小的选择

选择一个比要插入橡胶塞的玻璃管口径略大一点的钻孔器,因为橡胶塞有弹性,孔道钻成后由于收缩孔径会变小。

3. 钻孔的方法

将塞子小头朝上平放在实验台上的一块垫板上(避免钻坏台面),左手用力按住塞子,不得移动,右手握住钻孔器的手柄,并在钻孔器前端涂点甘油或水。将钻孔器按在选定的位置上,沿一个方向,一面旋转一面用力向下钻动。钻孔器要垂直于塞子的面,不能左右摆动,更不能倾斜,以免把孔钻斜。钻至深度约达塞子高度的 1/2 时,反方向旋转并拔出钻孔器,用带柄捅条捅出嵌入钻孔器中的橡胶或软木。然后调换塞子大头,对准原孔的方位,按同样的方法钻孔,直到两端的圆孔贯穿为止。也可以不调换塞子大头,仍按原孔直接钻通到垫板上为止,拔出嵌入钻孔器,再捅出嵌入钻孔器内的橡胶或软木。

孔钻好以后,检查孔道是否合适,如果选用的玻璃管可以毫不费力地插入塞孔里,说明塞孔太大,塞孔和玻璃管之间不够严密,塞子不能使用。若塞孔略小或不光滑,可用圆锉适当修整。

4. 玻璃管插入橡胶塞的方法

用水或甘油润湿玻璃管的前端,手握玻璃管前端,边转边插入。

【实验内容——实验用具的制作】

1. 胶头滴管

截取 260 mm 长的玻璃管(内径约 5 mm),将中部置于火焰上加热,拉细玻璃管。如图

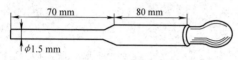

图 3 - 14　胶头滴管示意

3 - 14 所示,要求玻璃管细部的内径为 1.5 mm,毛细管长约 70 mm,截断并将口熔光。把尖嘴管的另一端加热至发软,然后在石棉网上压一下,使管口外卷,冷却后套上胶帽即制成胶头滴管。

2. 洗瓶

准备 500 mL 的聚氯乙烯塑料瓶一个,适合塑料瓶瓶口大小的橡胶塞一个,330 mm 长的玻璃管一根(两端熔光)。

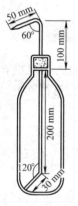

图 3 - 15　洗瓶示意

(1)按前面介绍的塞子钻孔的操作方法,将橡胶塞钻孔。

(2)按图 3 - 15 所示的形状,将 330 mm 长的玻璃管一端 50 mm 处在酒精喷灯上加热后拉出一个尖嘴,弯成 60°角,插入橡胶塞塞孔后,再将另一端弯成 120°角(注意两个弯角的方向),即制成一个洗瓶。

①拉:取直径 7 ~ 8 mm、长 330 mm 的玻璃管,在约 50 mm 处拉出尖嘴。

拉细的操作:两肘搁在桌面上,两手执玻璃管两端,掌心相对,加热方向和弯曲相同,只不过加热程度强些(玻璃管烧成红黄色),从火焰中取出,两肘仍搁在桌面上,两手平稳地沿水平方向向相反的方向移动,开始时应慢些,逐步加快,拉成内径约为 1 mm 的毛细管。(注:在拉细的过程中要边拉边旋转)

②弯:在离尖嘴 50 mm 处弯 60°角。

③配塞、钻孔:注意塞子的方向。

④装配:在离下端 30 mm 处弯 120°角,注意应在同一平面内。

3. 熔点管的拉制

把一根干净的、壁厚为 1 mm、直径为 8 ~ 10 mm 的玻璃管拉成内径为 1 mm 和 3 ~ 4 mm 的两种毛细管,再将内径为 1 mm 的毛细管截成 150 ~ 200 mm 长,把此毛细管的两端在小火上封闭,使用时把这根毛细管从中央截断,即为两根熔点管。熔点管的拉制示意见图 3 - 16。

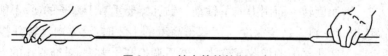

图 3 - 16　熔点管的拉制示意

4. 沸点管的拉制

将内径为 3 ~ 4 mm 的毛细管截成 80 ~ 90 mm 长的管,在小火上封闭一端作为外管,将内径约

为 1 mm 的毛细管截成 70～80 mm 长的管,封闭其一端作为内管,这样就可组成沸点管了。

5. 搅拌棒

取一根长度约 400 mm 的玻璃棒,将棒的一端放在火焰上加热并不断转动,待烧至发黄变软时取出,用镊子弯成不同样式的搅拌棒(见图 3 - 17)。烧制搅拌棒时应注意制成的搅拌棒要能顺利地从反应瓶口插入反应瓶中。最后将棒的另一端烧圆。

【实验注意事项】

(1)切割玻璃管、玻璃棒时要防止划破手。

(2)使用酒精喷灯前,必须准备一块湿抹布备用。

(3)灼热的玻璃管、玻璃棒,要按先后顺序放在石棉网上冷却,切不可直接放在实验台上,以防止烧焦台面;冷却之前也不要用手去摸,以防止烫伤手。

(4)装配洗瓶时,拉好玻璃管尖嘴,弯好 60°角后,先装橡胶塞,再弯 120°角,并且注意 60°角与 120°角在同一方向、同一平面上。

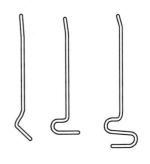

图 3 - 17　各种搅拌棒示意

【考核评分】

见表 3 - 3。

表 3 - 3　玻璃管(棒)的加工和塞子的钻孔操作考核评分表

项目	评分要素	配分	评分标准	扣分	得分	备注
酒精喷灯的使用(20分)	酒精喷灯的安装	5	正确			
	酒精的添加方法	3	正确			
	酒精喷灯的点燃预热	4	方法正确			
	酒精喷灯的使用	6	用氧化焰加热			
	酒精喷灯的熄灭	2	盖灭后关闭开关			
玻璃管(棒)的加工(28分)	锉刀的使用	3	正确			
	玻璃管(棒)的截取	2	正确			
	截取玻璃管(棒)的质量	3	合格			
	玻璃管(棒)的熔光操作	2	正确			
	熔光玻璃管(棒)的质量	3	合格			
	滴管的拉制方法	2	正确			
	拉出滴管的质量	3	合格			
	毛细管的拉制方法	2	正确			
	拉出毛细管的质量	3	合格			
	玻璃弯管的拉制方法	2	正确			
	拉出玻璃弯管的质量	3	合格			
洗瓶的装配(14分)	塞子的选择	2	正确			
	打孔器的选择与使用	5	正确			
	塞子的孔径	2	洗瓶弯管正好插入			
	洗瓶的安装方法	2	正确			
	装配好的洗瓶的质量	3	合格			

项目	评分要素	配分	评分标准	扣分	得分	备注
结束工作 (18分)	整理实验台	3	摆放整齐,擦拭干净			
	仪器的清洗与放置	5	洗净,有序地放置于柜中			
	废玻璃的处理	5	收集,置于指定位置			
	完成时间	5	在规定时间内完成			
实验素质 (20分)	实验中的创新	10	有			
	实验中问题的解决	5	能正确处理与解决			
	割伤、烫伤的预防与急救	5	正确救治			

3.3 常用反应装置

3.3.1 回流冷凝装置

在室温下,有些反应速率很小或难以进行,为了使反应尽快进行,常需要使反应物质较长时间保持沸腾。在这种情况下,就需要使用回流冷凝装置,使蒸气不断地在冷凝管内冷凝而返回反应器中,以防止反应瓶中的物质逃逸损失。图3-18(a)所示是最简单的回流冷凝装置。将反应物质放在圆底烧瓶中,在适当的热源上或热浴中加热。直立的冷凝管夹套中自下至上通入冷水,使夹套充满水,水流速度不必很快,能保持蒸气充分冷凝即可。加热的程度也需控制,使蒸气上升的高度不超过冷凝管高度的1/3。

如果反应物怕受潮,可在冷凝管上端口装接氯化钙干燥管来防止空气中的湿气侵入(见图3-18(b))。如果在反应中会放出有害气体(如溴化氢),可加接气体吸收装置(见图3-18(c))。

3.3.2 滴加回流冷凝装置

有些反应进行剧烈,放热量大,如将反应物一次性加入,会使反应失去控制;有些反应为了控制反应物的选择性,也不能将反应物一次性加入。在这些情况下,可采用滴加回流冷凝装置(图3-19),将一种试剂逐渐滴加进去。常用恒压滴液漏斗进行滴加。

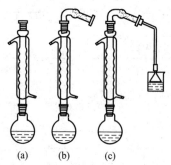

图3-18 回流冷凝装置

(a)普通回流冷凝装置 (b)装接干燥管的回流冷凝装置
(c)加接气体吸收装置的回流冷凝装置

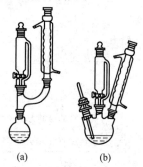

图3-19 滴加回流冷凝装置

(a)接恒压滴液漏斗的回流冷凝装置
(b)接温度计、恒压滴液漏斗的回流冷凝装置

3.3.3 回流分水反应装置

在进行某些可逆平衡反应时,为了使正向反应进行彻底,可将反应产物之一不断地从反应混合物体系中除去,常采用回流分水反应装置除去生成的水。在图 3 - 20 所示的装置中,有一个分水器,回流的蒸气冷凝液进入分水器,分层后有机层自动被送回烧瓶,而生成的水可从分水器中放出去。

3.3.4 滴加蒸出反应装置

有些有机反应需要一边滴加反应物一边将产物或产物之一蒸出反应体系,以防止产物发生二次反应。在可逆平衡反应中,蒸出产物能使反应进行彻底。常用与图 3 - 21 类似的反应装置来进行这种操作。在图 3 - 21 所示的装置中,反应产物可单独或形成共沸混合物不断地在反应过程中蒸馏出去,并可通过滴液漏斗将一种试剂逐渐滴加进去以控制反应速率或使这种试剂消耗完全。

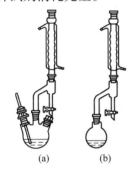

(a)   (b)

图 3 - 20   回流分水反应装置

（a）带温度计的回流分水反应装置

（b）不带温度计的回流分水反应装置

图 3 - 21   滴加蒸出反应装置

必要时可在上述各种反应装置的反应烧瓶外面用冷水浴或冰水浴进行冷却,在某些情况下也可用热浴加热。

3.3.5 搅拌反应装置

固体和液体或互不相溶的液体进行反应时,为了使反应混合物充分接触,应该进行搅拌或振荡。在反应物量小、反应时间短、不需要加热或温度不太高的操作中,用手摇动容器就可达到充分混合的目的。用回流冷凝装置进行反应时,有时需间歇地振荡。这时可将固定烧瓶和冷凝管的夹子暂时松开,一只手扶住冷凝管,另一只手拿住瓶颈做圆周运动;每次振荡后,应把仪器重新夹好。也可用振荡整个铁架台的方法(这时夹子应夹牢)使容器内的反应物充分混合。

在某些需要较长时间搅拌的实验中,最好用电动搅拌器。电动搅拌效率高,节省人力,还可以缩短反应时间。

搅拌反应装置是适合不同需要的机械搅拌装置。搅拌棒是用电机带动的。在装配机械搅拌装置时,可用简单的橡胶管密封(图 3 - 22(a)、(b))或用液封管(图 3 - 22(c))密封。搅拌棒与橡胶管或液封管应配合得合适,不太松也不太紧,搅拌棒能在中间自由地转动。根据搅拌棒的长度(不宜太长)选定三口烧瓶和电机的位置。先将电机固定好,用短橡胶管(或连接器)把插入封管中的搅拌棒连接到电机的轴上,然后小心地将三口烧瓶套上去,至搅拌棒的下端距瓶底约 5 mm,将三口烧瓶夹紧。检查这几件仪器安装得是否合乎要求,电机的轴和搅拌棒应在同一直线上。用手试验搅拌棒转动是否灵活,再以低转速开动电机,试验运转情况。当搅拌棒与封管之间不发出摩擦声时才能认为仪器装配合格,否则需要进行调整。最后装上冷凝管、滴液漏斗(或温度计),用夹子夹紧。整套仪器应安装在同一个铁架台上。

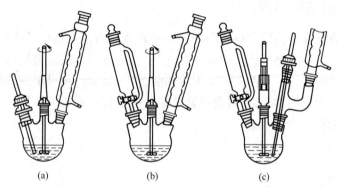

图 3 - 22　搅拌反应装置

(a)带温度计的简单的橡胶管密封的搅拌反应装置　(b)接恒压滴液漏斗的简单的橡胶管密封的搅拌反应装置　(c)接恒压滴液漏斗的简单的液封管密封的搅拌反应装置

在装配实验装置时,使用的玻璃仪器和配件应该是洁净干燥的。圆底烧瓶或三口烧瓶的大小应使反应物占烧瓶容量的 1/3～1/2,最多不超过 2/3。首先将烧瓶固定在合适的高度(下面可以放置煤气灯、电炉、热浴或冷浴装置),然后逐一安装上冷凝管和其他配件。需要加热的仪器,应夹住仪器受热最少的部位,如圆底烧瓶靠近瓶口处。冷凝管则应夹住其中央部位。

3.3.6　蒸馏装置

蒸馏操作是化学实验中常用的实验技术,一般应用于下列四方面。

(1)分离液体混合物,仅在混合物中各成分的沸点有较大的差别时才能达到较有效的分离效果。

(2)测定纯化合物的沸点。

(3)提纯,通过蒸馏含有少量杂质的物质提高其纯度。

(4)回收溶剂,或蒸出部分溶剂以浓缩溶液。

3.3.6.1　减压蒸馏

减压蒸馏是分离可提纯的有机化合物的常用方法之一。它特别适用于那些在常压蒸馏时未达沸点即已受热分解、氧化或聚合的物质。在蒸馏操作中,一些有机物被加热到其正常沸点附近时,会由于温度过高而发生氧化、分解或聚合等反应,使其无法在常压下蒸馏。若将蒸馏装置连接到一套减压系统上,在蒸馏开始前使整个系统的压力降低到只有常压的几十分之一至十几分之一,那么这类有机物就可以在较其正常沸点低得多的温度下进行蒸馏。

3.3.6.2　减压蒸馏装置

减压蒸馏装置主要由蒸馏、抽气(减压)、安全保护和测压四部分组成,如图 3 - 23

所示。

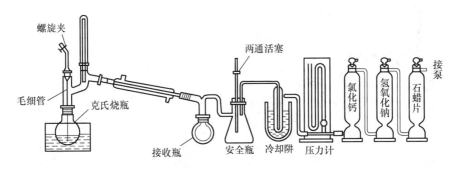

图 3 – 23　减压蒸馏装置示意

蒸馏部分由蒸馏瓶、克氏蒸馏头、毛细管、温度计及冷凝管、接收器等组成。克氏蒸馏头可减小液体由于暴沸而溅入冷凝管的可能性;而毛细管的作用是作为汽化中心,使蒸馏平稳,避免液体过热而产生暴沸冲出现象。毛细管口距瓶底 1 ~ 2 mm,为了控制毛细管的进气量,可在毛细玻璃管上口套一段软橡胶管,橡胶管中插入一段细铁丝,并用螺旋夹夹住。蒸出液接收部分通常用多尾接液管连接两个或三个梨形或圆形烧瓶,在接收不同馏分时,只需转动接液管。在减压蒸馏系统中切勿使用有裂缝或薄壁的玻璃仪器,尤其不能用不耐压的平底瓶(如锥形瓶等),以防止内向爆炸。

抽气部分用减压泵,最常见的减压泵有水泵和油泵两种。

安全保护部分一般有安全瓶,若使用油泵,还必须有冷却阱及分别装有粒状氢氧化钠、块状石蜡及活性炭或硅胶、无水氯化钙等的吸收干燥塔,以避免低沸点溶剂,特别是酸和水汽进入油泵而降低泵的真空效能。所以在油泵减压蒸馏前必须在常压或水泵减压下蒸除所有低沸点液体、水以及酸、碱性气体。

测压部分采用测压计。

3.3.6.3　水蒸气蒸馏装置

水蒸气蒸馏装置如图 3 – 24(a)所示。它由水蒸气发生器 1、导气管 3、三口(或二口)圆底烧瓶 4 和长的直形水冷凝管 6 组成。若反应在圆底烧瓶内进行,可在圆底烧瓶上装配蒸馏头或克氏蒸馏头代替三口瓶(见图 3 – 24(b))。向水蒸气发生器中加入 1/2 ~ 3/4 容积的水,不宜太满,否则沸腾时水易冲出烧瓶。导气管末端应接近烧瓶底部,以使水蒸气能与被蒸馏物质充分接触并产生搅动作用。长的直形冷凝管 6 可以使馏出液充分冷却,由于水的蒸发热较大,所以冷却水的流速宜稍大一些。水蒸气发生器 1 的水蒸气出口与导气管 3 通过一个 T 形管连接,在 T 形管的支管上套一段短橡胶管,用螺旋夹旋紧,它可以用于除去水蒸气中冷凝下来的水分。在操作中如果发生不正常现象,应立刻打开夹子,使之与大气相通。

把待蒸馏的物质倒入烧瓶 4 中,其量约为烧瓶容量的 1/3。操作前,应仔细检查装置是否漏气。开始蒸馏时,先把 T 形管上的夹子打开,用火直接把水蒸气发生器里的水加热到沸腾。当有水蒸气从 T 形管的支管冲出时,旋紧夹子,让水蒸气通入烧瓶中,这时可以看到瓶中的混合物翻腾不息,不久在冷凝管中就出现有机物质和水的混合物。调节火焰,使瓶内的混合物不致飞溅得太厉害,并控制馏出液的速度为每秒 2 ~ 3 滴。为了使水蒸气不致在烧瓶内过多地冷凝,在蒸馏时通常也可用小火对烧瓶加热。在操作时,要随时注意安全管中的

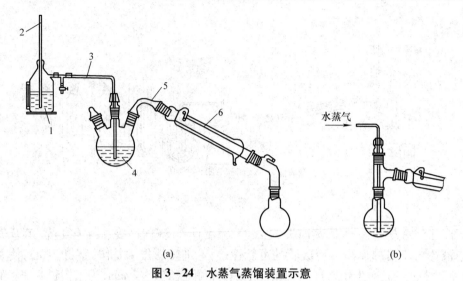

图 3－24　水蒸气蒸馏装置示意

（a）三口瓶水蒸气蒸馏装置　（b）用克氏蒸馏头代替三口瓶

1—水蒸气发生器；2—安全管；3—导气管；4—三口圆底烧瓶；5—馏出液导管；6—直形水冷凝管

水柱是否发生不正常的上升现象以及烧瓶中的液体是否发生倒吸现象。一旦出现这些现象，应立刻打开夹子，移去火焰，找出发生故障的原因。必须把故障排除，方可继续蒸馏。当馏出液澄清透明不再含有机物油滴时，可停止蒸馏。这时应首先打开夹子，然后移去火焰。

3.4　重结晶技术

重结晶是晶体溶于溶剂中或熔融以后，又从溶液或熔体中结晶的过程，又称再结晶。重结晶可以使不纯净的物质被纯化，或使混合在一起的盐类彼此分离。重结晶的效果与溶剂的选择大有关系，最好选择对主要化合物是可溶性的、对杂质微溶或不溶的溶剂。滤去杂质后，将溶液浓缩、冷却，即得纯净的物质。混合在一起的两种盐类，如果它们在一种溶剂中的溶解度随温度的变化差别很大（例如硝酸钾和氯化钠的混合物，硝酸钾的溶解度随温度上升而急剧增大，而温度升高对氯化钠的溶解度影响很小），则可在较高温度下将混合物溶液蒸发、浓缩，首先析出的是氯化钠晶体，除去氯化钠以后的母液在浓缩和冷却之后，可得纯硝酸钾。重结晶往往需要进行多次，才能获得较好的纯化效果。

重结晶提纯法的一般过程为：溶剂的选择、溶解固体、趁热过滤、结晶、减压过滤、晶体的干燥。

3.4.1　溶剂的选择

首先要正确地选择溶剂，这对重结晶操作有很重要的意义。在应用重结晶技术纯化化学试剂的操作中，溶剂的选择是关系到纯化质量和回收率的关键问题。选择适宜的溶剂应注意以下几个问题。

（1）溶剂不与被提纯物质起化学反应。

（2）在较高温度时能溶解大量的被提纯物质，而在室温或更低温度时，只能溶解很少量的该种物质。

（3）对杂质的溶解度非常大或者非常小（前一种情况是使杂质留在母液中不随被提纯

物晶体一同析出,后一种情况是使杂质在热过滤时被滤去)。

(4)容易挥发(溶剂的沸点较低),易与结晶分离。

(5)能析出较好的晶体。

(6)无毒或毒性很小,便于操作。

(7)价廉易得。

(8)在适当的时候可以混合使用。

若不能选择出一种单一的溶剂对欲纯化的化学试剂进行重结晶,则可应用混合溶剂。混合溶剂一般由两种可以任何比例互溶的溶剂组成,其中一种溶剂较易溶解欲纯化的化学试剂,另一种溶剂较难溶解欲纯化的化学试剂。常用的混合溶剂有乙醇和水、乙醇和乙醚、乙醇和丙酮、乙醇和氯仿、二氧六环和水、乙醚和石油醚、氯仿和石油醚等。最佳混合溶剂的选择必须通过预试验来确定。

用于重结晶的常用溶剂有水、甲醇、乙醇、异丙醇、丙酮、乙酸乙酯、氯仿、冰醋酸、二氧六环、四氯化碳、苯、石油醚等。此外,甲苯、硝基甲烷、乙醚、二甲基甲酰胺、二甲基亚砜等也常使用。二甲基甲酰胺和二甲基亚砜的溶解能力大,当找不到其他适用的溶剂时,可以试用;但其缺点是往往不易从溶剂中析出结晶,且沸点较高,晶体上吸附的溶剂不易除去。乙醚虽是常用的溶剂,但是若有其他适用的溶剂,最好不用乙醚,因为:一方面乙醚易燃、易爆,使用时危险性极大,应特别小心;另一方面乙醚易沿壁爬行挥发而使欲纯化的化学试剂在瓶壁上析出,会影响结晶的纯度。

在选择溶剂时必须了解欲纯化的化学试剂的结构,因为溶质往往易溶于与其结构相近的溶剂中(即"相似相溶"原理)。极性物质易溶于极性溶剂中,而难溶于非极性溶剂中;相反,非极性物质易溶于非极性溶剂中,而难溶于极性溶剂中。这个溶解的规律对实验工作有一定的指导作用。如欲纯化的化学试剂是非极性化合物,在实验中已知其在异丙醇中的溶解度太小,异丙醇不宜作其结晶和重结晶的溶剂,这时一般不必再尝试极性更强的溶剂(如甲醇、水等),应尝试极性较小的溶剂(如丙酮、二氧六环、苯、石油醚等)。适用溶剂的最终选择只能用试验的方法来确定。表 3-4 可供选择溶剂时参考。

表 3-4 溶剂的选择

物质的类别	溶解度大的溶剂
烃(疏水性)	烃、醚、卤代烃
卤代烷	醚、醇、烃
酯	酯
酮	醇、二氧杂环己烷、冰醋酸
酚	乙醇、乙醚等有机溶剂
酰胺	醇、水
低级醇	水
高级醇	有机溶剂
盐(亲水性)	水

3.4.2 溶解固体

通过实验结果得出或查阅溶解度数据计算出被提取物所需溶剂的量,再将被提取物晶体置于锥形瓶中,加入较需要量稍少的适宜溶剂,加热到微沸一段时间后,若未完全溶解,可再添加溶剂,每次加溶剂后需再加热使溶液沸腾,直至被提取物晶体完全溶解(但应注意,在补加溶剂后,若发现未溶解固体不减少,应考虑是不溶性杂质,此时不要再补加溶剂,以免溶剂过量)。

注意事项如下。

(1)溶剂量的多少应同时考虑两个因素。溶剂少则收率高,但可能给热过滤带来麻烦,并可能造成更大的损失;溶剂多显然会影响回收率。故两者应综合考虑。一般可比需要量多加20%左右的溶剂(有人认为一般可比需要量多加20%~100%的溶剂)。

(2)可以在溶剂的沸点温度下溶解固体,但必须注意实际操作温度是多少,否则会在实际操作时使被提纯物晶体大量析出。但对某些晶体析出不敏感的被提纯物,可考虑在溶剂的沸点下溶解成饱和溶液。故由具体情况决定,不能一概而论。

(3)为了避免溶剂挥发、可燃性溶剂着火或有毒溶剂中毒,应在锥形瓶上装置回流冷凝管,添加溶剂时可从冷凝管的上端加入。

(4)若溶液中含有色杂质,则应加活性炭脱色,应特别注意活性炭的使用。

3.4.3　趁热过滤

为了除去不溶性杂质及活性炭等,需趁热进行过滤。若溶剂易燃,应防止着火或防止溶剂挥发。应注意滤纸的折叠方法及操作要领(包括漏斗的预热、滤纸的热水润湿等);应洗净抽滤瓶,注意滤纸的大小、滤纸的润湿等操作,开始不要减压太甚,以免将滤纸抽破(因为在热溶剂中,滤纸强度大大下降)。

3.4.4　结晶

将滤液在室温或保温下静置使之缓缓冷却(如滤液已析出晶体,可加热使之溶解),析出晶体,再用冷水充分冷却。必要时可进一步用冰水或冰盐水等冷却(视具体情况而定,若使用的溶剂在冰水或冰盐水中能析出结晶,就不能采用此步骤)。有时由于滤液中有焦油状物质或胶状物存在,结晶不易析出,有时因形成过饱和溶液也不析出晶体。在这种情况下,可用玻璃棒摩擦器壁以形成粗糙面,使溶质分子定向排列而形成结晶的过程较在平滑面上迅速和容易;或者投入晶种(晶种即同一物质的晶体,若无此物质的晶体,可用玻璃棒蘸一些溶液,稍干后即会析出晶体),供给定型晶核,使晶体迅速形成。有时被提纯化合物呈油状析出,虽然该油状物经长时间静置或足够冷却后也可固化,但这样的固体往往含有较多的杂质(首先,杂质在油状物中常较在溶剂中的溶解度大;其次,析出的固体中还包含一部分母液),纯度不高。用大量溶剂稀释,虽可防止油状物生成,但将使产物大量损失。这时可将析出油状物的溶液重新加热溶解,然后缓慢冷却。当油状物析出时便剧烈搅拌混合物,使油状物在均匀分散的状况下固化,但最好重新选择溶剂,以得到晶形产物。

3.4.5　减压过滤(抽气过滤)

减压过滤的程序如下。

(1)剪裁符合规格的滤纸放入漏斗中。

(2)用少量溶剂润湿滤纸。

(3)开启水泵并关闭安全瓶上的活塞,将滤纸吸紧。

(4)打开安全瓶上的活塞,再关闭水泵。

（5）借助玻璃棒将待分离物分批倒入漏斗中，并用少量滤液洗出黏附在容器上的晶体，一并倒入漏斗中。

（6）再次开启水泵并关闭安全瓶上的活塞进行减压过滤，直至漏斗颈口无液滴为止。

（7）打开安全瓶上的活塞，再关闭水泵。

（8）用少量溶剂润湿晶体。

（9）再次开启水泵并关闭安全瓶上的活塞进行减压过滤，直至漏斗颈口无液滴为止（必要时可用玻璃塞挤压晶体，此操作一般进行 1 ~ 2 次）。

如重结晶溶剂沸点较高，在用原溶剂洗涤至少一次后，可用低沸点的溶剂洗涤，使最后的结晶产物易于干燥（要注意该溶剂必须能和第一种溶剂互溶而对晶体是不溶或微溶的）。

抽滤所得母液若有用，可移至其他容器内，作回收溶剂及纯度较低的产物。

3.4.6　晶体的干燥

在测定熔点前，晶体必须充分干燥，否则测定的熔点会偏低。干燥固体的方法很多，要根据重结晶所用溶剂及结晶的性质来选择。

（1）空气晾干（不吸潮的低熔点物质在空气中干燥是最简单的干燥方法）。

（2）烘干（对空气和温度稳定的物质可在烘箱中干燥，烘箱温度应比被干燥物质的熔点低 20 ~ 50 ℃）。

（3）用滤纸吸干（此方法易使滤纸纤维污染固体物）。

（4）置于干燥器中干燥。

实验四　乙酰苯胺的重结晶

【实验目的】

（1）学习重结晶提纯固体有机化合物的原理和方法。

（2）掌握重结晶的实验操作。

【实验原理】

重结晶是利用混合物中各组分在某种溶剂中的溶解度不同，或在同一溶剂中不同温度时的溶解度不同，而使它们相互分离的方法，是提纯固体有机物常用的方法之一。重结晶一般适于纯化杂质含量小于 5% 的固体有机化合物。杂质含量多，难以结晶，最好先用其他办法，如萃取、水蒸气蒸馏等进行初步提纯，降低杂质含量后，再以重结晶纯化。

重结晶提纯法的一般过程为：选择溶剂→溶解固体→去除杂质→晶体析出→ 晶体的收集与洗涤→晶体的干燥。

【仪器及药品】

1. 仪器

循环水真空泵、热滤漏斗、抽滤瓶、布氏漏斗、酒精灯、滤纸。

2. 药品

乙酰苯胺。

【实验步骤】

用水重结晶法提纯粗品乙酰苯胺。

（1）称取 5 g 粗乙酰苯胺，放在 250 mL 的三角烧杯中，加入纯水，加热至沸腾，直至乙酰苯胺溶解，若不溶解，可添加适量热水，搅拌并加热至接近沸腾令乙酰苯胺溶解。

（2）稍冷后，加入适量（约 1 g）活性炭于溶液中，煮沸 5～10 min，趁热用放有折叠式滤纸的热水漏斗过滤，用一只三角烧杯收集滤液，在过滤过程中，热水漏斗和溶液均应用小火加热保温以免冷却。

（3）滤液放置冷却后，有乙酰苯胺结晶体析出，抽干后用玻璃瓶塞压挤晶体，继续抽滤，尽量除去母液。

（4）进行晶体的洗涤工作。把橡胶管从抽滤瓶上拔出，关闭抽气泵，将少量蒸馏水（作溶剂）均匀地洒在滤饼上，浸没晶体，用玻璃棒小心均匀地搅拌晶体，接上橡胶管，抽滤至干，如此重复洗涤两次。

（5）晶体基本洗干净后，取出晶体，放在表面皿上晾干，或在 100 ℃ 以下烘干，称重。乙酰苯胺的熔点为 114 ℃。乙酰苯胺在水中的溶解度为：5.5 g/100 mL（100 ℃），0.53 g/100 mL（25 ℃）。

【实验注意事项】

（1）不要向沸腾的溶液中加入活性炭，以免暴沸冲出。

（2）抽滤时防止倒吸。

（3）洗涤晶体时，先关闭水泵，加入少量冷水，用玻璃棒松动晶体，然后开泵抽干。

【问题讨论】

（1）在重结晶操作中，活性炭起什么作用？为什么不能在溶液沸腾时加入？

（2）在制备乙酰苯胺的饱和溶液进行重结晶时，杯下有一滴油珠出现，试解释原因。怎样处理才算合理？

（3）在布氏漏斗中用溶剂洗涤固体应该注意些什么？

3.5 干燥与干燥剂的使用

干燥指除去附在固体、气体中或混在液体内的少量水分，也包括除去少量的有机溶剂。

3.5.1 干燥方法概述

干燥方法大致可分为物理法（不加干燥剂）和化学法（加入干燥剂）两种。实验室常用化学干燥法。

物理方法主要包括吸附、分馏和加热，近年来还常用离子交换树脂和分子筛来脱水。

化学方法分为如下两类。

第一类，与水结合生成水合物（如 $MgSO_4 + 7H_2O \longrightarrow MgSO_4 \cdot 7H_2O$）。

第二类，与水作用生成新的化合物（如 $2Na + 2H_2O \longrightarrow 2NaOH + H_2$）。

3.5.2 液体有机化合物的干燥

对于液体有机化合物，通常采用两种方法干燥。

3.5.2.1 用干燥剂除水

干燥剂只适于干燥含有少量水的液体有机化合物。如果含水较多，必须在干燥前设法除去大部分水，例如在萃取时一定要将水层尽可能分离干净，然后才能使用干燥剂干燥，否则干燥剂耗量太大，也会损失被干燥物质。受热后可释放出水分子的干燥剂（例如

$CaCl_2 \cdot 6H_2O$ 在 30 ℃以上失水),在蒸馏前必须除去。

选用干燥剂的原则是:干燥剂与被干燥的液体有机化合物不发生化学反应,且不溶于化合物中;吸水容量较大,干燥效能较高;干燥速度较快;价格低廉。

在实际操作中,先将待干燥的液体置于锥形瓶中。通常 10 mL 液体需 0.5~1 g 干燥剂,以此比例加入选定的干燥剂。如干燥剂为块状,应先将其破碎成黄豆粒大小的颗粒,然后用塞子塞紧锥形瓶。如选用金属钠或其他遇水能放出气体的干燥剂,则需在塞子上安装无水氯化钙干燥管,既可使气体得以排出,又可避免空气中的水蒸气进入。每次加入干燥剂后,要振荡锥形瓶,静置,仔细观察现象。倘若看到干燥剂附在瓶壁上相互粘连,说明干燥剂用量不足,此时应再加入一些干燥剂,静置约 30 min 或更长时间,其间需振荡几次,以提高干燥效率。如观察到被干燥液体由混浊变为无色透明,且干燥剂棱角分明,则表明水分已基本被除去。最后过滤除去干燥剂,干燥操作完成。

必须指出,经过干燥的透明液体并不一定不含水分。液体透明与否取决于水在该有机物中的溶解度。例如,20 ℃时水在乙醚中的溶解度为 1.19 g/100 mL,只要含水量小于此值,含水的乙醚就是透明的。因此,对于这种液体(通常含有亲水基团),应适当多加一点干燥剂。可以查阅化学手册,得知水在其中的溶解度和干燥剂的吸水容量,从而估计干燥剂的大致用量。

还应指出,使用干燥剂除去水分,通常是在室温下操作。因为在 30 ℃以上时,形成水合物的干燥剂往往容易发生脱水反应,会降低干燥效果。但有时为了提高干燥速度,也可适当温热,不过应待冷却后再除去干燥剂。

1. 干燥剂的选择

干燥剂的选择有如下原则。

(1)所用的干燥剂不能与待干燥有机物发生化学反应。

(2)干燥剂不溶于液体有机化合物。

(3)考虑干燥剂的吸水容量、干燥效能、干燥速度和价格等因素。(吸水容量指单位质量的干燥剂所吸收的水量;干燥效能指达到平衡时液体的干燥程度)

2. 干燥剂的用量

根据吸水容量计算干燥剂的用量。实际操作时,先加少量的干燥剂到液体中,摇匀,如出现干燥剂粘壁或互相黏结,应补加。

3. 常用干燥剂

常用干燥剂见表 3 - 5。

表 3 - 5　常用干燥剂

干燥剂	干燥效能	干燥速度	应用范围
无水氯化钙	中	中	不能干燥醇、酚、胺、酰胺、酸
硫酸镁	弱	中	中性,范围广
硫酸钠	弱	慢	中性,用于初步干燥
硫酸钙	强	快	中性,用于最后干燥
碳酸钾	弱	慢	弱碱性,干燥醇、酮、酯、胺等碱性化合物;不适用于酸性化合物
氢氧化钠	中	快	强碱性,用于干燥胺等强碱性化合物;不适用于醇、酯、醛、酮、酚、酸等
金属钠	强	快	干燥醚、烃类中的痕量水分
氧化钙	强	中	干燥低级醇类
分子筛	强	快	各类有机化合物

4. 操作方法

干燥前应用分液漏斗把水层尽量分离除净。把粒度适当的干燥剂放入待干燥液体中,振荡,仔细观察干燥剂表面是否有变化,若其表面变得圆滑,则需继续补加干燥剂并振摇,直到新加入的干燥剂无变化为止。放置一定的时间,然后将液体和干燥剂分离。

5. 干燥时间

加入干燥剂后要放置一段时间,因为干燥剂与液体中的水分形成水合物需要一定的平衡时间(至少需要 30 min)。

6. 注意事项

(1)干燥剂的用量不能太大,否则吸附损失增多;也不可太小,否则不能形成水合物。

(2)干燥剂颗粒不能太大,否则表面积小,吸水作用不大;也不能呈粉状,否则在干燥过程中容易成泥浆状,分离困难。

(3)加完干燥剂后要盖上瓶塞,否则空气中的水分会不断进入体系,使干燥无法达到平衡,还会造成液体挥发损失。

3.5.2.2 恒沸脱水

某些与水能形成二元或三元恒沸混合物的液体有机物,可以直接进行蒸馏,把含水的恒沸混合物蒸出,剩下无水的液体有机物。例如,已知由 29.6% 的水和 70.4% 的苯组成的二元恒沸混合物沸点为 69.3 ℃,而纯苯的沸点为 80.3 ℃,如将含少量水的苯进行蒸馏,当温度升高到 69.3 ℃时,蒸出含水 29.6% 的二元恒沸混合物,水便被除去,温度升高到 80.3 ℃时,就可得到无水的纯苯。

有时也可以向待干燥的含水有机物中加入另一种有机物,形成三元恒沸混合物,然后蒸馏,将水带出。例如,将足量的苯加入 95% 的乙醇中,由于苯、水和少量乙醇能形成含乙醇 18.5%、水 7.4%、苯 74.1% 的三元恒沸混合物,其沸点为 64.85 ℃,经过恒沸蒸馏,可除去乙醇中的水,得到 99.5% 的无水乙醇,这是工业上制备无水乙醇的一种方法。

3.5.3 固体有机化合物的干燥

用重结晶方法得到的固体有机物晶体,必须充分干燥,才能称量,测定熔点,进行定性、定量化学分析或波谱分析,或用于下一步反应。固体有机物晶体尚在布氏漏斗的滤纸上时,就可手持清洁的玻璃塞,倒置在晶体上面挤压,同时继续抽气过滤 5 min,除去大部分水分或有机溶剂,使之得到初步干燥,然后用下述方法进一步干燥。

3.5.3.1 自然晾干

对性质比较稳定、不吸潮、在空气中不分解的固体有机物,可采用自然晾干法除去所含的水分或易挥发的有机溶剂。这是最简单、最经济的干燥方法。

具体方法为:将被干燥的有机物薄薄地摊开在表面皿、大张滤纸或多孔瓷板上,上面覆盖一张滤纸,防止灰尘污染,使有机物在空气中慢慢晾干,一般需要数天时间。

3.5.3.2 加热干燥

对于熔点较高、对热稳定、不升华的固体有机物,可以采用加热的方法进行干燥,以加快溶剂从固体中蒸发出来的速度,缩短干燥时间。通常使用恒温烘箱或红外线灯加热烘干。操作时把要烘干的固体有机物放在表面皿或蒸发皿中,随时翻动,以免结块,也要注意防止过热、熔化。所以,加热温度应控制在低于有机物的熔点或分解点 30 ℃。

3.5.3.3　干燥器干燥

易吸潮、易升华或对热不稳定的固体有机物可放在干燥器中干燥。干燥器有普通干燥器、真空干燥器和真空恒温干燥器三种。

1. 普通干燥器

普通干燥器是带有磨口盖子的玻璃缸,缸内有多孔瓷隔板,使用前要在缸口和盖子磨口处薄薄地涂上凡士林,使之密封,被干燥的固体有机物装在表面皿或培养皿中,置于多孔瓷隔板上。干燥剂放在瓷隔板下面,吸收从固体有机物中蒸发出来的溶剂。根据溶剂的性质选择适当的干燥剂,常用的干燥剂有无水氯化钙、浓硫酸等。

2. 真空干燥器

由于普通干燥器干燥固体物质需较长的时间,干燥效率不高,故更多地用来存放易吸潮的样品。为提高效率,对普通干燥器加以改进,制成真空干燥器。真空干燥器的磨口盖子上面有玻璃活塞,用来连接水泵或油泵,以便进行减压抽气。活塞下端为钩状玻璃管,管口向上,以避免在通大气时空气过快地进入真空干燥器而将固体有机物吹掉。被干燥的固体有机物盛放在培养皿或表面皿中,并用另一表面皿盖住或用滤纸包好,置于多孔瓷隔板上,干燥剂放在瓷隔板下面。在减压条件下,溶剂沸点降低,容易很快地从固体中蒸发出来而被抽走和被干燥剂除去,使干燥效率得以提高。有时也可在干燥器中放置两种干燥剂,例如在多孔瓷隔板下面放浓硫酸,上面用培养皿之类的浅器皿盛放固体氢氧化钠,同时吸收水和酸,使干燥效率大大提高。通常用水泵抽气比较安全;如使用油泵抽气,在低于 2.67 kPa(20 mmHg)的真空度时,应在抽气前用笼状钢丝网将真空干燥器罩住,以保安全。

3. 真空恒温干燥器

真空恒温干燥器又称干燥枪。真空恒温干燥效率较高,但只适于干燥少量固体有机物。

3.5.4　气体干燥剂的类型及选择

常用的气体干燥剂按酸碱性可分为三类。

(1)酸性干燥剂,如浓硫酸、五氧化二磷、硅胶。酸性干燥剂能够干燥显酸性或中性的气体,如 CO_2、SO_2、NO_2、HCl、H_2、Cl_2、O_2、CH_4 等。

(2)碱性干燥剂,如生石灰、碱石灰、固体 NaOH。碱性干燥剂可以用来干燥显碱性或中性的气体,如 NH_3、H_2、O_2、CH_4 等。

(3)中性干燥剂,如无水氯化钙等。中性干燥剂可以干燥中性、酸性、碱性气体,如 O_2、H_2、CH_4 等。

在选用干燥剂时,显碱性的气体不能选用酸性干燥剂,显酸性的气体不能选用碱性干燥剂。有还原性的气体不能选用有氧化性的干燥剂。能与气体反应的物质不能被选作干燥剂,如不能用 $CaCl_2$ 干燥 NH_3(因会生成 $CaCl_2 \cdot 8NH_3$),不能用浓 H_2SO_4 干燥 NH_3、H_2S、HBr、HI。

3.6　气体的吸收

在有机化学实验中,常用到有刺激性甚至有毒的气体。如氯、溴、氯化氢、溴化氢、二氧化氮、硫化氢、一氧化碳、光气等作为反应物时,多数情况下不能完全转化,会散发到空间中;

在有些实验中,合成产物是气体;更多的是生产出的有害气体作为副产物,如氯化氢、溴化氢、二氧化氮、硫化氢、氧化氮等。无论是从实验者的安全考虑,还是从保护环境出发,都必须对有害气体进行处理。最方便、最有效的方法是用吸收剂将其吸收后再作处理。

3.6.1 气体吸收方法

气体吸收主要有两种方法:一种是物理吸收法,即气体溶解于吸收剂中;另一种是化学吸收法,即气体与吸收剂反应生成新的物质。

3.6.2 气体吸收剂的选择

气体吸收剂应根据气体的性质确定。有机物气体常用有机溶剂作吸收剂,无机物气体常用水作吸收剂。一般情况下:①易溶于水的气体(如卤化氢)可用水来吸收,少量氯也可用水吸收得到氯水;②酸性气体(如卤化氢、二氧化硫、硫醇等)可用碱性溶液吸收;③碱性气体(如有机胺)可用盐酸溶液吸收;④能与气体反应生成沉淀(或可溶物)的物质也可作为吸收剂。

3.7 液体化合物的分离与提纯

3.7.1 蒸馏技术

3.7.1.1 普通蒸馏

1. 定义

蒸馏指利用液体混合物中各组分挥发性的差异而将组分分离的传质过程,是一种属于传质分离的单元操作,即将液体沸腾产生的蒸气导入冷凝管中,使之冷却凝结成液体的一种蒸发、冷凝过程。蒸馏是分离混合物的一种重要的操作技术,尤其对液体混合物的分离有重要的实用意义。蒸馏广泛应用于炼油、化工、轻工业等领域。

2. 原理

以分离双组分混合液为例说明。将料液加热使其部分汽化,易挥发组分在蒸气中得到增浓,难挥发组分在剩余液中也得到增浓,这在一定程度上实现了两组分的分离。两组分的挥发能力相差越大,上述的增浓程度就越大。在工业精馏设备中,使部分汽化的液相与部分冷凝的气相直接接触,以进行气液相际传质,结果是气相中的难挥发组分部分转入液相中,液相中的易挥发组分部分转入气相中,即同时实现了液相的部分汽化和气相的部分冷凝。

液体的分子由于分子运动有从表面逸出的倾向。这种倾向随着温度的升高而增大。如果把液体置于密闭的真空体系中,液体分子继续不断地逸出而在液面上部形成蒸气,最后分子由液体逸出的速度与分子由蒸气中回到液体中的速度相等,蒸气保持一定的压力。此时液面上的蒸气达到饱和,称为饱和蒸气,它对液面所施的压力称为饱和蒸气压。实验证明,液体的饱和蒸气压只与温度有关,即液体在一定温度下具有一定的饱和蒸气压。这是液体与它的蒸气平衡时的压力,与体系中液体和蒸气的绝对量无关。

将液体加热至沸腾,使液体变为蒸气,然后使蒸气冷却凝结为液体,这两个过程的联合操作称为蒸馏。很明显,蒸馏可将易挥发和不易挥发的物质分离开来,也可将沸点不同的液体混合物分离开来。但液体混合物各组分的沸点必须相差很大(至少30 ℃以上)才能得到较好的分离效果。在常压下进行蒸馏时,由于大气压往往不一定恰好为 0.1 MPa,因而严格来说,应对观察到的沸点加上校正值,但由于偏差一般都很小,即使大气压相差 2.7 kPa,这项校正值也不过 ±1 ℃左右,因此可以忽略不计。

纯粹的液体有机化合物在一定的压力下具有一定的沸点,但是具有固定沸点的液体不一定都是纯粹的化合物,因为某些有机化合物常和其他组分形成二元或三元共沸混合物,它们也有一定的沸点。不纯物质的沸点取决于杂质的物理性质以及它和纯物质间的相互作用。假如杂质是不挥发的,则溶液的沸点比纯物质的沸点略有提高(但在蒸馏时,实际上测量的并不是不纯溶液的沸点,而是逸出的蒸气与其冷凝液平衡时的温度,即馏出液的沸点而不是瓶中蒸馏液的沸点)。若杂质是挥发性的,则蒸馏时液体的沸点会逐渐升高,或者由于两种或多种物质组成了共沸混合物,在蒸馏过程中温度保持不变,停留在某一范围内。因此,沸点恒定并不意味着它是纯粹的化合物。

蒸馏沸点差别较大的混合液体时,沸点较低者先蒸出,沸点较高的随后蒸出,不挥发的留在蒸馏器内,这样可达到分离和提纯的目的。故蒸馏是分离和提纯液态化合物常用的方法之一,是重要的基本操作,必须熟练掌握。但在蒸馏沸点比较接近的混合物时,各种物质的蒸气将同时蒸出,只不过低沸点的多一些,故难以达到分离和提纯的目的,只好借助于分馏。纯液态化合物在蒸馏过程中沸程很小(0.5～1 ℃),所以可以利用蒸馏来测定沸点。用蒸馏法测定沸点的方法为常量法,此法样品用量较大,要 10 mL 以上,若样品不多,应采用微量法。

3. 暴沸及其防止措施

将盛有液体的烧瓶放在石棉网上,下面用煤气灯加热,在液体底部和玻璃受热的接触面上就有气泡形成。溶解在液体内的空气或以薄膜形式吸附在瓶壁上的空气有助于这种气泡的形成,玻璃的粗糙面也能起到促进作用。这样的小气泡(称为汽化中心)即可作为大的蒸气气泡的核心。达到沸点时,液体释放大量蒸气至小气泡中,待气泡的总压力增大到超过大气压,并足够克服液柱所产生的压力时,蒸气气泡就上升逸出液面。因此,假如在液体中有许多小气泡或其他汽化中心,液体就可平稳地沸腾,如果液体中几乎不存在空气,瓶壁又非常洁净光滑,形成气泡就非常困难。这样加热时,液体的温度可能上升到超过沸点很多而不沸腾,这种现象称为"过热"。一旦有一个气泡形成,由于液体在此温度下的蒸气压远远超过大气压和液柱压力之和,因此上升的气泡增大得非常快,甚至将液体冲溢出瓶外,这种不正常的沸腾现象称为"暴沸"。因此,在加热前应加入助沸物,以引入汽化中心,保证沸腾平稳。助沸物一般是表面疏松多孔、吸附有空气的物体,如碎瓷片、沸石等。另外,也可用几根一端封闭的毛细管引入汽化中心(注意毛细管要有足够的长度,使其上端可置于蒸馏瓶的颈部,开口的一端朝下)。在任何情况下,都切忌将助沸物加至受热接近沸腾的液体中,否则常因突然放出大量蒸气而使大量液体从蒸馏瓶口喷出,造成危险。如果加热前忘了加入助沸物,补加时必须先移去热源,待被加热液体冷却至沸点以下后方可加入。如果在沸腾中途停止过加热,则在重新加热前应加入新的助沸物。因为起初加入的助沸物在加热时逐出了部分空气,在冷却时吸附了液体,因而可能已经失效。另外,如果采用浴液间接加热,应保持浴温不要超过蒸馏液的沸点 20 ℃。浴液间接加热方式不但可以大大减小瓶内蒸馏液中各部分之间的温差,而且可使蒸气气泡不单从烧瓶的底部上升,也可沿着液体的边沿上升,因而可大大降低过热的可能性。

3.7.1.2 蒸馏的特点

蒸馏具有如下特点。

(1)通过蒸馏操作,可以直接获得所需要的产品,而吸收和萃取还需要添加其他组分。

(2)蒸馏分离应用较广泛,历史悠久。

(3)能耗大,在生产过程中产生大量的气相或液相。

3.7.1.3 蒸馏的分类

(1)按方式分为简单蒸馏、平衡蒸馏、精馏、特殊精馏。

(2)按操作压强分为常压蒸馏、加压蒸馏、减压蒸馏。

(3)按混合物中组分的数量分为双组分蒸馏、多组分蒸馏。

(4)按操作流程分为间歇蒸馏、连续蒸馏。

3.7.1.4 蒸馏的主要仪器及装置

常用的蒸馏装置由标准磨口仪器装配,即由蒸馏瓶、蒸馏头、温度计、冷凝管、煤气灯(加热电炉、加热套)、石棉网、铁架台、锥形瓶、橡胶塞、接收管和接收瓶组成。当用普通玻璃仪器装配蒸馏装置时,通常使用带支管的蒸馏烧瓶,各玻璃仪器间用橡胶塞连接。

安装仪器之前,首先要根据蒸馏物的体积选择大小合适的蒸馏瓶。蒸馏物的体积一般不要超过蒸馏瓶容积的2/3,也不要少于1/3。蒸馏瓶中加几粒沸石。仪器的安装顺序一般是从热源开始,先在架设仪器的铁架台上放好煤气灯(或其他热源装置),再根据煤气灯火焰的高低依次安装铁圈(或三脚架)、石棉网(或水浴、油浴),然后安装蒸馏瓶。注意瓶底距石棉网1~2 mm,不要触及石棉网;用水浴或油浴时瓶底应距水浴(或油浴)锅底1~2 cm。蒸馏瓶用铁夹竖直夹好。安装冷凝管时,应先调整它的位置,使其与已装好的蒸馏瓶高度相适应并与蒸馏头的侧管同轴,然后松开固定冷凝管的铁夹,使冷凝管沿此轴移动,与蒸馏瓶连接。铁夹不应夹得太紧或太松,以夹住后稍用力尚能转动为宜。完好的铁夹内通常垫以橡胶等软性物质,以免夹破仪器。冷凝管尾部通过接液管连接接收瓶。当用不带支管的接液管时,接液管与接收瓶之间不可用塞子连接,以免形成封闭体系,使加热蒸馏时体系压力过大而发生爆炸。安装温度计时,要特别注意调整温度计的位置,使温度计水银球的上限和蒸馏头侧管的下限在同一水平线上(见图3-25)。

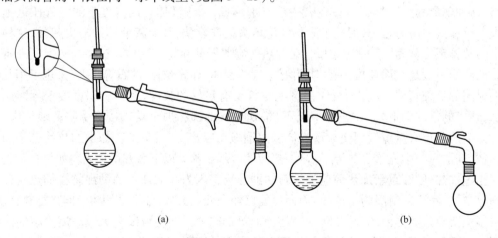

(a)   (b)

图3-25 蒸馏装置示意

(a)普通蒸馏装置 (b)空气冷凝蒸馏装置

蒸馏液体沸点在 140 ℃ 以下时,用水冷凝管;沸点在 140 ℃ 以上者,如用水冷凝管,冷凝管接头处容易爆裂,故应改用空气冷凝管(见图 3 – 25(b))。蒸馏沸点低、易燃或有毒的液体时,可在尾接管的支管处接一根长橡胶管,通入水槽的下水管内或引至室外,并将接收瓶在冰水浴中冷却。如果蒸馏出的产品易受潮分解,可在尾接管的支管处接一个氯化钙干燥管,以防潮气进入。使用水冷凝管时,冷凝水应从冷凝管的下口流入、上口流出,以保证冷凝管的套管内充满水。水冷凝管的种类很多,常用的为直形冷凝管。

安装仪器的顺序一般都是自下而上,从左到右。安装要稳妥端正,无论从正面还是侧面观察,全套仪器装置的轴线都要在同一平面内。

3.7.1.5　蒸馏操作

蒸馏操作是化学实验中常用的实验技术,一般应用于以下方面:①分离液体混合物,仅在混合物中各成分的沸点有较大差别时才能达到较有效的分离;②测定纯化合物的沸点;③提纯,即通过蒸馏含有少量杂质的物质,提高其纯度;④回收溶剂或蒸出部分溶剂以浓缩溶液。

1. 加料

将待蒸馏液通过玻璃漏斗小心地倒入蒸馏瓶中,要注意不使液体从支管中流出。加入几粒助沸物,安好温度计。温度计应安装在蒸馏烧瓶的支管口。再一次检查仪器的各部分连接是否紧密和妥善。

2. 加热

用水冷凝管时,先由冷凝管下口缓缓通入冷水,自上口流出引至水槽中,然后开始加热。加热时可以看见蒸馏瓶中的液体逐渐沸腾,蒸气逐渐上升。温度计的读数也略有上升。当蒸气的顶端到达温度计的水银球部位时,温度计读数急剧上升。这时应适当调小煤气灯的火焰或降低加热电炉或电热套的电压,使加热速度略为减慢,蒸气顶端停留在原处,瓶颈上部和温度计受热,水银球上的液滴和蒸气温度达到平衡。然后稍稍加大火焰,进行蒸馏。控制加热温度,调节蒸馏速度,通常以每秒 1～2 滴为宜。在整个蒸馏过程中,应使温度计的水银球上常有被冷凝的液滴。此时的温度即为液体与蒸气平衡时的温度,温度计的读数就是液体(馏出物)的沸点。蒸馏时加热的火焰不能太大,否则会在蒸馏瓶的颈部造成过热现象,使一部分液体的蒸气直接受到火焰热量的影响,这样由温度计读得的沸点就会偏高;另一方面,蒸馏也不能进行得太慢,否则会由于温度计的水银球不能被馏出液蒸气充分浸润,使由温度计读得的沸点偏低。

3. 观察沸点及收集馏液

进行蒸馏前,至少要准备两个接收瓶。因为在达到预期物质的沸点之前,沸点较低的液体先蒸出。这部分馏液称为“前馏分”或“馏头”。前馏分蒸完,温度趋于稳定后,蒸出的就是较纯的物质,这时应更换一个洁净干燥的接收瓶收集,记下这部分液体开始馏出时和馏出最后一滴时温度计的读数,即该馏分的沸程(沸点范围)。一般液体中或多或少地含有一些高沸点杂质,在所需要的馏分蒸出后,若继续升高温度,温度计的读数会显著升高,若维持原来的温度,就不会再有馏液蒸出,温度会突然下降,这时应停止蒸馏。即使杂质含量极少,也不要蒸干,以免蒸馏瓶破裂及发生其他意外事故。

4. 结束

蒸馏完毕,应先停止加热,然后停止通水,拆下仪器。拆除仪器的顺序和装配的顺序相反,先取下接收器,然后拆下尾接管、冷凝管、蒸馏头和蒸馏瓶等。

实验五　蒸馏及沸点的测定

【实验目的】

(1)了解蒸馏和测定沸点的用途。

(2)测定化合物的沸点。

(3)分离沸点相差较大的混合物。

(4)提纯,除去不挥发的杂质。

(5)掌握回收溶剂(或蒸出部分溶剂以浓缩溶液)和测定沸点的方法。

(6)掌握蒸馏烧瓶、冷凝管等的使用方法,学会蒸馏装置的使用。

【实验原理】

当液体的饱和蒸气压与外界压强相等时,液体开始沸腾汽化。蒸馏是将液体加热到沸腾状态,使之汽化,再将蒸气冷凝为液体的两个联合操作。它是分离和提纯液体化合物最常用的一种方法,也是测定液体沸点的一种方法。沸点是液体的饱和蒸气压与外界压强相等时的温度。每个纯的有机化合物在一定的压力下均有恒定的沸点。液体沸点的测定可以用来鉴别有机化合物,也可以用来定性地鉴定化合物的纯度。

【仪器及药品】

1.仪器

蒸馏烧瓶、直形冷凝管、接收器、锥形瓶、蒸馏头、温度计等。

2.药品

工业酒精。

【实验装置】

实验装置见图3－26。

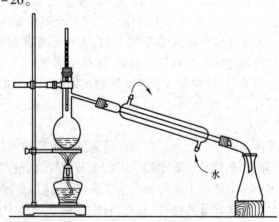

图3－26　实验室蒸馏装置示意

【实验步骤】

按图3－26安装装置,于烧瓶中加入10 mL工业酒精和1~2粒沸石。将冷凝管通入冷水,然后加热,最初宜用小火使之沸腾,进行蒸馏,调节火焰温度,控制加热速度,蒸馏速度以每秒1~2滴为宜。

在蒸馏过程中应使温度计的水银球常被冷凝的液滴润湿,此时温度计的读数就是液体的沸点。收集 75 ~ 79 ℃的馏分,量取馏分的体积,计算回收率。维持加热程度至不再有馏出液蒸出,温度突然下降时应停止加热,然后停止通水,拆卸仪器与装配时顺序相反。

【实验注意事项】

(1)装置是否美观整齐。

(2)是否放置沸石,若已经开始加热而发现忘记放沸石,那么应等液体冷却后再加沸石。

(3)先通水后加热,水应从冷凝管的下方进上方出。

(4)温度计水银球的位置是否正确。

3.7.2 分馏技术

3.7.2.1 分馏实验原理

1. 定义

分馏是利用分馏柱将多次汽化 – 冷凝过程在一次操作中完成的方法。因此,分馏实际上是多次蒸馏。它更适合分离提纯沸点相差不大的液体有机混合物。

2. 进行分馏的必要性

(1)蒸馏分离不彻底。

(2)多次蒸馏操作烦琐、费时,浪费极大。

3. 分馏的原理

分馏的原理是使沸腾着的混合物的蒸气通过分馏柱进行一系列的热交换,由于柱外空气的冷却,蒸气中高沸点的组分被冷却为液体,回流到烧瓶中,在回流途中遇到上升的蒸气,两者之间又进行热交换,在分馏柱内反复进行着汽化—冷凝—回流等程序,从分馏柱顶部出来的蒸气就近似为纯低沸点的组分。当分馏柱效率足够高时,首先从柱上面出来的是纯度较高的低沸点组分,随着温度的升高,后蒸出来的是高沸点组分,留在蒸馏烧瓶中的是一些不易挥发的物质。这样可以将沸点相差 30 ℃以下的混合物分离。

4. 分馏柱分馏效率的决定因素

这些因素包括:①分馏柱的高度;②填充物;③分馏柱的绝热性能;④蒸馏速度。

3.7.2.2 蒸馏和分馏的区别

蒸馏和分馏是分离、提纯有机化合物最重要、最常用的方法。应用分馏柱对几种沸点相近的混合物进行分离的方法称为分馏,它在化学工业和实验室中被广泛应用。普通蒸馏主要用于分离两种或两种以上沸点相差较大的液体混合物,而分馏可分离和提纯沸点相差较小的液体混合物。现在最精密的分馏设备能够将沸点相差仅 1 ~ 2 ℃的液体混合物分离。从理论上讲,只要对蒸馏的馏出液进行反复多次的普通蒸馏,就可以达到分离目的,但这样操作既烦琐、费时,又浪费极大,而应用分馏则能克服这些缺点,提高分离效率。

实验六 分 馏

【实验目的】

(1)了解分馏的原理与意义、分馏柱的种类和选用方法。

（2）学习实验室里常用的分馏操作方法。

【实验原理】

对沸腾着的混合物的蒸气进行一系列的热交换而将沸点不同的物质分离出来。

【仪器及药品】

1. 仪器

电热套、分馏柱、蒸馏头、冷凝管、接液管、圆底烧瓶、温度计。

2. 药品

丙酮。

【实验装置】

实验装置见图 3 – 27。

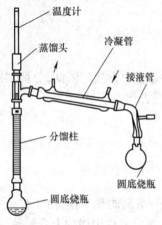

图 3 – 27　分馏装置示意

【实验步骤】

（1）按图 3 – 27 所示的分馏装置图安装仪器。

（2）准备 3 只圆底烧瓶作为接收器，分别注为 A、B、C。

（3）在 50 mL 的圆底烧瓶内放置 15 mL 丙酮、15 mL 水及 1～2 粒沸石，开始缓缓加热，并控制加热程度，使馏出液以每秒 1～2 滴的速度蒸出。

（4）将初馏出液收集于圆底烧瓶 A 中，注意并记录柱顶温度及接收器 A 中的馏出液总体积。继续蒸馏，记录馏出液每增加 1 mL 时的温度及馏出液总体积。

（5）温度达 62 ℃时换圆底烧瓶 B 接收，达 98 ℃时用圆底烧瓶 C 接收，直至蒸馏烧瓶中的残液为 1～2 mL，停止加热。（A:56～62 ℃；B:62～98 ℃；C:98～100 ℃）

（6）记录 3 个馏分的体积，待分馏柱内的液体流到烧瓶时测量并记录残留液体积，以柱顶温度为纵坐标、馏出液体积为横坐标，将实验结果绘成温度 – 体积曲线，讨论分馏效率。

（7）进行丙酮 – 水混合物的蒸馏，比较分馏和蒸馏的效率。

【问题讨论】

（1）分馏和蒸馏在原理及装置上有哪些异同？如果是两种沸点很接近的液体组成的混合物，能否用分馏来提纯呢？

（2）如果把分馏柱顶上温度计的水银柱略向下插，是否可行？为什么？

【考核评分】

见表 3 – 6。

表 3 – 6　分馏操作考核评分表

项目	评分要素	配分	评分标准	扣分	得分	备注
仪器的选择 与安装 （20分）	容器选择	3	合适			
	温度计选择	2	合适			
	冷凝管选择	3	合适、匹配			
	加热浴选用	2	正确			
	装置安装顺序	5	正确			
	整个装置安装	5	准确、端正，整齐划一			

项目	评分要素	配分	评分标准	扣分	得分	备注
分馏操作 (25 分)	冷凝水的进出口	3	连接正确			
	加入沸石	2	加入适量			
	蒸气上升速度	5	缓慢上升			
	柱中蒸气的控制	5	冷凝并回流 5 min			
	馏出速度	5	控制在每秒 1～2 滴			
	数据记录	3	及时、规范			
	结束操作顺序	2	正确，与安装顺序相反			
含量计算 (20 分)	数据记录	10	规范，数据正确			
	各馏分丙酮含量	10	正确			
结束工作 (15 分)	整理实验台	5	摆放整齐，擦拭干净			
	仪器的清洗与放置	5	洗净，有序地放置于柜中			
	完成时间	5	在规定时间内完成			
实验素质 (20 分)	实验中的创新	10	有			
	实验中问题的解决	5	正确处理与解决			
	废液的处理	5	倒至指定的位置			

3.7.3　减压蒸馏技术

3.7.3.1　定义及原理

液体的沸点是它的饱和蒸气压等于外界压力时的温度，因此液体的沸点是随外界压力的变化而变化的，外压降低时，沸点随之降低。如果借助于真空泵降低系统内的压力，就可以降低液体的沸点，这便是减压蒸馏操作的理论依据。

3.7.3.2　装置

减压蒸馏装置主要由蒸馏、抽气（减压）、安全保护和测压四部分组成。详细内容可参见"3.3.6　蒸馏装置"中有关减压蒸馏装置的部分。

3.7.3.3　操作方法

仪器安装好后，先检查系统是否漏气，方法是关闭毛细管，减压至压力稳定后，夹住连接系统的橡胶管，观察压力计水银柱是否变化，无变化说明不漏气，否则即表示漏气。为使系统密闭性好，磨口仪器的所有接口部分都必须用真空油脂润涂好。检查仪器不漏气后，加入待蒸馏液体，不要超过蒸馏瓶容积的 1/2，关好安全瓶上的活塞，开动油泵，调节毛细管导入的空气量，以能冒出一连串小气泡为宜。当压力稳定后开始加热。液体沸腾后，应注意控制温度，并观察沸点变化情况。待沸点稳定时，转动多尾接液管接收馏分，蒸馏速度以每秒1～2 滴为宜。蒸馏完毕，除去热源，慢慢旋开夹在毛细管上的橡胶管的螺旋夹，待蒸馏瓶稍冷后再慢慢开启安全瓶上的活塞，平衡内外压力（若开得太快，水银柱上升很快，有冲破压力计的可能），然后关闭抽气泵。

实验七　环己醇的减压蒸馏

【实验目的】

(1)学习减压蒸馏的原理。

(2)熟悉减压蒸馏的装置和操作。

【实验原理】

液体的沸点是它的饱和蒸气压等于外界大气压时的温度,所以液体沸腾的温度是随外界压力降低而降低的。因而如用真空泵连接盛有液体的容器,使液体表面的压力降低,即可降低液体的沸点,这种在较低压力下进行蒸馏的操作称为减压蒸馏。一些液体有机物沸点较高,加热到沸点时往往发生分解或氧化,应用减压蒸馏可以在比它的正常沸点低很多的温度下蒸出这些有机物。

【仪器及药品】

1. 仪器

标准磨口仪、真空减压泵。

2. 药品

环己醇(10 mL)。

【实验步骤】

(1)按减压蒸馏装置图(见"3.3.6　蒸馏装置"图3－23)安装好装置,在未装样品前应检查是否漏气。

(2)装入样品,安装毛细管,开启真空泵,再关闭安全瓶活塞,调整真空度至所要求的数值。

(3)待压力稳定后,开始加热进行减压蒸馏,控制馏出速度,以每秒1~2滴为宜。

(4)蒸馏完毕,先放松毛细管活夹子,再开启安全瓶活塞通大气,停止加热,停止抽气。

【实验注意事项】

(1)减压蒸馏装置应严密不漏气。

(2)液体样品不得超过容器容积的1/2。

(3)先恒定真空度再加热。

(4)开泵与关泵前,安全瓶一定要通大气。

(5)沸点低于150 ℃的有机液体不能用油泵减压。

【思考题】

(1)减压蒸馏为什么能在较低的温度下实现蒸馏操作?其优点是什么?

(2)一套减压蒸馏装置中总有一个安全瓶,它起什么作用?

(3)减压蒸馏开始时,为什么要先抽气达到所需的真空度再加热?结束时为什么要先停止加热再停止抽气?

【考核评分】

见表3－7。

表3-7 环己醇的减压蒸馏操作考核评分表

项目	评分要素	配分	评分标准	扣分	得分	备注
仪器的选择与安装（30分）	被蒸馏液体的量	5	控制在烧瓶容积的1/3～1/2			
	冷凝管选择	5	合适、匹配			
	装置安装顺序	5	正确			
	接收器选择	5	正确			
	整个装置安装	5	准确、端正、整齐划一			
	加热浴选用	5	正确			
减压蒸馏操作（35分）	烧瓶的圆球部浸入位置	5	1/3浸入浴液中			
	开始时的减压操作	5	先旋螺旋夹，再开油泵，最后关闭活塞			
	液体中的小气泡	5	连续平稳			
	馏出液的馏出速度	5	每秒1～2滴			
	蒸馏过程的观察、记录	5	经常观察压力，及时记录			
	减压蒸馏结束操作	5	先打开活塞，再关油泵，最后关冷凝水			
	拆卸装置顺序	5	正确，与安装顺序相反			
结束工作（15分）	整理实验台	5	摆放整齐，擦拭干净			
	仪器的清洗与放置	5	洗净，有序地放置于柜中			
	完成时间	5	在规定时间内完成			
实验素质（20分）	实验中的创新	10	有			
	实验中问题的解决	5	正确处理与解决			
	废液的处理	5	倒至指定的位置			

3.7.4 水蒸气蒸馏技术

水蒸气蒸馏是用来分离和提纯液态或固态有机化合物的一种方法，常用于下列几种情况：①某些沸点高的有机化合物，在常压下蒸馏虽可与副产品分离，但易被破坏或存在安全隐患；②混合物中含有大量树脂状杂质或不挥发性杂质，采用蒸馏、萃取等方法都难以分离；③从较多的固体反应物中分离出被吸附的液体。

3.7.4.1 基本原理

根据道尔顿分压定律，当与水不相混溶的物质与水共存时，整个体系的蒸气压应为各组分蒸气压之和，即

$$p = p_A + p_B$$

式中：p 为总的蒸气压；p_A 为水的蒸气压；p_B 为与水不相混溶的物质的蒸气压。

当混合物中各组分蒸气压总和等于外界大气压时，这时的温度即它们的沸点。此沸点比各组分的沸点都低。因此，在常压下应用水蒸气蒸馏，就能在低于100 ℃的温度下将高沸点组分与水一起蒸出来。因为总的蒸气压与混合物中二者间的相对量无关，直到其中一个组分几乎完全移去，温度才上升至留在瓶中液体的沸点。众所周知，混合物的蒸气中各个气

57

体物质的量(n_A, n_B)之比等于它们的分压(p_A, p_B)之比,即

$$\frac{n_A}{n_B} = \frac{p_A}{p_B}$$

而 $n_A = m_A/M_A, n_B = m_B/M_B$。其中 m_A、m_B 为各物质在一定容积中蒸气的质量,M_A、M_B 为物质 A 和 B 的相对分子质量。因此

$$\frac{m_A}{m_B} = \frac{M_A n_A}{M_B n_B} = \frac{M_A p_A}{M_B p_B}$$

可见,这两种物质在馏出液中的相对质量(就是它们在蒸气中的相对质量)等于它们的蒸气压和分子质量的乘积之比。

以苯胺为例,它的沸点为 184.4 ℃,且和水不相混溶。当和水一起加热至 98.4 ℃时,水的蒸气压为 95.4 kPa,苯胺的蒸气压为 5.6 kPa,它们的总压力接近大气压力,于是液体就开始沸腾,苯胺就随水蒸气一起被蒸馏出来,水和苯胺的相对分子质量分别为 18 和 93,代入上式,得

$$m_A/m_B = \frac{95.4 \times 18}{5.6 \times 93} = \frac{33}{10}$$

即蒸出 3.3 g 水能够带出 1 g 苯胺。苯胺在溶液中的质量分数为 23.3%。实验中蒸出的水量往往超过计算值,这是因为苯胺微溶于水,实验中有一部分水蒸气来不及与苯胺充分接触便离开蒸馏烧瓶。

利用水蒸气蒸馏来分离提纯物质时,要求此物质在 100 ℃左右时的蒸气压至少在 1.33 kPa 左右。如果蒸气压在 0.13～0.67 kPa,则其在馏出液中的含量仅为 1%,甚至更低。为了使其在馏出液中的含量增加,就要想办法提高此物质的蒸气压,也就是要提高温度,使蒸气的温度超过 100 ℃,即要用过热水蒸气蒸馏。例如苯甲醛(沸点为 178 ℃),进行水蒸气蒸馏时在 97.9 ℃沸腾,这时 $p_A = 93.8$ kPa,$p_B = 7.5$ kPa,则

$$m_A/m_B = \frac{93.8 \times 18}{7.5 \times 106} = \frac{21.2}{10}$$

这时在馏出液中苯甲醛占 32.1%。

假如导入 133 ℃的过热水蒸气,苯甲醛的蒸气压可达 29.3 kPa,因而只要有 72 kPa 的水蒸气压,就可使体系沸腾,则

$$m_A/m_B = \frac{72 \times 18}{29.3 \times 106} = \frac{4.17}{10}$$

这样馏出液中苯甲醛的含量就提高到了 70.6%。

应用过热水蒸气的方法还具有水蒸气冷凝少的优点,为了防止过热水蒸气冷凝,可在蒸馏瓶下保温,甚至加热。

从上面的分析可以看出,使用水蒸气蒸馏这种分离方法是有条件限制的,即被提纯物质必须具备以下条件:①不溶或难溶于水;②与沸水长时间共存而不发生化学反应;③在 100 ℃左右必须具有一定的蒸气压(一般不小于 1.33 kPa)。

3.7.4.2　实验装置

实验装置见图 3-28 至图 3-32。

3.7.4.3　基本操作

水蒸气蒸馏的方法分为直接法(微量法)和间接法(常量法)两种。

直接法操作较为方便,常用于微量实验。操作时向盛有被蒸馏物的烧瓶中加入适量蒸馏水,加热至沸以产生蒸气,水蒸气与被蒸馏物一起蒸出。对于挥发性液体和数量较少的物料,此法非常适用。

间接法是常量实验中经常使用的方法,其操作相对复杂,需要安装水蒸气发生器,常用的水蒸气蒸馏的简单装置如图 3－28 所示,主要由水蒸气发生器、圆底烧瓶和长的直形水冷凝管组成。若反应在三口烧瓶中进行,可用三口烧瓶代替圆底烧瓶(见图 3－29)。水蒸气发生器一般用金属制成(见图 3－28),也可使用三口烧瓶(见图 3－29),还可使用圆底烧瓶(见图 3－30)。少量物质进行水蒸气蒸馏时可采用如图 3－32 所示的装置。

水蒸气发生器内的盛水量通常以其容积的 3/4 为宜。如果太满,沸腾时水将溢至烧瓶中。安全玻璃管要几乎插到水蒸气发生器的底部。当容器内气压太大时,水可沿着玻璃管上升,以调节内压。如果系统发生阻塞,水会上升甚至从管的上口喷出,起到防止压力过高的作用。

蒸馏部分烧瓶内的液体不宜超过其容积的 1/3。水蒸气导入管的末端正对瓶底中央,并伸到距瓶底 2～3 mm 处。馏出液通过接液管进入接收器,接收器外围可用冷水浴冷却。

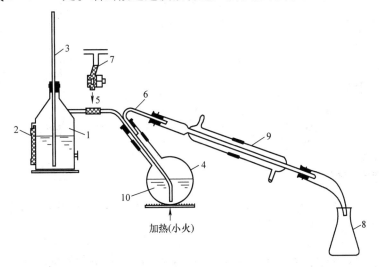

图 3－28　常量水蒸气蒸馏装置示例 1
1—水蒸气发生器;2—液面计;3—安全管;4—圆底烧瓶;5—水蒸气导入管;
6—水蒸气导出管;7—弹簧夹;8—接收器;9—冷凝管;10—样品溶液

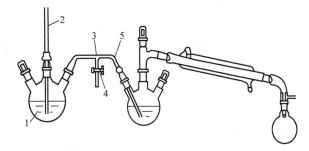

图 3－29　常量水蒸气蒸馏装置示例 2
1—水蒸气发生器;2—安全管;3—T 形管;4—两通活塞;5—水蒸气导入管

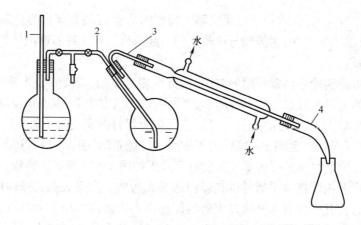

图 3 – 30　常量水蒸气蒸馏装置示例 3
1—安全管;2—水蒸气导入管;3—水蒸气蒸馏馏出液导出管;4—接液管

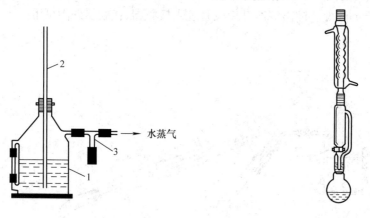

图 3 – 31　水蒸气发生器
1—水蒸气发生器;2—安全管;3—T 形管

图 3 – 32　半微量水蒸气蒸馏装置

　　水蒸气发生器与水蒸气导管之间应装一个 T 形管。T 形管下端连一个带螺旋夹的胶管或两通活塞,以及时除去冷凝下来的水滴。应尽量缩短水蒸气发生器与圆底烧瓶之间的距离,以减少水蒸气的冷凝。

　　进行水蒸气蒸馏时,将被蒸溶液置于三口瓶(或圆底烧瓶)中,加热水蒸气发生器,直至接近沸腾再关闭两通活塞,使水蒸气均匀地进入圆底烧瓶中。为了使水蒸气不致在样品溶液烧瓶中冷凝而积聚过多,必要时可在其下置一石棉网,用小火加热。必须控制加热速度,使被蒸溶液的蒸气能全部在冷凝管中冷凝下来。如果随水蒸气挥发的物质具有较高的熔点,冷凝后易析出固体,则应调小冷凝水的流速,使它冷凝后仍然保持液态。假如已有固体析出,并且接近阻塞,可暂时停止冷凝水或将冷凝水暂时放去,以使物质熔融后随水流入接收器中。当冷凝管夹套中需重新通入冷却水时,要小心而缓慢,以免冷凝管因骤冷而破裂。万一冷凝管已被阻塞,应立即停止蒸馏,并设法疏通(可用玻璃棒将阻塞的晶体捅出或用电吹风的热风吹化结晶,也可在冷凝管夹套中灌以热水使之熔化后流出)。

　　在蒸馏中断或蒸馏完毕后,一定要先打开螺旋夹通大气,然后方可停止加热,否则蒸馏瓶中的液体会倒吸到水蒸气发生器中。在蒸馏过程中,如发现安全管中的水位迅速上升,则表示系统中发生了堵塞。此时应立即打开活塞,然后移去热源,待排除了堵塞后再继续进行水蒸气蒸馏。

在 100 ℃ 左右饱和蒸气压较低的化合物可利用过热水蒸气来进行蒸馏。例如可在 T 形管和蒸馏瓶之间串联一段铜管(最好是螺旋形的)。铜管下用火焰加热,以提高水蒸气的温度。

实验八　水蒸气蒸馏操作

【实验目的】

(1)了解水蒸气蒸馏的原理及应用。

(2)初步掌握水蒸气蒸馏的装置和操作方法。

【实验原理】

实验原理可参见"3.7.4　水蒸气蒸馏技术"中的"基本原理"部分。

【物理常数】

苯甲醛的物理常数见表 3 - 8。

表 3 - 8　苯甲醛的物理常数

化合物名称	熔点/℃	沸点/℃	密度/(g/L)	溶解性(水中)
苯甲醛	-26	178	1.045	微溶

【仪器及药品】

1. 仪器

铁架台(3 个)、升降台、木板、电炉、圆底烧瓶(125 mL,19#)、T 形管螺旋夹、蒸馏头(19#)、螺帽接头(19#)、空心塞(19#)、直形冷凝管(19#)、真空接引管(19#)、锥形瓶(50 mL,19#)、量筒(10 mL)、三角漏斗、玻璃管(0.5 m)、玻璃弯管(90°、60°、120°)、酒精喷灯、酒精灯、石棉网、砂轮片、橡胶管、乳胶管、分液漏斗。

2. 药品

苯甲醛(10 mL)、水(约 200 mL)。

【实验装置】

本实验采用的装置见图 3 - 30。

【实验步骤】

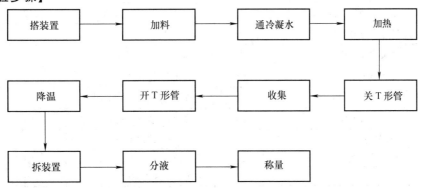

【操作要点】

(1)搭装置:仪器的选用,搭建顺序,各仪器高度的控制。(还可以有哪些装置? 教材中的装置有何缺陷?)

(2)加料:漏斗的选用,加料量与烧瓶体积的关系。(两个烧瓶中都要加沸石吗?)

(3)通冷凝水:冷凝管的选用,水流方向。

(4)加热:安全管与 T 形管的作用,温度的控制。(何谓辅助加热?)

(5)收集:收集速度。

(6)降温:为何要先打开螺旋夹? 如何降温?

(7)拆装置:拆除顺序。

【实验结果】

(1)产品性状。

(2)蒸馏前的体积。

(3)蒸馏后的体积。

(4)收率。

【问题讨论】

(1)水蒸气蒸馏装置包括几部分? 水蒸气蒸馏的用途有哪些? 水蒸气蒸馏的条件是什么?

(2)安全管与 T 形管的作用是什么?

(3)蒸馏部分中水蒸气导入管的末端为什么要插到接近容器底部? 为何要辅助加热?

(4)如何判断水蒸气蒸馏可以结束? 水蒸气蒸馏结束时,为何要先打开螺旋夹?

(5)什么是水蒸气蒸馏? 水蒸气蒸馏的意义是什么? 常用的装置(常量、半微量)有几种?

(6)进行水蒸气蒸馏时,被提纯物质必须具备的条件是什么?

【考核评分】

见表 3 - 9。

表 3 - 9　水蒸气蒸馏操作考核评分表

项目	评分要素	配分	评分标准	扣分	得分	备注
仪器的选择与安装 (45 分)	水蒸气发生器中的水量	5	控制在烧瓶容积的 2/3 ~ 3/4			
	安全管装配	5	插到接近容器底			
	水蒸气导入管与 T 形管间的距离	5	合适			
	烧瓶中液体的体积	5	不超过烧瓶容积的 1/3			
	冷凝管选择	5	正确			
	装置安装顺序	10	正确			
	整个装置安装	10	准确无误,整齐划一			
水蒸气蒸馏操作(20 分)	中断和停止蒸馏	10	先旋开螺旋夹再停止加热			
	拆卸装置顺序	10	正确,与安装顺序相反			
结束工作 (15 分)	整理实验台	5	摆放整齐,擦拭干净			
	仪器的清洗与放置	5	洗净,有序地放置于柜中			
	完成时间	5	在规定时间内完成			

项目	评分要素	配分	评分标准	扣分	得分	备注
实验素质 （20分）	实验中的创新	5	有			
	实验中问题的解决	10	正确处理与解决			
	废液的处理	5	倒至指定的位置			

3.7.5　回流操作技术

回流操作技术是进行有机混合物分离提纯或有机反应时经常涉及的一种技术,这是因为有些物质在室温下难溶于冷的有机溶剂中,而易溶于热的有机溶剂中,有些有机反应速率很小或者难以进行。为解决这些问题,达到溶解的目的或使反应尽快进行,常常要在溶解体系、反应体系的溶剂或液体反应物的沸点附近进行操作,这就要求反应物质在较长时间内保持沸腾。有机物的特点之一是它的易燃性,在这种情况下,就需要使用回流装置,使蒸气不断地在冷凝管内冷凝而返回反应器中,以防止反应瓶中的物料逃逸造成损失,并防止燃烧、爆炸等事故的发生。

有关回流装置可参阅"3.3.1　回流冷凝装置""3.3.2　滴加回流冷凝装置""3.3.3　回流分水反应装置"和"3.3.4　滴加蒸出反应装置"中的内容。

回流操作步骤如下。

（1）选择大小合适的圆底烧瓶,物料的体积应占烧瓶容量的 1/3 ~ 2/3,并加入少量沸石。

（2）选择磨塞与圆底烧瓶口匹配的冷凝管,选用的冷凝管的磨口、磨塞应与其他仪器的磨口号码一致。

（3）按规范洗净冷凝管,分别将冷凝管的上、下侧管套上橡胶管,其中下端侧管为进水口,此处的橡胶管必须连到自来水龙头上,上端的出水口橡胶管则导入水槽中。

（4）选择合适的加热浴。一般实验室常用的热浴有水浴（加热温度低于 80 ℃）、油浴（加热温度为 100 ~ 250 ℃）、沙浴（加热温度在 220 ℃以上）等。油浴常用的介质有豆油、棉籽油等。油浴的操作方法与水浴相同,但进行油浴时尤其要谨慎操作,防止油介质外溢或油浴温度过高,引起失火。

（5）将万能夹夹在烧瓶瓶颈上端,以热源高度为基准,将烧瓶固定在铁架台上,之后装配其他仪器时,不宜再调整烧瓶的位置。

（6）按由下往上的次序,在烧瓶口装一只冷凝管,并用万能夹将其固定在同一个铁架台上。对整个装置的安装要求是准确、端正,上下在一条竖直线上,所有铁夹和铁架都应整齐地放在仪器的背部。

（7）实验完成后,应先停止加热,再拆卸装置。拆卸按与装配时的顺序相反的次序进行,即从上往下先拆除冷凝管,再拆下烧瓶,最后移去热源。

3.8　固体化合物的分离与提纯

3.8.1　过滤技术

过滤是除去溶液里混有的不溶于溶剂的杂质的方法。过滤一般有两个目的:一是滤除溶液中的不溶物得到溶液;二是去除溶剂(或溶液)得到结晶。

常用的过滤方法有三种:常压过滤、减压过滤、热过滤。

3.8.1.1 常压过滤

用内衬滤纸的锥形玻璃漏斗过滤,滤液靠自身的重力透过滤纸流下,实现分离。过滤时应注意如下几点。

(1)一贴:将滤纸折叠好放入漏斗中,加少量蒸馏水润湿,使滤纸紧贴漏斗内壁。

(2)二低:滤纸边缘应略低于漏斗边缘,加入漏斗中的液体的液面应略低于滤纸边缘。

(3)三靠:向漏斗中倾倒液体时,烧杯的尖嘴应与玻璃棒接触;玻璃棒的底端应和过滤器有三层滤纸处轻轻接触;漏斗颈的末端应与接收器的内壁相接触。

3.8.1.2 减压过滤(抽气过滤)

用安装在抽滤瓶上的铺有滤纸的布氏漏斗或玻璃砂芯漏斗过滤,吸滤瓶支管与抽气装置连接,过滤在减压下进行,滤液在内外压差作用下透过滤纸或砂芯流下,实现分离。

此法可加速过滤,并使沉淀抽吸得较干燥,但不宜过滤胶状沉淀和颗粒太小的沉淀,因为胶状沉淀易穿透滤纸,沉淀颗粒太小,易在滤纸上形成一层密实的沉淀,溶液不易透过。

如重结晶溶剂沸点较高,在用原溶剂洗涤至少一次后,可用低沸点的溶剂洗涤,使最后的结晶产物易于干燥(要注意该溶剂必须能和第一种溶剂互溶而对晶体是不溶或微溶的)。

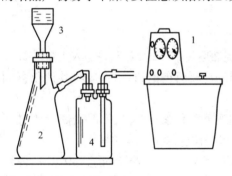

图 3 - 33 减压过滤装置

1—真空泵;2—吸滤瓶;3—布氏漏斗;4—安全瓶;

减压过滤装置如图 3 - 33 所示,布氏漏斗通过橡胶塞装在吸滤瓶的口上,吸滤瓶的支管与真空泵的橡胶管通过安全瓶相接,将待滤液转移到铺有滤纸的布氏漏斗中。吸滤瓶用于盛接滤液。当要求保留溶液时,需在吸滤瓶和真空泵间增加一个安全瓶,以防倒吸。由于真空泵中的急速水流不断地将空气排出,使体系内部形成负压,促使液体较快地通过滤纸进入瓶底,沉淀留在布氏漏斗中。

减压过滤需掌握以下五个要点。

(1)抽滤用的滤纸应比布氏漏斗的内径略小,但要能把瓷孔全部盖住。

(2)布氏漏斗中端的斜口应该面对(不是背对)吸滤瓶的支管。

(3)将滤纸放入漏斗中并用蒸馏水润湿后,慢慢打开水泵,先抽气使滤纸贴紧,然后才能往漏斗内转移溶液。

(4)停止过滤时,应先拔去连接吸滤瓶的橡胶管,然后关掉连接水泵的自来水开关。

(5)为使沉淀抽得更干,可用塞子或小烧杯底部紧压漏斗内的沉淀物。

3.8.1.3 热过滤

如果溶液中的溶质在温度下降时容易析出大量结晶,而不希望它在过滤过程中留在滤纸上,就要趁热进行过滤。热过滤有普通热过滤和减压热过滤两种。普通热过滤是将普通漏斗放在铜质的热漏斗内(见图 3 - 34),铜质热漏斗内装有热水,以维持必要的温度。减压热过滤是先将滤纸放在布氏漏斗内并使其湿润,再将它放在水浴上以热水或蒸汽加热(见图 3 - 35),然后快速完成过滤操作。

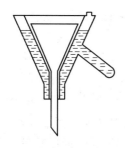

图 3 - 34 普通热过滤漏斗

图 3 - 35 加热布氏漏斗

热过滤通常采用热漏斗,它的外壳用金属薄板制成,其内装有热水,必要时可在外部加热,以维持过滤液的温度。重结晶时常采用热过滤,如果没有热漏斗,可将普通漏斗在水浴上加热,然后立即使用。此时应注意选择颈部较短的漏斗。

热过滤常采用折叠的滤纸。滤纸的折叠方法如图 3 - 36 所示。先将滤纸一折为二,再折成四分之一,产生 2 - 4 折纹,然后将 1 - 2 的边沿折至 4 - 2,2 - 3 的边沿折至 2 - 4,产生 2 - 5 和 2 - 6 两条新折纹。继续将 1 - 2 折向 2 - 6,2 - 3 折向 2 - 5,再得 2 - 7 和 2 - 8 两条折纹。同样,

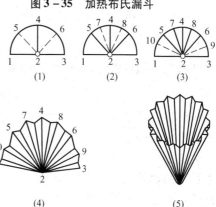

图 3 - 36 滤纸折叠方法

以 2 - 3 对 2 - 6,1 - 2 对 2 - 5,折出 2 - 9 和 2 - 10 两条折纹。最后将 8 个等分的小格从中间以相反的方向折成 16 等份,结果得到像折扇一样的排列。再在 1 - 2 和 2 - 3 处各向内折一小折面,展开后即得到折叠的滤纸。在折纹集中的圆心处折时切勿重压,否则滤纸的中央在过滤时容易破裂。使用前应将折好的滤纸翻转并整理好再放入漏斗中,这样可避免被手弄脏的一面接触滤过的滤液。

实验九 粗萘的提纯

【实验目的】
(1)了解重结晶提纯的原理,掌握重结晶提纯有机化合物的方法,学会重结晶操作。
(2)掌握过滤(抽滤)操作技术,学会使用水泵(油泵)减压和折叠滤纸。
【实验原理】
重结晶是先用溶解的方式将晶体结构全部破坏,再让结晶重新生成,使得杂质留在溶液中的一种操作过程。

固体有机物在溶剂中的溶解度与温度有密切关系,一般温度升高溶解度增大。将固体有机物溶解在沸腾的溶剂中制得饱和溶液,冷却后由于溶解度降低,溶液过饱和而析出结晶。利用溶剂对被提纯物质及杂质的溶解度不同,可以使被提纯物质从饱和溶液中析出,而杂质全部或大部分留在溶液中(或被过滤除去),从而达到提纯的目的。使用重结晶法纯化固体有机物,杂质的含量不能过多(杂质太多可能影响结晶速度,甚至妨碍结晶的生成)。

本实验是用固定配比的乙醇 - 水混合溶剂对粗萘进行重结晶,以保温漏斗和折叠滤纸

进行热过滤,目的在于初步实践非(纯)水溶剂的重结晶操作。

【实验装置】

实验装置如图 3 - 37 所示。

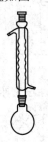

图 3 - 37　粗萘的提纯实验装置

【实验步骤】

1. 溶解粗晶体

在圆底烧瓶中放置 3 g 粗萘,加入 70% 的乙醇 20 mL,投入 2 ~ 3 粒沸石,装上球形冷凝管,开启冷凝水,用水浴加热回流数分钟,观察溶解情况。如不能全溶,移开火源,用滴管自冷凝管口加入 70% 的乙醇约 1 mL,重新加热回流,观察溶解情况。如仍不能全溶,则依前法继续补加 70% 的乙醇,直至恰能完全溶解,再补加 2 ~ 3 mL。

2. 活性炭脱色并过滤

移去热源,稍冷后取下冷凝管,向烧瓶中的溶液中加入适量(0.5 ~ 1 g)活性炭,重新加热回流 3 ~ 5 min。

趁热用预热好的短颈漏斗和折叠滤纸过滤,用少量热的 70% 的乙醇润湿折叠滤纸后,将上述萘的热溶液滤入干燥的 100 mL 锥形瓶中(注意附近不应有明火),滤毕用少量热的 70% 的乙醇洗涤容器和滤纸。

3. 结晶

滤毕将盛滤液的锥形瓶用玻璃塞塞好,放置冷却,最后用水冷却使结晶完全。如要获得较大颗粒的结晶,在滤完后将滤液加热,使析出的结晶重新溶解,于室温下放置,让其慢慢冷却。称量一张滤纸(剪好)与表面皿的合重,记录为 m_1。

4. 减压过滤

结晶完成后用布氏漏斗抽滤(滤纸先用少量冷水润湿,再抽气吸紧),使结晶与母液分离,并用玻璃塞挤压,将母液尽量除去。拔下抽滤瓶上的橡胶管(或打开安全瓶上的活塞),停止抽气。用约 1 mL 冷的 70% 的乙醇洗涤晶体,将晶体润湿(可用玻璃棒使结晶松动),然后重新抽干,如此重复 1 ~ 2 次。

5. 干燥

将结晶移至表面皿上,摊开成薄层,在空气中晾干或在干燥器中干燥。

6. 结果与分析

称量,记录质量 m_2。

计算收率 $(m_2 - m_1)/3 \times 100\%$。

产量约为 2.4 g,收率约为 70%,熔点为 80 ~ 80.5 ℃。

萘的纯品熔点为 80.55 ℃。

【实验注意事项】

(1)减压过滤(又称抽滤):将剪好的滤纸平铺在漏斗底板上,先用少量溶剂润湿,再开动抽气泵,使滤纸紧贴在漏斗上,然后缓慢倒入待过滤的混合物,一直抽气至无液体滤出为止。

(2)活性炭脱色:活性炭用量的多少视反应液颜色而定,不必准确称量,通常加半牛角勺即可;特别注意不可在溶液沸腾时加活性炭,以免暴沸。

（3）热过滤：短颈漏斗必须先在水浴中充分预热，以尽量减少产物在滤纸上的结晶析出。

（4）扇形滤纸的折叠：扇形滤纸的作用是增大母液与滤纸的接触面积，加快过滤速度。折叠扇形时要注意不要把滤纸的顶部折破。

（5）折叠滤纸的使用：使用时将折好的滤纸打开后翻转，放入漏斗中。

（6）用活性炭脱色时，不能把其加入已沸腾的溶液中，以免暴沸。活性炭用量为干燥的粗产品质量的 1% ~ 5%。

（7）抽滤时要防止倒吸。

（8）溶剂的用量要适中，从减少溶解损失的角度考虑，溶剂应尽可能避免过量，但这样在热过滤时会引起结晶析出，因而一般可比需要量多加 20% 左右的溶剂。

（9）热过滤时溶剂易燃，过滤前务必将火熄灭，一般不要用玻璃棒引流，以免加速降温；接收滤液的容器内壁不要紧贴漏斗颈。

（10）有机溶剂重结晶时，使用回流装置。

（11）萘的熔点较 70% 的乙醇的沸点低，加入不足量的 70% 乙醇加热至沸腾后，萘呈熔融状态而非溶解状态，这时应继续加溶剂直至萘完全溶解。

【问题讨论】

（1）重结晶提纯的原理是什么？

（2）使用活性炭时应注意什么？

（3）减压过滤时应注意什么？

【思考题】

（1）对某一有机化合物进行重结晶时，所选择的溶剂应该具有哪些性质？

（2）加热溶解重结晶粗产物时，为何先加入比计算量（根据溶解度数据）略少的溶剂，然后渐渐添加至恰好溶解，最后再多加少量溶剂？

（3）为什么活性炭要在固体物质完全溶解后加入？为什么不能在溶液沸腾时加入？

（4）对溶液进行热过滤时，为什么要尽可能减少溶剂的挥发？如何减少其挥发？

（5）抽滤时为什么在关闭水泵前要先拆开水泵与抽滤瓶间的连接或打开安全瓶的活塞？

（6）在布氏漏斗中用溶剂洗涤固体应注意些什么？

（7）用有机溶剂重结晶时，哪些操作容易着火？应该如何防范？

3.8.2　萃取和洗涤

3.8.2.1　萃取的定义及原理

萃取是将存在于某一相中的有机物用溶剂浸取、溶解，使其转入另一相中的分离过程。这个过程是利用有机物按一定的比例在两相中溶解分配的性质实现的。

向含有溶质 A 和溶剂 1 的溶液中加入一种与溶剂 1 不相溶的溶剂 2，溶质 A 自动地在两种溶剂间分配，达到平衡。此时溶质 A 在两种溶剂中的浓度之比称为溶质 A 在两种溶剂间的分配系数，即

$$K = c_2/c_1$$

式中：K 为分配系数；c_1 和 c_2 分别为溶质 A 在溶剂 1 和溶剂 2 中的浓度。

只有当 A 在溶剂 2 中的溶解趋势比在溶剂 1 中大得多,即 K 值比 1 大得多时,溶剂 2 对于 A 的萃取才是有效的。

对含有溶质 A、溶质 B 和溶剂 1 的溶液,用溶剂 2 萃取。A 和 B 在两种溶剂中的分配系数分别为 K_A 和 K_B,二者的比称为溶质 A、B 在一定的萃取系统中的分离因数,用 β 表示(设 $K_A > K_B$),即

$$\beta = K_A / K_B$$

β 越大,对混合物进行一次萃取实现的 A 与 B 的分离程度越高。

若 β 不够大,则 A、B 二者在两种溶剂间的分配差异不够大,一次萃取的效果不会很好,只有多次萃取才能实现 A 和 B 的良好分离。

3.8.2.2 液 – 液萃取

液 – 液萃取是用一种适宜的溶剂从溶液中萃取有机物的方法。所选溶剂与溶液中的溶剂不相溶,有机物以一定的分配系数从溶液中转向所选溶剂中。

液 – 液萃取在分液漏斗中进行。液 – 液萃取的具体操作步骤如下(萃取操作示意见图 3 – 38)。

(1)将溶液与萃取溶剂由分液漏斗的上口倒入,盖好盖子,把分液漏斗倾斜,漏斗的上口略朝下,右手捏住漏斗上口颈部,用食指压紧盖子,左手握住旋塞,振荡。

(2)振荡后,保持漏斗倾斜,旋开旋塞,放出气体,使内外压力平衡(尤其是漏斗内盛有易挥发溶剂如乙醚、苯等,或用碳酸钠溶液中和酸时,振荡后更应注意及时旋开旋塞,放出气体)。

(3)振荡数次后,将分液漏斗放在铁环上,静置,待混合液体分层。振荡有时会形成稳定的乳浊液,可加入食盐至溶液饱和,破坏乳浊液的稳定性。也可轻轻地旋转漏斗,使其加速分层。分液漏斗长时间静置,也可达到使乳浊液分层的目的。

(4)当液体分成清晰的两层后,旋转上口盖子,使盖子上的凹缝对准漏斗上口的小孔,与大气相通。旋开旋塞,让下层的液体缓慢流下。当液面分界接近旋塞时,关闭旋塞,静置片刻,待下层液体不再汇集增多时,小心地全部放出。然后把上层液体从上口倒入另一个容器里。

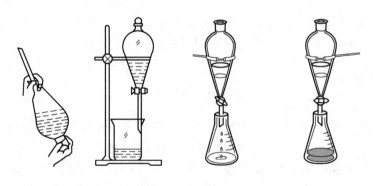

图 3 – 38 萃取操作

在萃取过程中,将一定量的溶剂分多次萃取,效果比一次萃取好。

3.8.2.3　液－固萃取

液－固萃取是用一种适宜的溶剂浸取固体混合物的方法。所选溶剂对有机物有很大的溶解能力,有机物以一定的分配系数从固体转向溶剂中。

从固体混合物中萃取所需要的物质,最简单的方法是把固体混合物粉碎或研细,放在容器里,加入适当的溶剂,加热提取。

1. 一次提取

在回流装置中加入固体混合物和溶剂,加热至回流,一段时间后停止。过滤,收集滤液,完成一次提取。

2. 多次提取

多次提取常使用索氏(Soxhlet)提取器。索氏提取器(见图 3－39)又称脂肪抽取器或脂肪抽出器,由提取瓶、提取管、冷凝器三部分组成,提取管两侧分别有虹吸管和连接管,各部分连接处要严密,不能漏气。

将滤纸做成与提取管大小相应的套袋,然后把固体混合物放入套袋中,装入提取管内。在提取瓶中加入提取溶剂和沸石,连接好提取瓶、提取管、冷凝器,接通冷凝水,加热。沸腾后溶剂的蒸气从提取瓶进到冷凝器中,冷凝后的溶剂回流到套袋中,浸取固体混合物。溶剂在提取管内到达一定的高度时,就携带所提取的物质从侧面的虹吸管流入提取瓶中。溶剂就这样在仪器内循环流动,把所要提取的物质集中到下面的提取瓶内。

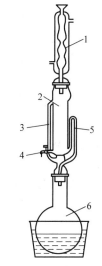

图 3－39　索氏提取器
1—冷凝器;2—提取管;
3—连接管;4—阀门;
5—虹吸管;6—提取瓶

实验十　三组分混合物分离

【实验目的】

(1)学会分离三组分混合物(环己醇、苯酚、苯甲酸)的方法。

(2)学会根据自己设计的实验方案组装实验装置,并独立完成实验操作。

【实验原理】

混合液(25 mL)与 $NaHCO_3$(约 1.6 g)反应后,苯酚和环己醇由于不与 $NaHCO_3$ 反应处于分液漏斗上层的有机相中,下层水相为苯甲酸钠溶液,分液后将苯甲酸钠溶液用 6 mol/L 的浓盐酸酸化可生成苯甲酸沉淀,然后进行抽滤即可得到苯甲酸。再将分离出的有机相加到干燥的分液漏斗中,配制一定量的 NaOH 溶液(最好固体氢氧化钠质量为 4.0 g,便于计算),加入分液漏斗中,因为环己醇不与 NaOH 反应,则可由分液漏斗的上层有机相直接分出环己醇,用蒸馏的方法干燥环己醇,在下层的水相中得到苯酚钠。同理,可用浓盐酸酸化得到苯酚,然后进行抽滤。

【仪器及药品】

1. 仪器

玻璃管、分液漏斗、玻璃棒、抽滤装置、烧杯。

2. 药品

NaOH,$NaHCO_3$,浓盐酸(6 mol/L),环己醇、苯酚、苯甲酸的混合物。

【实验装置】

分液装置,抽滤装置,蒸馏装置。

【实验步骤】

(1)量取混合液置于干烧杯中,将配制好的 $NaHCO_3$ 溶液加到混合液中,搅拌至无气泡产生时停止加入。

(2)将混合液倒入分液漏斗中,静置分层。

(3)取分液漏斗下层溶液置于烧杯中,加入浓盐酸,静置后进行抽滤,得到苯甲酸。

(4)将分液漏斗上层液体倒入分液漏斗中,加入刚配制好的 $NaOH$ 溶液,振荡后静置分层。

(5)再取分液漏斗下层溶液置于烧杯中,加入浓盐酸,待反应充分后进行抽滤,得到苯酚。

(6)取分液漏斗上层有机相进行蒸馏干燥操作,得到环己醇。

(7)称量并计算相关量。

(8)整理装置,回收试剂。

(9)检测。

苯酚:①$FeCl_3$ 溶液,显色;②溴水,产生三溴苯酚沉淀。

苯甲酸:与 $NaHCO_3$ 反应,用澄清石灰水检测变混浊。

环己醇:通过与卢卡斯试剂反应来检验。

也可以用物理方法来检测,比如用物理仪器测出物质的熔沸点,与标准物质的熔沸点对照,即可检测出三种物质。

【问题讨论】

误差分析:

(1)分液时静置时间不够或者混合不均匀,导致分液不充分;

(2)抽滤时压强不足,所得固体含有水分。

【实验注意事项】

(1)所用烧杯必须清洗干净且干燥。

(2)分液时要控制流速。

(3)检测分离物时,应分开并多次测量,以确定准确值。

【实验猜想】

(1)设计实验分离四组分混合物,比如上述三种再加甲苯。同理,用上述方法先分离出苯酚和苯甲酸,剩余环己醇和甲苯,这时可用物理方法分离它们,根据沸点(蒸馏)是最容易的方法。

(2)先加 $NaOH$,再加 $NaHCO_3$,也是可以的,只是过程不同罢了。不过在误差方面以及实验操作的难易程度上,两种方法还是有区别的,实验者可根据自己的判断独立进行实验,发现问题,提高自己的动脑、动手能力。

3.8.3 升华技术

固体物质具有较高的饱和蒸气压时,往往不经过熔融状态就直接变成蒸气,这种过程叫作升华。升华是纯化固体有机物的一种方法。利用升华可除去难挥发性杂质或分离具有不同挥发度组分的固体混合物。升华常可得到纯度较高的产物,但操作时间长,损失也较大。

严格地说,升华是物质自固态不经过液态而直接转变成蒸气的现象。但在有机化学实验操作中,把物质从蒸气不经过液态而直接转变成固态的过程也称为升华。由升华所得的固体物质往往具有较高的纯度,所以升华常用来纯化固体有机化合物。升华要求固体物质在其熔点下具有相当高(高于 2.67 kPa)的饱和蒸气压,这是升华提纯的必要条件。

升华点是固体物质的饱和蒸气压和外压相等时的温度。在这个温度下,晶体的汽化甚至在其内部发生,使晶体裂开,有时还会污染升华物。因此升华操作应注意控制温度,让升华在低于升华点的温度下进行。

一个简单的升华装置由一个瓷蒸发皿和一个覆盖于其上的漏斗所组成。粗产物放置在蒸发皿中,上面覆盖着一张穿有许多小孔的滤纸,用棉花疏松地塞住漏斗管,以减少蒸气逃逸。然后在石棉网上渐渐加热(最好能用沙浴或其他热浴),控制好温度,缓慢升华。蒸气通过滤纸上的小孔上升,冷却凝结在滤纸上或漏斗壁上。必要时漏斗外壁可用湿布冷却。

对在常压下不能升华或升华很慢的一些物质,常常在减压下进行升华。在减压升华装置中,外面的大套管可抽真空,固体物质放在大套管的底部。中间的小管作为冷凝管,可通水或空气,升华物质冷凝在小管的外面。减压升华一般在水浴或油浴中加热。

实验十一　升　华

【实验目的】

(1)了解升华的原理和意义。

(2)学习实验室常用的升华方法。

【实验原理】

升华是固体物质不经过液态而直接汽化,蒸气受到冷却又直接冷凝成固体的现象。利用升华可除去不挥发性杂质或分离具有不同挥发度组分的固体混合物。只有固体物质在其熔点下具有相当高(高于 2.67 kPa)的饱和蒸气压时,才可用升华提纯。

【仪器及药品】

1. 仪器

常压升华装置主要由蒸发皿、刺有小孔的滤纸、玻璃漏斗等组成。

减压升华装置由吸滤管、"冷凝指"、水泵组成。

2. 药品

樟脑。

【实验步骤】

1. 常压升华

在蒸发皿中放置樟脑,将大小合适的玻璃漏斗倒盖在上面。漏斗的颈部塞有玻璃棉或脱脂棉花团,以减少蒸气逃逸,两者用一张刺有许多小孔的滤纸隔开。在石棉网上渐渐加热蒸发皿(最好能用空气浴、沙浴或其他热浴),小心调节火焰,控制浴温低于被升华物质的熔点,使其慢慢升华。蒸气通过滤纸上的小孔上升,冷却后凝结在滤纸上或漏斗壁上。必要时外壁可用湿布冷却。

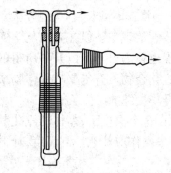

图 3 - 40　减压升华装置

2. 减压升华

减压升华装置如图 3 - 40 所示,把待升华的固体物质放入吸滤管中,用装有"冷凝指"的橡胶塞严密地塞住管口,利用水泵或油泵减压,将吸滤管浸入水浴或油浴中,缓慢加热,升华物质冷凝于指形冷凝管的表面。

无论常压还是减压升华,加热都应尽可能保持在所需要的温度,一般常用水浴、沙浴和油浴等热浴进行加热,较为稳妥。

注意:用小火加热必须留心观察,当发觉开始升华时,小心调节火焰,让其缓慢升华。

3.9　色谱分离技术

色谱法又称层析法。它是分离、分析有机化合物的重要方法之一,既可用于分离复杂的混合物,又可以用来定性鉴定,尤其适用于少量物质的分离和鉴定。这种技术不仅用于石油、化学、化工等部门,而且在药物分析、中草药有效成分的分离分析、药物体内代谢研究、毒物分析及环境保护等方面也是必不可少的工具。

色谱法与溶剂萃取法相似,也以相分配原理为依据。利用混合物中各组分在某一物质中的吸附、溶解性能的不同或其他亲和作用性能的差异,在混合物溶液流经该物质时,通过反复的吸附或分配作用,将各组分分开。流动的混合物溶液称为流动相;固定的物质称为固定相。如果化合物和固定相的作用较弱,那它将在流动相的冲洗下较快地从层析体系中流出来;反之,化合物和固定相的作用较强,它将较慢地从层析体系中流出来。根据操作条件的不同,色谱法可分为柱色谱、纸色谱、薄层色谱、气相色谱及高效液相色谱等类型。有机化学实验常用的有薄层色谱、柱色谱和纸色谱。

应用色谱法的目的有两个:一是用于分析;二是用于制备分离。根据实验目的不同,在实际操作中要把握好速度、分离度与分析样品量的关系,如果想得到比较纯的样品,那么样品量就不能太多,样品量少有利于各组分的分离。

用色谱法分离混合物时各组分在固定相表面存在不同的吸附与脱附的平衡,分子的吸附性能与其极性有关,也与吸附剂的活性及流动相的极性有关。

化合物的极性在很大程度上依赖于官能团极性的强弱,因此不同类型的化合物往往表现出不同的吸附能力,常见官能团的极性顺序如下:

饱和烃<烯烃<芳烃、卤代烃<硫化物<醚类

硝基化合物<醛、酮、酯<醇、胺<亚胺<酰胺<羧酸

当然这一顺序只是经验值,比较粗略,对复杂化合物的极性只能通过实验进行比较。

在层析中选用何种吸附剂要视被分离的化合物的性质而定。纤维素和淀粉的吸附活性最小,因而多用于分离多官能团的天然产物。氧化铝是一种用途很广的吸附剂,吸附能力强,而且有酸性、碱性和中性三种,酸性氧化铝的 pH 值接近 4,可用于分离氨基酸和羧酸,碱性氧化铝的 pH 值在 10 左右,用于分离胺类化合物,中性氧化铝的 pH 值在 7 左右,用于分离中性有机物。

影响色谱分离度的另一个重要因素是洗脱剂,洗脱剂的选择主要根据样品的极性、溶解

度和吸附剂的活性等因素来考虑。溶剂的极性越大,对特定化合物的洗脱能力也越大。

在洗脱法色谱操作中,流动相携带待测组分在色谱柱内向前移动并流出色谱柱的过程称为洗脱。所用流动相称为洗脱剂。

提取分离时,用来分离极性不同的两种物质的溶剂叫作展开剂。

色谱用的展开剂绝大多数是有机溶剂,各种溶剂的极性顺序如下:

己烷和石油醚 < 环己烷 < 四氯化碳 < 三氯乙烯 < 二硫化碳 < 甲苯 < 苯 < 二氯甲烷 < 氯仿 < 乙醚 < 乙酸乙酯 < 丙酮 < 丙醇 < 乙醇 < 甲醇 < 水 < 吡啶 < 乙酸

其中四氯化碳、苯、氯仿、甲醇等有一定的毒性,应减少使用。这些溶剂可以单独使用,也可以组成混合溶剂使用,在特殊情况下还可以先后采用不同极性的溶剂实现梯度淋洗。

3.9.1　纸色谱

纸色谱法又称纸上层析法,其实验技术与薄层色谱有些相似,但分离的原理更接近萃取。在纸色谱中,滤纸是载体,不是固定相,滤纸上的水才是固定相(纤维素能吸收多达22% 的水),展开剂为流动相。当色谱展开时,溶剂受毛细作用,沿滤纸上升经过点样处,样品中的各组分不断在两相中进行分配。由于它们的分配系数不同,结果在流动相中具有较大溶解度的组分移动速度较快,而在水中溶解度较大的组分移动速度较慢,从而达到分离的目的。因此,纸色谱也称为纸上分配色谱。

与薄层色谱一样,纸色谱也用于有机物的分离、鉴定和定量测定。它特别适用于多官能团或极性大的化合物的分析,例如碳水化合物、氨基酸和天然色素等,只要纸的质量、展开剂和温度等条件相同,比移值(R_f 值)对每种化合物都是一个特定的值,可作为各组分的定性指标。实际上,由于影响比移值的因素很多,实验数据与文献记载的不完全相同,因此在测定时要与标准样品对照才能断定是否为同一物质。纸色谱的缺点是溶剂展开所需的时间长,操作不如薄层色谱方便。

3.9.1.1　滤纸的选择

选择的滤纸应厚薄均匀、平整无折痕,通常用新华 1 号滤纸。滤纸大小可自行选择,一般长 20 ~ 30 cm,宽度依样品个数多少而定。操作时手指不能与滤纸的层析部分接触,否则指印将和斑点一起显出。

3.9.1.2　展开剂的选择

要根据被分离物质的性质选用合适的展开剂。水是展开剂中的一个组分,因此展开剂通常需先用水饱和,以使溶剂在滤纸上移动时有足够的水分供给滤纸吸附。文献中所指的展开剂,如正丁醇 – 水,就是指用水饱和的正丁醇。

3.9.1.3　点样

点样方法与薄层色谱类似。

3.9.1.4　展开

展开需在密闭的层析缸中进行,在层析缸中加入展开剂,将滤纸的一端悬挂在层析缸的支架上,另一端浸在展开剂液面下 1 cm 左右,并使试样的原点在液面之上。由于毛细作用,展开剂沿滤纸条慢慢上升,当接近终点时,取出纸条,记下展开剂前沿位置,晾干。也可将滤纸卷成大圆筒,使点样线在筒的内部进行展开,展开方式除了上述上升法外,还有下降法、双向层析法和环行法等。

3.9.1.5　显色

纸色谱的显色与薄层层析相似。

实验十二　胡萝卜素的提取

【实验目的】

(1)了解有关胡萝卜素的基础知识。

(2)掌握提取胡萝卜素的基本原理。

(3)掌握萃取法提取胡萝卜素的技术。

(4)学会纸层析的操作方法。

【实验原理】

胡萝卜素是橘黄色晶体,化学性质稳定,不溶于水,微溶于乙醇,易溶于石油醚等。其来源于植物、岩藻、微生物发酵等。根据双键的数目可以将胡萝卜素划分为 α、β、γ 三类,β-胡萝卜素是其中最主要的成分。

一分子 β-胡萝卜素可以在人或动物的小肠、肝脏等器官内被氧化成两分子维生素 A,因此,胡萝卜素可以用来治疗因缺乏维生素 A 而引起的各种疾病,如夜盲症、幼儿生长发育不良、干皮症等。胡萝卜素还是常用的食品色素,广泛地用作食品、饮料、饲料的添加剂。最近发现天然胡萝卜素还具有使癌变细胞恢复成正常细胞的作用。

胡萝卜素可溶于乙醇和丙酮,但它们是水溶性的有机溶剂,因能与水混溶而影响萃取效果,所以不用它们作萃取剂。在石油醚、醋酸乙酯、乙醚、苯和四氯化碳这五种溶剂中,石油醚的沸点最高,在加热萃取时不易挥发,所以石油醚最适宜用作萃取剂。

萃取的效率主要取决于萃取剂的性质和使用量,同时受到原料颗粒的大小、紧密程度、含水量、萃取的温度和时间等条件的影响。一般来说,原料颗粒小、萃取温度高、时间长,需要提取的物质就能够充分溶解,萃取效果就好。

实验流程:胡萝卜→粉碎→干燥→萃取→过滤→浓缩→胡萝卜素。

【仪器、药品及材料】

1. 仪器

蒸馏装置一套(包括铁架台两个、酒精灯、石棉网、蒸馏瓶、橡胶塞、蒸馏头、温度计、直形冷凝管、接液管、锥形瓶以及连接进水口和出水口的橡胶管)、回流装置一套、分液漏斗、烧杯。

2. 药品

石油醚。

3. 材料

胡萝卜。

【实验装置】

实验所用蒸馏装置如图 3-41 所示,回流装置如图 3-42 所示。

【实验内容】

本实验采用有机溶剂萃取法提取胡萝卜素。

(1)选取 500 g 新鲜的胡萝卜,用清水洗净,沥干、切碎,然后在 40 ℃的烘箱中烘干,时间约需 2 h,将干燥后的胡萝卜粉碎过筛。注意胡萝卜的粉碎一定要彻底。

(2)将样品放入 500 mL 的圆底烧瓶中,加入 200 mL 石油醚混匀,按图 3 - 42 安装回流装置,萃取 30 min,然后过滤萃取液,除去固体物质。

(3)按图 3 - 41 安装蒸馏装置,对萃取得到的样品进行浓缩。

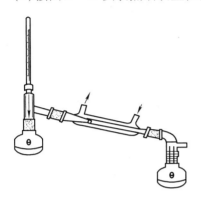

图 3 - 41　蒸馏装置

图 3 - 42　回流装置

(4)收集接收器中的样品,观察样品的颜色和气味。

(5)通过纸层析进行鉴定。

在 18 cm×30 cm 的滤纸下端距底边 2 cm 处作一条基线,在基线上取 A、B、C、D 四点,用最细的注射器针头分别吸取 0.1 ~ 0.4 mL 溶解在石油醚中的标准样品和提取样品,在这四个点上点样。点样应该快速细致,在基线上形成直径为 2 mm 左右的圆点,每次点样后可用吹风机将溶剂吹干,并注意保持滤纸干燥。如果用吹风机吹干,温度不宜过高,否则斑点会变黄。待滤纸上的点样液自然挥发干后,将滤纸卷成圆筒状(卷纸时注意滤纸的两边不能相互接触,以免因毛细管现象导致溶剂沿滤纸两边的移动加快,溶剂前沿不齐,影响结果),置于装有 1 cm 深的石油醚的密封玻璃瓶中,如图 3 - 43 所示。

待各种色素完全分开后,取出滤纸,让石油醚自然挥发,观察标准样品中位于展开剂前沿的胡萝卜素层析带,如图 3 - 44 所示。看看萃取样品中是否也出现了对应的层析带,与标准样品的有什么区别,并分析产生的原因。

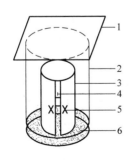

图 3 - 43　纸层析装置示意

1—玻璃盖;2—色谱容器;3—滤纸;
4—U 形扣;5—样品原点;6—溶剂

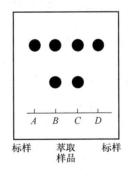

图 3 - 44　胡萝卜素的纸层析结果示意

75

层析时要注意选择干净的滤纸,为了防止操作时对滤纸的污染,应尽量避免用手直接接触滤纸,可以戴手套进行操作。也可以采用其他层析装置,如图 3 - 45 所示。

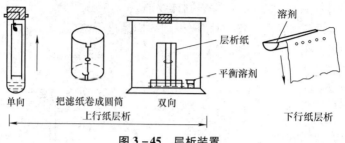

图 3 - 45　层析装置

【实验注意事项】

(1)新鲜的胡萝卜含有大量水分,在干燥时要注意控制温度,温度太高、干燥时间太长会导致胡萝卜素分解。

(2)胡萝卜干燥的速度和效果与破碎程度、干燥方式有关。如果有条件,可以使用烘箱烘干,也可以用热风吹干。

【思考题】

(1)乙醇和丙酮能用于胡萝卜素的萃取吗? 为什么?

(2)在石油醚、醋酸乙酯、乙醚、苯和四氯化碳这几种有机溶剂中,哪种最适宜用来提取胡萝卜素?

3.9.2　柱色谱

柱色谱法又称柱上层析法,简称柱层析。它是提纯少量物质的有效方法。常见的柱色谱有吸附色谱、分配色谱和离子交换色谱。

吸附色谱常用氧化铝和硅胶作为吸附剂。填装在柱中的吸附剂把混合物中的各组分先从溶液中吸附到表面上,而后用溶剂洗脱。溶剂流经吸附剂时发生无数次吸附和脱附的过程,由于各组分被吸附的程度不同,吸附性强的组分移动得慢,留在柱的上端,吸附性弱的组分移动得快,在下端,从而达到分离的目的。

分配色谱与液 - 液连续萃取相似,是利用混合物中各组分在两个互不相溶的液相间的分配系数不同而进行分离的,常以硅胶、硅藻土和纤维素为载体,以固定在载体表面的液体为固定相。

离子交换色谱是基于溶液中的离子与离子交换树脂表面的离子之间的相互作用,使有机酸、碱或盐得到分离的一种色谱。

3.9.2.1　吸附剂的选择

理想的吸附剂应该具备以下条件:能够可逆地吸附待分离的物质;不会使被吸附物质发生化学变化;粒度大小应使展开剂以均匀的流速通过色谱柱。硅胶是实验室中应用最广的吸附剂,市场上有各种不同孔径大小的硅胶供应。由于它略带酸性,能与强碱性有机物发生作用,所以适用于极性较大的酸性和中性化合物的分离。

吸附剂的用量与待分离样品的性质和吸附剂的极性有关。通常吸附剂用量为样品量的30 ~ 50 倍,如样品中的各组分性质相似,则用量应更大。

3.9.2.2　溶剂和洗脱剂的选择

一般把用以溶解样品的液体称为溶剂,而用来洗色谱柱的液体叫作洗脱剂或淋洗液,两者常为同一物质。在选择时可根据样品中各组分的极性、溶解度和吸附剂的活性等来考虑，且经常要凭经验决定。

洗脱剂的极性大小对混合物的分离影响较大。极性越大，洗脱能力或展开能力越强，化合物移动就越远。因此，所用的洗脱剂应从极性小的开始，逐渐增大极性。也可以使用混合溶剂，其极性介于单一溶剂的极性之间，逐步增大极性较大溶剂的比例，将吸附性强的组分洗脱下来。有时还可以采用梯度淋洗法，即在洗脱过程中连续改变洗脱剂的组成，使溶剂的极性逐渐增大，这样洗脱可使样品中的组分在较短时间内分离完毕。

3.9.2.3　色谱柱的装填

色谱柱一般用透明的玻璃制成，便于观察实验情况。底部的玻璃活塞应尽量不涂油脂，以免污染洗脱液。柱子大小视处理量而定，通常柱的直径与高度之比为 1:70 ~ 1:10。

装填色谱柱时，先将色谱柱竖直地固定于支架上，柱的下端铺一层脱脂棉（或玻璃棉）。为了保持平整的表面，可在脱脂棉上铺一层约 5 mm 厚的石英砂。有的色谱柱下端已是用砂芯片烧结而成，可直接装柱。

1. 干法装柱

在柱的上端放一个玻璃漏斗，使吸附剂经漏斗成一细流，慢慢注入柱中，并经常用橡胶锤或大橡胶塞轻轻敲击管壁，使装填均匀，直到吸附剂的高度约为柱长的 3/4 为止。然后沿管壁慢慢地倒入洗脱剂，将吸附剂全部润湿，并略有多余。最后在吸附剂顶部盖一层约 5 mm 厚的石英砂。由于这种方法在添加溶剂时易出现气泡，吸附剂也可能发生溶胀，所以一般很少采用。为了克服上述缺点，通常先将洗脱剂加入柱内，加至约柱高的 3/4 处，然后一边使洗脱剂通过活塞缓缓流出，一边将吸附剂通过玻璃漏斗慢慢地加入，同时用橡胶锤轻轻敲击柱身，待完全沉降后，铺上沙子或用小的圆滤纸覆盖，以免加入样品或洗脱剂时冲动吸附剂表面。

2. 湿法装柱

将洗脱剂装至约柱高的 1/2 后，把下端的活塞打开，使洗脱剂一滴一滴地流出，然后通过玻璃漏斗将调好的吸附剂和洗脱剂的糊状物慢慢地倒入柱内。加完后继续让洗脱剂流出，直到吸附剂完全沉降，高度不变为止，最后加入石英砂或一张圆滤纸。这种方法比干法好，因为它可把留在吸附剂内的空气全部赶出，将吸附剂均匀地装填在柱内。

3.9.2.4　加样与洗脱

柱装填后，让洗脱剂继续流出，到液面刚好接近吸附剂表面时关闭活塞。将样品溶于少量洗脱剂中，小心地沿柱壁加入柱中，形成均匀的薄层，打开活塞，直到液面接近吸附剂表面时再关闭活塞。用少量洗脱剂洗涤柱壁上的样品，重新打开活塞使液面下降至吸附剂表面。重复三次，使样品全部进入吸附剂中，然后用洗脱剂洗脱。洗脱速度不宜过快，以每秒 1 ~ 2 滴为宜，否则柱中交换来不及达到平衡，会影响分离效果。在操作过程中要及时添加洗脱剂，不要让洗脱剂走干，否则易产生气泡或裂缝，影响分离效果。

收集的洗脱液以一般以 5 ~ 20 mL 为一瓶，具体的量要视情况而定。所得洗脱液可用薄层色谱或纸色谱跟踪，并决定能否合并在一起。对有色物质，也可按色带分别收集。无色的样品如经紫外光照射能呈荧光，可用紫外光照来观察和监测混合物展开和洗脱的情况。

洗脱液合并后，蒸去溶剂就可以得到某一组分。如果是几个组分的混合物，需用新的色谱柱或通过其他方法进一步分离。

实验十三　菠菜色素的提取和分离

【实验目的】

(1)通过绿色植物色素的提取和分离,了解天然物质分离提纯方法。

(2)了解柱层析和薄层色谱分离的基本原理,掌握柱层析和薄层色谱分离的操作技术。

(3)通过柱色谱和薄层色谱分离操作,加深了解微量有机物色谱分离鉴定的原理。

【实验原理】

层析法是一种物理分离方法。柱层析法是层析法中的一个类型,分为吸附柱层析法和分配柱层析法。本实验仅介绍吸附柱层析法。

吸附柱层析法是分离、纯化和鉴定有机物的重要方法。它根据混合物中各组分的分子结构和性质(极性)来选择合适的吸附剂和洗脱剂,从而利用吸附剂对各组分的吸附能力不同及各组分在洗脱剂中的溶解性能不同达到分离目的。吸附柱层析法通常在玻璃层析柱中装入表面积很大、经过活化的多孔或粉状固体吸附剂(常用的吸附剂有氧化铝、硅胶等)。当混合物溶液流过吸附柱时,各组分同时被吸附在柱的上端,然后从柱顶不断加入溶剂(洗脱剂)洗脱。由于不同化合物吸附能力不同,从而随着溶剂下移的速度不同,于是混合物中各组分按吸附剂对它们吸附的强弱顺序在柱中自上而下形成若干色带。

在洗脱过程中,柱中连续不断地发生着吸附和溶解的交替现象。被吸附的组分被溶解出来,随着溶剂向下移动,又遇到新的吸附剂颗粒,被从溶液中吸附出来,继续流下的新溶剂又使组分溶解而向下移动,这样经过适当时间的移动后,各种组分就可以完全分开,继续用溶剂洗脱,吸附能力最弱的组分首先随溶剂流出,再继续加溶剂直至各组分依次全部由柱中洗出为止,分别收集各组分。

叶绿素存在两种结构相似的形式,即叶绿素 a($C_{55}H_{72}O_5N_4Mg$)和叶绿素 b($C_{55}H_{70}O_6N_4Mg$),其差别仅是叶绿素 a 中的一个甲基被甲酰基所取代,从而形成了叶绿素 b。它们都是吡咯衍生物与金属镁的络合物,是植物进行光合作用所必需的催化剂。植物中叶绿素 a 的含量通常是叶绿素 b 的三倍。尽管叶绿素分子中含有一些极性基团,但大的烃基结构使它易溶于醚、石油醚等一些非极性溶剂中。

叶绿素 a (R=CH₃)

β-胡萝卜素 （R＝H）　　　　　　　　　　　　叶黄素 （R＝OH）

维生素 A

　　绿色植物(如菠菜叶)的叶绿体中含有绿色素(包括叶绿素 a 和叶绿素 b)和黄色素(包括胡萝卜素和叶黄素)两大类天然色素。这两类色素都不溶于水,而溶于有机溶剂,故可用乙醇或丙酮等有机溶剂提取。

　　胡萝卜素($C_{40}H_{56}$)是具有长链结构的共轭多烯。它有三种异构体,即 α - 胡萝卜素、β - 胡萝卜素和 γ - 胡萝卜素。其中 β - 胡萝卜素含量最多,也最重要。在生物体内,β - 胡萝卜素受酶催化氧化形成维生素 A。目前,β - 胡萝卜素已可进行工业生产,可作为维生素 A 使用,也可作为食品工业中的色素。

　　叶黄素($C_{40}H_{56}O_2$)是胡萝卜素的羟基衍生物,它在绿叶中的含量通常是胡萝卜素的两倍。与胡萝卜素相比,叶黄素较易溶于醇,而在石油醚中溶解度较小。

　　石油醚是一种脂溶性很强的有机溶剂。叶绿体中的四种色素在石油醚中的溶解度是不同的:溶解度大的随层析液在滤纸上扩散得快;溶解度小的随层析液在滤纸上扩散得慢。溶解度最大的是胡萝卜素,它随石油醚在滤纸上扩散得最快;叶黄素和叶绿素 a 的溶解度次之;叶绿素 b 的溶解度最小,扩散得最慢。这样,四种色素就在扩散过程中分离开来。

　　同样,提取液也可用色层分析加以分离。因吸附剂对不同物质的吸附力不同,当用适当的溶剂推动时,混合物中的各成分在两相(流动相和固定相)间具有不同的分配系数,所以它们的移动速度不同,经过一定时间的层析,便可将混合色素分离。

　　本实验选用的是吸附色谱,氧化铝为吸附剂(极性),色素提取液为吸附液,色素提取液中各成分的极性大小为叶绿素 b(黄绿色) > 叶绿素 a(蓝绿色) > 叶黄素(黄色) >β - 胡萝卜素(橙色)。柱层析法的分离原理是根据物质在氧化铝上的吸附力不同而将各组分分离。一般情况下极性较大的物质易被吸附,极性较小的物质不易被吸附,所以由上到下为叶绿素 b(黄绿色)、叶绿素 a(蓝绿色)、叶黄素(黄色)、β - 胡萝卜素(橙色)。

【仪器、药品及材料】

1. 仪器

研钵、布氏漏斗、圆底烧瓶、直形冷凝管、色谱柱、抽滤瓶、烧杯、铁架台、脱脂棉。

2. 药品

硅胶 G、中性氧化铝、甲醇、石油醚(60 ~ 90 ℃)、丙酮、乙酸乙酯。

3. 材料

菠菜叶。

【实验内容】

1. 菠菜色素的提取

取 10 g 新鲜菠菜叶,用剪刀剪碎后与 10 mL 甲醇拌匀,在研钵中研磨 5 分钟,用布氏漏斗抽滤,弃去滤液。将残渣放回研钵中,每次用 10 mL 石油醚 - 甲醇(体积比为 3∶2)混合液进行提取,每次均需加以研磨并抽滤,共提取两次。合并液每次用 10 mL 水洗后除去甲醇,洗涤时轻轻旋荡,以防止乳化,弃去水 - 甲醇层,石油醚层用无水硫酸钠干燥后进行蒸馏,浓缩至体积约为 1 mL 为止。

2. 薄层层析

将上述浓缩液点在硅胶 G 的预制板上,分别用石油醚 - 丙酮(8∶2)和石油醚 - 乙酸乙酯(6∶4)两种溶剂系统展开,经过显色后,进行观察并计算比移值。

3. 柱层析

向 20 mm × 1.0 cm 的层析柱中加入 15 cm 高的石油醚,另取少量脱脂棉,先在小烧杯内用石油醚浸湿,挤压以除去气泡,然后放在层析柱底部,在其上面加一片直径比柱略小的圆形滤纸。将 15 g 层析用的中性氧化铝通过玻璃漏斗缓缓加入,小心地打开柱下活塞,保持石油醚高度不变,流下的氧化铝在柱子中堆积。必要时用装在玻璃棒上的橡胶塞轻轻地在层析柱的周围敲击,使吸附剂装得平稳致密。柱中溶剂面由下端旋转控制,不能满溢,更不能干。装完后上面再加一片圆形滤纸,打开下端活塞,放出溶剂,直到氧化铝表面剩下 1 ~ 2 mm 高为止。

将上述菠菜色素的浓缩液用滴管小心地加到层析柱顶部。加完后打开下端活塞,让液面下降到柱面以下 1 mm 左右,关闭活塞,用滴管滴加数滴石油醚,打开活塞,使液面下降,经几次反复,使色素全部进入柱体。待色素全部进入柱体后,在柱顶小心地加入约 1.5 cm 高的洗脱剂——石油醚 - 丙酮(9∶1),然后在层析柱上面装一个滴液漏斗,内装 15 mL 洗脱剂,打开上下两个活塞,将洗脱剂逐滴放出,层析即开始进行,用锥形瓶收集,当第一个有色成分即将滴出时,取另一个锥形瓶收集,得到橙色溶液,即胡萝卜素,约用去洗脱剂 50 mL。

如时间和条件允许,可用体积比为 7∶3 的石油醚 - 丙酮作洗脱剂,分出第二个黄色带,即叶黄素;再用体积比为 3∶1∶1 的丁醇 - 乙醇 - 水洗脱叶绿素 a 和叶绿素 b。

【实验注意事项】

(1)分液时注意有机层和水层的选取。

(2)装柱时边装边轻轻敲打,使其严实。

(3)实验后回收玻璃滴管和螺旋夹。

(4)萃取时不要剧烈振荡,以防止发生乳化现象。

【思考题】

(1)实验时为什么要准备纱布过滤?

(2)在完成分离时,黄色不是很明显,为什么?

(3)在用柱分离时,柱中的填料会发生断层,出现这种现象的原因是什么?

(4)试比较叶绿素、叶黄素和胡萝卜素三种色素的极性,为什么胡萝卜素在层析柱中移动最快?

3.9.3　薄层色谱

薄层色谱常用 TLC 表示,是一种微量、快速而简单的色谱。它兼具柱色谱和纸色谱的优点。一方面,它适用于小量样品(几十微克)的分离;另一方面,若在制作薄层板时把吸附层加厚,将样品点成一条线,则可分离多达 500 mg 的样品,因此又可用来精制样品。

薄层色谱是将固定相均匀地涂在薄板(如玻璃板)上,依靠毛细作用力或重力使流动相通过固定相的一种色谱。该法设备简单、快速简便、选择性强。它不仅适用于有机物的鉴定、纯度的检验、定量分离和反应过程的监控,而且常用于柱层析的先导,即在大量分离之前,先用薄层色谱进行探索,初步了解混合物的组成情况,寻找适宜的分离条件。在柱层析之后,还可用薄层色谱鉴定洗脱液中的组分。

薄层色谱的简单操作如下:在洗涤干净的玻璃板上均匀地涂一层吸附剂或支持剂,待干燥、活化后,将样品溶液用管口平整的毛细管点加于薄层板一端,晾干后置薄层板于盛有展开剂的展开槽内,待展开剂前沿接近顶端时,将色谱板取出,干燥后喷以显色剂,或在紫外灯下显色。

记录原点到样品点中心及展开剂前沿的距离,计算比移值(R_f):

$$R_f = \frac{原点到组分斑点中心的距离}{原点到展开剂前沿的距离}$$

因为同一物质在相同的实验条件下才具有相同的 R_f 值,所以在利用薄层色谱分离与鉴定各种化合物时,为了得到重复和较可靠的结果,必须严格控制条件,如吸附剂和展开剂的种类、层析温度等;测定时最好用标准物质进行对照。

薄层色谱最常用的吸附剂是氧化铝和硅胶。硅胶是无定形多孔物质,略具酸性,适用于酸性物质的分离和分析。薄层色谱用的硅胶分为多种类型,如硅胶 H 为不含黏合剂的硅胶,硅胶 G 为含煅石膏黏合剂的硅胶,硅胶 HF_{254} 为含荧光物质的硅胶,可于波长为 254 nm 的紫外光下观察荧光,硅胶 GF_{254} 为既含煅石膏又含荧光剂的硅胶。氧化铝可根据所含黏合剂或荧光剂而分为氧化铝 G、氧化铝 GF_{254} 及氧化铝 HF_{254} 等。黏合剂除熟石膏($2CaSO_4 \cdot H_2O$)外,还可用淀粉、羧甲基纤维素钠。通常将薄层板分为加黏合剂的和不加黏合剂的两种,加黏合剂的薄层板称为硬板,不加黏合剂的称为软板。

薄层色谱还可使用有腐蚀性的显色剂,如浓硫酸、浓盐酸和浓磷酸等。在紫外光下观察含有荧光剂的薄层板,展开后的有机化合物在亮的荧光背景上呈暗色斑点。另外也可将几粒碘置于密闭容器中,待容器充满碘蒸气后将展开的色谱板放入,碘与展开的有机化合物可逆地结合,在几秒钟内化合物斑点的位置呈黄棕色。用碘显色时一定要晾干溶剂,因为碘蒸气能与溶剂分子结合,如果不晾干就会掩盖样品点的颜色。

实验十四　薄层色谱及纸色谱

【实验目的】

(1)掌握硅胶和氧化铝薄层板的制备方法。

(2)掌握薄层色谱法和纸色谱法的操作技术。

【实验原理】

薄层色谱和纸色谱是检识天然药物化学成分的常用方法。薄层色谱在一般情况下是吸附色谱,适用于微量样品的分离、鉴定,天然药物的定性、定量分析,化合物纯度的检验,寻找柱色谱分离的最佳条件及检识柱色谱分离结果等。

纸色谱是一种以滤纸为支持剂,滤纸上吸着的水分为固定相的分配色谱,在分离、鉴定水溶性化合物时应用较多。其原理是利用化合物在固定相和移动相中的分配系数不同而达到分离。

【仪器及药品】

1. 仪器

薄层板(6 cm×12 cm)、磁力搅拌器、研钵。

2. 药品

硅胶(或硅胶 G)粉、0.5% ~0.8% 的羧甲基纤维素钠水溶液。

【实验内容】

1. CMC 配制

CMC 的浓度为 3‰ ~ 4‰。向 500 mL 的烧杯中加入 150 mL 水,在磁力搅拌器的搅拌下慢慢加入 1.75 g CMC,促使其溶解,搅拌 20 min 后再加入 350 mL 水,搅拌 1 h,抽滤得 CMC 溶液待用。

2. 硅胶液配制

向研钵中加入约 100 mL 上述 CMC 溶液,在用研棒不断搅拌下慢慢加入硅胶 GF_{254} 粉末(CMC 水溶液的用量为硅胶质量的 2 ~ 3 倍),直至感到液体变得较黏稠,且用研棒蘸取硅胶液可见黏丝即可。切记不能马上就开始铺板,需要将其放置约十几分钟,以使硅胶粉末充分吸收水分溶胀,过早铺板会造成硅胶板起泡、起鼓或起楞等。

3. 铺板

用药匙取适量硅胶液置于玻璃板上,并用药匙大致均匀地摊开,尤其四个角及边缘要铺满,然后将该玻璃板在桌面上上下大幅度颠动几次即可。

4. 干燥

自然晾干十几小时。

5. 活化

放在恒温干燥箱里于 105 ~ 110 ℃下干燥 30 min,然后冷却至室温,取出存放在干燥器内保存待用。

【实验注意事项】

(1)铺制薄层板用的羧甲基纤维素钠溶液浓度为 0.5% ~ 0.8%,一般预先配制,静置,取其上清液或用棉花过滤后应用,则所制得的薄层板表面比较光滑细腻。

(2)薄层色谱制板前,应将薄层板洗净并干燥,待吸附剂与黏合剂混合均匀后立即铺板,振荡均匀后水平放置,振荡时间不宜过长。

【思考题】

简述薄层色谱法分离混合物各成分的原理及操作步骤,并说明在操作中应注意的问题。

3.9.4 气相色谱

气相色谱是一种以气体为流动相的柱色谱,根据所用固定相状态的不同,可分为气 - 固色谱(GSC)和气 - 液色谱(GLC)。

3.9.4.1　气相色谱原理

气相色谱的流动相为惰性气体,气－固色谱以表面积大且具有一定活性的吸附剂作为固定相。多组分的混合样品进入色谱柱后,由于吸附剂对每个组分的吸附力不同,经过一定时间后,各组分在色谱柱中的运行速度也就不同。吸附力弱的组分容易被解吸下来,最先离开色谱柱进入检测器,而吸附力最强的组分最不容易被解吸下来,因此最后离开色谱柱。如此,各组分得以在色谱柱中彼此分离,顺序进入检测器中被检测、记录下来。

3.9.4.2　气相色谱流程

载气由高压钢瓶中流出,经减压阀降到所需压力后,通过净化干燥管净化,再经稳压阀和转子流量计后,以稳定的压力、恒定的速度流经汽化室与汽化的样品混合,将样品气体带入色谱柱中进行分离。分离后的各组分随着载气先后流入检测器,然后将载气放空。检测器将物质的浓度或质量的变化转变为一定的电信号,经放大后在记录仪上记录下来,就得到色谱流出曲线。

根据色谱流出曲线上得到的每个峰的保留时间,可以进行定性分析,根据峰面积或峰高的大小,可以进行定量分析。

3.9.4.3　气相色谱仪

气相色谱仪由以下五大系统组成:气路系统、进样系统、分离系统、温控系统、检测记录系统。

组分能否分开,关键在于色谱柱,即分离系统;分离后组分能否鉴定出来则在于检测器。所以分离系统和检测记录系统是仪器的核心。

目前有很多种检测器,其中常用的是氢火焰离子化检测器(FID)、热导检测器(TCD)、氮磷检测器(NPD)、火焰光度检测器(FPD)和电子捕获检测器(ECD)等。

3.9.5　高效液相色谱

高效液相色谱在经典色谱的基础上,引用了气相色谱的理论;在技术上流动相改为高压输送(最高输送压力可达 4.9×10^7 Pa);色谱柱以特殊的方法用小粒径的填料填充而成,从而使柱效大大高于经典液相色谱(每米塔板数可达几万或几十万);同时柱后连有高灵敏度的检测器,可对流出物进行连续检测。

3.9.5.1　特点

1. 高压

液相色谱以液体为流动相(称为载液),液体流经色谱柱受到的阻力较大,为了使其迅速地通过色谱柱,必须对载液施加高压,压力一般可达 15 ~ 35 MPa。

2. 高速

流动相在柱内的流速较经典色谱快得多,一般可达 1 ~ 10 mL/min。故高效液相色谱所需的分析时间较经典液相色谱少得多,一般少于 1 h 。

3. 高效

近来研究出许多新型固定相,使分离效率大大提高。

4. 高灵敏度

高效液相色谱已广泛采用高灵敏度的检测器,进一步提高了分析的灵敏度。如荧光检测器的最小检测浓度可达 0.1 ng/mL。另外,用样量小,一般为几微升。

5. 适用范围宽

不妨将气相色谱法与高效液相色谱法进行比较。气相色谱法虽具有分离能力强、灵敏度高、分析速度快、操作方便等优点,但是受技术条件的限制,沸点太高的物质或热稳定性差的物质都难以应用气相色谱法进行分析。而高效液相色谱法只要求试样能制成溶液,而不需要汽化,因此不受试样挥发性的限制。高沸点、热稳定性差、相对分子质量大(400 以上)的有机物(这些物质几乎占有机物总数的 75% ~ 80%),原则上都可应用高效液相色谱法进行分离、分析。据统计,在已知化合物中,能用气相色谱分析的约占 20%,而能用液相色谱分析的占 70% ~ 80%。

3.9.5.2 高效液相色谱法的主要类型及其分离原理

根据分离机制的不同,高效液相色谱法可分为下述主要类型。

1. 液 - 液分配色谱法

液 - 液分配色谱的流动相和固定相都是液体。流动相与固定相应互不相溶(极性不同,避免固定液流失),有一个明显的分界面。当试样进入色谱柱后,溶质在两相间进行分配,达到平衡时服从下式:

$$K = \frac{c_s}{c_m} = k\frac{V_m}{V_s}$$

式中:c_s 为溶质在固定相中的浓度;c_m 为溶质在流动相中的浓度;V_s 为固定相的体积;V_m 为流动相的体积;K 为分配系数;k 为分配比。

液 - 液分配色谱法(LLPC)与气相色谱法(GPC)有相似之处,即分离的顺序取决于 K,K 大的组分保留值大;但也有不同之处,在 GPC 中流动相对 K 影响不大,而在 LLPC 中流动相对 K 影响较大。

液 - 液分配色谱法分为如下两种:正相液 - 液分配色谱法(Normal Phase Liquid Chromatography),其流动相的极性小于固定液的极性;反相液 - 液分配色谱法(Reverse Phase Liquid Chromatography),其流动相的极性大于固定液的极性。

液 - 液分配色谱法的缺点有:尽管流动相与固定相的极性要求完全不同,但固定液在流动相中仍有微量溶解;流动相通过色谱柱时的机械冲击力会造成固定液流失。20 世纪 70 年代末发展的化学键合固定相可克服上述缺点。

2. 液 - 固色谱法

液 - 固色谱法的流动相为液体,固定相为吸附剂(如硅胶、氧化铝等)。该色谱法是根据物质吸附作用的不同来进行分离的。其作用机制是:当试样进入色谱柱时,溶质分子(X)和溶剂分子(S)在吸附剂表面活性中心发生竞争吸附(未进样时,所有的吸附剂活性中心吸附的都是 S),可表示如下:

$$X_m + nS_a \Longrightarrow X_a + nS_m$$

式中:X_m 为流动相中的溶质分子;S_a 为固定相中的溶剂分子;X_a 为固定相中的溶质分子;S_m 为流动相中的溶剂分子。

当吸附竞争反应达到平衡时,可用下式表示:

$$K = \frac{[X_a][S_m]^n}{[X_m][S_a]^n}$$

式中:K 为吸附平衡常数。

3. 离子交换色谱法

离子交换色谱法(IEC)以离子交换剂作为固定相。IEC 基于离子交换树脂上可电离的离子与流动相中具有相同电荷的溶质离子进行可逆交换,依据这些离子对离子交换剂具有不同的亲和力而将它们分离。

凡是在溶剂中能够电离的物质通常都可以用离子交换色谱法进行分离。

4. 离子对色谱法

离子对色谱法是将一种(或多种)与溶质分子电荷相反的离子(称为对离子或反离子)加到流动相或固定相中,使其与溶质离子结合形成疏水型离子对化合物,从而控制溶质离子的保留行为。其原理可用下式表示:

$$X^+_{水相} + Y^-_{水相} \longrightarrow X^+Y^-_{有机相}$$

式中:$X^+_{水相}$为流动相中待分离的有机离子(也可以是阳离子);$Y^-_{水相}$为流动相中带相反电荷的离子对(如氢氧化四丁基铵、氢氧化十六烷基三甲铵等);$X^+Y^-_{有机相}$为形成的离子对化合物。

达到平衡时:

$$K_{XY} = \frac{\left[X^+Y^-\right]_{有机相}}{\left[X^+\right]_{水相}\left[Y^-\right]_{水相}}$$

根据定义,分配系数为

$$D_X = \left[X^+Y^-\right]_{有机相} \Big/ \left[X^+\right]_{水相} = K_{XY}\left[Y^-\right]_{水相}$$

离子对色谱法(特别是反相法)解决了以往难以分离的混合物的分离问题,诸如酸、碱和离子、非离子混合物,特别是一些生化试样如核酸、核苷、生物碱以及药物等的分离。

5. 离子色谱法

离子色谱法系采用高压输液泵系统将规定的洗脱液泵入装有填充剂的色谱柱中,对可离解物质进行分离测定的色谱方法。离子色谱法是目前唯一能达到快速、灵敏、准确和多组分分析效果的方法,检测手段已扩展到除电导检测器之外的其他类型的检测器,如电化学检测器、紫外光度检测器等。离子色谱法可分析的离子正在增多,从无机阴离子、有机阴离子至金属阳离子,从有机阳离子到糖类、氨基酸等,均可用离子色谱法进行分析。

6. 空间排阻色谱法

空间排阻色谱法以凝胶(gel)为固定相。它的作用类似于分子筛,但凝胶的孔径比分子筛要大得多,一般为数纳米到数百纳米。溶质在两相之间不是靠相互作用力的不同来进行分离,而是按分子大小进行分离。分离只与凝胶的孔径分布和溶质的流动力学体积或分子大小有关。试样进入色谱柱后,随流动相在凝胶外部间隙以及孔穴旁流过。在试样中一些太大的分子不能进入胶孔而受到排阻,因此就直接通过柱子,首先在色谱图上出现,一些很小的分子可以进入所有胶孔并渗透到颗粒中,这些组分在柱上的保留值最大,在色谱图上最后出现。

3.9.5.3　高效液相色谱系统的组成

高效液相色谱仪主要有进样系统、输液系统、分离系统、检测系统和数据处理系统,下面分别叙述其组成与特点。

1. 进样系统

一般采用隔膜注射进样器或高压进样间完成进样操作,进样量是恒定的。这对提高分析样品的重复性是有益的。

2. 输液系统

该系统包括高压泵、流动相贮存器和梯度仪三部分。高压泵的压强一般为 14.7 ~ 44 MPa,流速可调且稳定,当高压流动相通过层析柱时,可降低样品在柱中的扩散效应,可加快其在柱中的移动速度,这对提高分辨率、回收样品、保持样品的生物活性等都是有利的。流动相贮存器和梯度仪可使流动相随固定相和样品的性质而改变,包括改变洗脱液的极性、离子强度、pH 值,改用竞争性抑制剂或变性剂等。这就使各种物质(即使仅有一个基团的差别或是同分异构体)都能获得有效分离。

3. 分离系统

该系统包括色谱柱、连接管和恒温器等。色谱柱长度一般为 10 ~ 50 cm(需要两根连用时,可在二者之间加一段连接管),内径为 2 ~ 5 mm,由优质不锈钢、厚壁玻璃管或钛合金等制成,柱内装有直径为 5 ~ 10 μm 的固定相(由基质和固定液构成)。固定相中的基质由机械强度高的树脂或硅胶构成,它们都有惰性(如硅胶表面的硅酸基团基本已除去)、多孔性和比表面积大的特点,加之其表面经过机械涂渍(与气相色谱中固定相的制备一样),或者用化学法偶联具有各种基团(如磷酸基、季胺基、羟甲基、苯基、氨基或各种长度碳链的烷基等)或配体的有机化合物,因此,这类固定相对结构不同的物质有良好的选择性。例如,在多孔性硅胶表面偶联豌豆凝集素(PSA)后,就可以把成纤维细胞中的一种糖蛋白分离出来。

另外,固定相基质粒小,柱床极易达到均匀、致密状态,极易降低涡流扩散效应。基质粒度小,微孔浅,样品在微孔区内传质距离短。这些对缩小谱带宽度、提高分辨率是有益的。根据柱效理论分析,基质粒度越小,理论塔板数 N 就越大。这进一步证明基质粒度小能提高分辨率。

再者,高效液相色谱的恒温器可将温度从室温调到 60 ℃,通过加快传质速度,缩短分析时间,就可提高层析柱的效率。

4. 检测系统

高效液相色谱常用的检测器有紫外检测器、示差折光检测器和荧光检测器三种。

1)紫外检测器

该检测器适用于对紫外光(或可见光)有吸收性能的样品的检测。其特点为:使用面广(如蛋白质、核酸、氨基酸、核苷酸、多肽、激素等均可使用);灵敏度高(检测下限为 10^{-10} g/mL);线性范围宽;对温度和流速变化不敏感;可检测用梯度溶液洗脱的样品。

2)示差折光检测器

凡与流动相折光率不同的样品组分,均可使用示差折光检测器检测。目前,糖类化合物的检测大多使用此检测器。这一检测器通用性强、操作简单,但灵敏度低(检测下限为 10^{-7} g/mL),流动相的变化会引起折光率的变化,因此,它既不适用于痕量分析,也不适用于梯度洗脱样品的检测。

3）荧光检测器

凡具有荧光的物质,在一定条件下,发射光的荧光强度均与物质的浓度成正比。因此,这一检测器只适用于具有荧光的有机化合物(如多环芳烃、氨基酸、胺类、维生素和某些蛋白质等)的测定,其灵敏度很高(检测下限为 10^{-12} g/mL 或 10^{-14} g/mL),痕量分析和梯度洗脱样品的检测均可采用。

5. 数据处理系统

该系统可对测试数据进行采集、贮存、显示、打印和处理等操作,使样品的分离、制备或鉴定工作能正确开展。

第4章 有机化合物物理常数的测定

4.1 熔点的测定

有机化合物熔点的测定通常用毛细管法进行。实际上此法测得的不是一个温度点,而是融化范围。纯粹的固态物质都有固定的熔点,如有其他物质混入,则对其熔点有显著影响。其影响不仅仅使熔化温度范围增大,而且往往使熔点降低。因此,熔点的测定常常用来识别物质和定性检验物质的纯度。

实验十五 熔点的测定

【实验目的】
(1)了解测定熔点的意义。
(2)掌握测定熔点的操作。

【实验原理】

每一个有机化合物晶体都具有一定的熔点,熔点是化合物熔化时固液两态在大气压下成平衡状态的温度。一个纯化合物从始熔到全熔的温度范围称为熔距(熔点范围或熔程),一般为 0.5~1 ℃。若含有杂质则熔点下降,熔距增大。大多数有机化合物的熔点都在 300 ℃以下,较易测定。

【仪器及药品】

1. 仪器

b 形管、酒精灯、温度计。

2. 药品

浓硫酸、尿素、肉桂酸、尿素和肉桂酸的混合物(质量比 1:1)。

【实验内容】

1. 熔点管的拉制

用内径为 1 mm、长 60~70 mm、一端封闭的毛细管作为熔点管。拉制方法见"3.2 玻璃工操作和塞子配置"。

2. 样品的装填

取少量(约 0.1 g)待测熔点的干燥样品(例如尿素)置于干净、干燥的表面皿上,用玻璃棒研成很细的粉末,堆积在一起。将毛细管开口一端向下插入粉末中,然后将毛细管开口一端向上,轻轻在桌上敲击,再使毛细管从垂直于表面皿的长 30~40 cm 的玻璃管上口自由落下,以使样品紧密地装填于毛细管封闭的底部。重复上述操作数次,直至管中均匀且没有空隙地装填 2~3 mm 高的样品即可。黏附于毛细管外壁的粉末必须拭去,以免污染提勒氏管(亦称为 b 形管)中的热浴液。

注意:①样品须研得很细;②装样品要迅速;③装填后的样品应结实、均匀、无空隙。

3. 测定熔点的装置

在提勒氏管中盛浓硫酸作为热浴液。浓硫酸装到与侧管口相平或略高于侧管。将提勒氏管用铁夹固定在铁架台上,塞上带有三角缺口的软木塞,将温度计插入软木塞中央的孔中,刻度对着软木塞缺口,以便观察温度。使温度计水银球部恰好处于提勒氏管上下两个叉管口中部。调整好上述装置后将温度计连同软木塞一同取下,借助温度计上蘸有的浓硫酸,小心地将装好样品的毛细管附着在温度计上,并用橡皮圈固定(如图4-1(a)所示),注意使样品部分正贴着水银球中部,然后轻轻将附有毛细管的温度计及软木塞按原位置插入提勒氏管中(如图4-1(b)所示)。

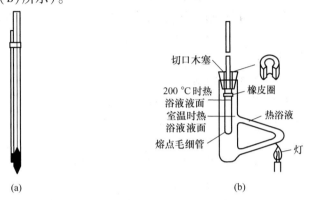

图4-1　测定熔点的装置

(a)毛细管和温度计位置图　(b)测定熔点的装置

4. 熔点测定方法

测定熔点的关键操作之一就是控制加热速度,使热能透过毛细管,样品受热熔化,令熔化温度与温度计所示温度一致。一般方法是先在快速加热下粗测化合物的熔点,再作第二次测定。测定前,先待热浴温度降至熔点以下30 ℃,然后换一根样品管,慢慢加热,一开始以5 ℃/min的速度升温,当达到熔点下约15 ℃时,以1~2 ℃/min的速度升温,接近熔点时以0.2~0.3 ℃/min的速度升温,当毛细管中的样品开始塌落和有湿润现象,出现下滴液体时,表明样品已开始熔化,记下始熔温度,继续微热至成透明液体,记下全熔温度。

本实验需测定的数据如表4-1所示。

表4-1　尿素、肉桂酸及其混合物的熔点测定数据记录

试样	测定值/℃		平均值/℃	
	初熔	全熔	初熔	全熔
尿素				
肉桂酸				
尿素 + 肉桂酸 (质量比1:1)				

在测定未知物时可先粗测一次,掌握样品熔点的大致范围,然后仔细地精测两次。熔点测定至少要有两次重复数据。每次测定必须用新的毛细管另装样品,不得将已测过熔点的

毛细管冷却,使样品固化后第二次测定。

【实验结束处理】

把温度计放好,让其自然冷却至室温,用废纸擦去硫酸后,才可用水冲洗,浓硫酸冷却后方可倒回瓶中。

注意:浓硫酸价廉,易传热,但腐蚀性强,有机化合物与其接触,硫酸的颜色会变黑,妨碍观察,故装填样品时,沾在管外的样品必须擦去;如硫酸的颜色已变黑,可酌情加少许硝酸钠(或硝酸钾)晶体,加热后便可褪色;使用硫酸时应特别小心,以防灼伤皮肤。

【实验注意事项】

(1)酒精灯的使用安全。

(2)熔点管的高度不能低于热浴液。

(3)第二次测定时热浴液要冷却,测完后热浴液要回收。

(4)测定熔点时升温的速度要控制好。

【问题讨论】

(1)若样品研磨得不细,对装样品有什么影响?此时测定的有机物熔点数据是否可靠?

(2)加热速度的快慢为什么会影响熔点?

(3)是否可以使用第一次测定熔点时已经熔化了的有机化合物作第二次测定呢?为什么?

4.2　沸点的测定

通常用蒸馏法或分馏法来测定液体的沸点。若仅有少量试样(甚至少到几滴),用微量法测定可以得到较满意的结果。

实验十六　沸点的测定

【实验目的】

(1)了解蒸馏法(常量法)和微量法测定沸点的原理和意义。

(2)掌握蒸馏法和微量法测定沸点的方法。

【仪器及药品】

1. 仪器

电热套、标准磨口仪。

2. 药品

工业乙醇(10 mL)、无水乙醇(少量,用于微量法测沸点)、甘油。

【实验原理】

每一种纯液态有机物在一定压力下都具有固定的沸点。蒸馏是将液体混合物加热至沸腾使其变为蒸气,然后将其冷凝为液体的过程。蒸馏是分离和提纯液体有机化合物(沸点相差30 ℃以上)最常用的方法之一。蒸馏(常量法测定沸点)也可作为鉴定有机物和判断物质纯度的一种方法。

【实验装置】

实验装置见图4-2。

【实验内容】

1. 蒸馏法测定沸点

按图 4 - 2 安装装置,于烧瓶中加入 10 mL 工业酒精、1～2 粒沸石。将冷凝管通入冷水,然后加热,最初宜用小火使之沸腾,进行蒸馏。调节火焰温度,控制加热速度,使蒸馏速度以每秒 1～2 滴为宜。在蒸馏过程中应使温度计水银球常有被冷凝的液滴湿润,此时温度计读数就是液体的沸点。收集 75～79 ℃的馏分,量取馏分的体积,计算回收率。维持加热程度至不再有馏出液蒸出,温度突然下降时应停止加热,然后停止通水。拆卸仪器,顺序与装配时相反。

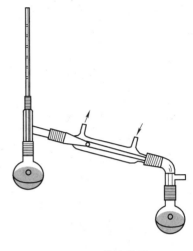

图 4 - 2　蒸馏装置

2. 微量法测定沸点

取一根内径为 2～4 mm、长 8～9 cm 的玻璃管,用小火封闭其一端作为沸点管的外管,放入欲测定沸点的样品(无水乙醇)4～5 滴。在此管中放入一根长 7～8 cm、内径约为 1 mm 的上端封闭的毛细管,使其开口处浸入样品中,与熔点测定装置相同。用甘油作热浴,加热。由于气体膨胀,内管中有断断续续的小气泡冒出,到达样品的沸点时,将出现一连串小气泡,此时应停止加热,使热浴温度下降,气泡逸出的速度即渐渐减慢。仔细观察,最后一个气泡出现而刚欲缩回管内的瞬间温度即毛细管内液体的饱和蒸气压与大气压平衡时的温度,亦即该液体的沸点。测两次,取平均值。

【实验注意事项】

(1)安装装置时,要求按"由下至上,从左到右"的次序安装。装置要正确、稳妥。实验结束后拆卸装置,与此次序刚好相反。

(2)采用微量法测沸点时,液体样品不能加得过多,加热速度需要控制。

【问题讨论】

(1)沸石(即止暴剂或助沸剂)为什么能止暴?如果加热后才发现没加沸石怎么办?

(2)冷凝管通水方向是由下而上,反过来行吗?为什么?

(3)在蒸馏装置中,温度计水银球的位置不符合要求会带来什么结果?

(4)用微量法测定沸点时,把最后一个气泡刚欲缩回管内的瞬间温度作为该化合物的沸点,为什么?

【考核评分】

见表 4 - 2。

表 4 - 2　沸点的测定操作考核评分表

项目	评分要素	配分	评分标准	扣分	得分	备注
沸点测定装置安装 (15 分)	物件的准备	3	齐全、洁净			
	塞子的打孔	3	孔径合适,有侧孔			
	温度计插入塞子的方式	3	旋入			
	温度计的位置	3	按规定位置放置			
	装置安装效果	3	整齐划一、规范			

项目	评分要素	配分	评分标准	扣分	得分	备注
沸点测定 （50分）	试样的准备	5	按要求准备到位			
	温度计的位置	2	处于正确位置			
	试样液的加入	3	方法正确			
	浴液的量	2	符合规定的量			
	装置的安装	3	准确、规范、稳固			
	加热操作	10	加热速度控制适当			
	现象的观察	10	仔细、准确			
	沸点值的读取	5	正确			
	测定结果的准确性	5	准确			
	沸点值的校正	5	进行			
结束工作 （15分）	整理实验台	5	摆放整齐，擦拭干净			
	仪器的清洗与放置	5	洗净，有序地放置于柜中			
	完成时间	5	在规定时间内完成			
实验素质 （20分）	实验中的创新	10	有			
	实验中问题的解决	5	正确处理与解决			
	废液的处理	5	及时倒至指定的位置			

4.3　折射率的测定

折射率是物质的重要物理常数之一，许多纯物质都具有一定的折射率，如果其中含有杂质，则折射率将发生变化，出现偏差，杂质越多，偏差越大。因此通过折射率的测定，可以测定物质的浓度。测定折射率一般使用阿贝折射仪。

4.3.1　阿贝折射仪的构造

阿贝折射仪的外形如图4-3所示。

4.3.2　阿贝折射仪的使用方法

4.3.2.1　仪器安装

将阿贝折射仪安放在光亮处，但应避免阳光直接照射，以免液体试样受热迅速蒸发。用超级恒温槽将恒温水通入棱镜夹套内，检查棱镜上温度计的读数是否符合要求（一般选用$(20.0 \pm 0.1)℃$或$(25.0 \pm 0.1)℃$）。

4.3.2.2　加样

旋开测量棱镜和辅助棱镜的闭合旋钮，使辅助棱镜的磨砂斜面处于水平位置，若棱镜表面不清洁，可滴加少量丙酮，用擦镜纸顺单一方向轻擦镜面（不可来回擦）。待镜面洗净、干燥后，用滴管滴加数滴试样于辅助棱镜的毛镜面上，迅速合上辅助棱镜，旋紧闭合旋钮。若液体易挥发，动作要迅速，或先将两棱镜闭合，然后用滴管从加液孔中注入试样（注意切勿将滴管折断在孔内）。

4.3.2.3　调光

转动镜筒使之竖直,调节反射镜使入射光进入棱镜,同时调节目镜的焦距,使目镜中的十字线清晰明亮。调节消色散补偿器,使目镜中的彩色光带消失。再调节读数螺旋,使明暗的界面恰好与十字线的交叉处重合。

4.3.2.4　读数

从读数望远镜中读出刻度盘上的折射率。常用的阿贝折射仪可读至小数点后第4位,为了使读数准确,一般应将试样重复测量3次,每次相差不能超过0.000 2,然后取平均值。

4.3.3　阿贝折射仪的使用步骤

(1)用擦镜纸将镜面擦干,取样管竖直向下将样品滴加在镜面上,注意不要有气泡,然后将上棱镜合上,关上旋钮。

(2)打开遮光板,合上反射镜。

(3)轻轻旋转目镜,使视野最清晰。

(4)旋转刻度调节手轮(下手轮),使目镜中出现明暗面(中间有色散面),见图4−4(a)。

(5)旋转色散调节手轮(上手轮),使目镜中的色散面消失,出现半明半暗面,见图4−4(b)和(c)。

(6)再旋转刻度调节手轮(下手轮),使分界线处在十字相交点,见图4−4(d)。

(7)在下标尺上读取样品的折射率。

4.3.4　阿贝折射仪的使用注意事项

阿贝折射仪是一种精密的光学仪器,使用时应注意以下几点。

(1)要注意保护棱镜,清洗时只能用擦镜纸而不能用滤纸等。加试样时不能将滴管口触及镜面。酸、碱等腐蚀性液体不得使用阿贝折射仪。

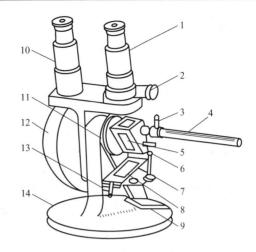

图4−3　阿贝折射仪外形示意

1—测量望远镜;2—消散手柄;3—恒温水入口;
4—温度计;5—测量棱镜;6—铰链;7—辅助棱镜;
8—加液槽;9—反射镜;10—读数望远镜;11—转轴;
12—刻度盘罩;13—闭合旋钮;14—底座

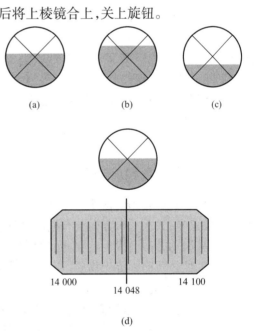

图4−4　阿贝折射仪读数系统示意

(2)每次测定时试样不可加得太多,一般只需加2~3滴即可。

(3)要注意保持仪器清洁,保护刻度盘。每次实验完毕,要在镜面上滴几滴丙酮,并用擦镜纸擦干。最后将两层擦镜纸夹在两棱镜镜面之间,以免镜面损坏。

(4)读数时,有时在目镜中观察不到清晰的明暗分界线,而是畸形的,这是由于棱镜间未充满液体;若出现弧形光环,可能是由于光线未经过棱镜而直接照射到聚光透镜上。

(5)若待测试样折射率不在1.3～1.7的范围内,则不能使用阿贝折射仪测定,也看不到明暗分界线。

4.3.5 阿贝折射仪的校正和保养

阿贝折射仪的刻度盘的标尺零点有时会发生移动,须加以校正。校正时一般使用已知折射率的标准液体,常用纯水。通过仪器测定纯水的折射率,读取数值,若与该条件下纯水的标准折射率不符,则应调整刻度盘上的数值,直至相符为止。也可用仪器出厂时配备的折光玻璃来校正,具体方法一般在仪器说明书中有详细介绍。

(1)仪器校正。在开始测定前,用纯水校正阿贝折射仪。将超级恒温槽的温度调至25 ℃,将阿贝折射仪的数据调至1.332 5,然后观察明暗分界线是否在十字线中间,若有偏差,则用螺丝刀微量旋转小孔内的螺钉,使分界线位移至十字线中间。

(2)数据校正。如未进行仪器校正,则必须进行数据校正,方法如下。

$$n_{H_2O}^{25\ ℃} = 1.332\ 5$$

$$\Delta N = n_{H_2O}^{实验} - n_{H_2O}^{25\ ℃} = n_{H_2O}^{实验} - 1.332\ 5$$

$$n_{样品}^{25\ ℃} = n_{样品}^{实验} - \Delta N$$

式中:$n_{H_2O}^{25\ ℃}$为25 ℃时纯水的折射率;ΔN为校正值;$n_{样品}^{25\ ℃}$为25 ℃时样品的校正后的折射率。

阿贝折射仪使用完毕后,要注意保养,并清洁仪器。如果光学零件表面有灰尘,可先用高级鹿皮或脱脂棉轻擦,再用洗耳球吹去。如有油污,可用脱脂棉蘸少许汽油轻擦后再用乙醚擦干净。用毕后将仪器放入有干燥剂的箱内,放置于干燥、空气流通的室内,防止仪器受潮。搬动仪器时应避免强烈振动和撞击,防止光学零件损伤而影响精度。

4.4 旋光度的测定

4.4.1 旋光现象和旋光度

一般光源发出的光,其光波在垂直于传播方向的一切方向上振动,这种光称为自然光,或称非偏振光;只在一个方向上有振动的光称为平面偏振光。当一束平面偏振光通过某些物质时,其振动方向会发生改变,此时光的振动面旋转一定的角度,这种现象称为物质的旋光现象,这种物质称为旋光物质。尼柯尔棱镜就是利用旋光物质的旋光性而设计的。

钠光源发出的光通过一个固定的尼柯尔棱镜(起偏镜)变成平面偏振光。平面偏振光通过装有旋光物质的盛液管时,振动平面会向左或向右旋转一定的角度。只有将检偏棱镜向左或向右旋转同样的角度才能使偏振光通过其到达目镜。向左或向右旋转的角度可以从旋光仪的刻度盘上读出,此角度即为该物质的旋光度。

4.4.2 旋光仪和旋光度的测定

旋光仪是利用检偏镜来测定旋光度的。如调节检偏镜使其透光的轴向角度与起偏镜透光的轴向角度互相垂直,则在检偏镜前观察到的视场呈黑暗状态,在起偏镜与检偏镜之间放一个盛满旋光物质的样品管,由于物质的旋光作用,从起偏镜出来的偏振光转过一个角度α,所以视野不呈黑暗状态。必须将检偏镜也相应地转过一个角度α,这样视野才能重新恢复黑暗状态。因此,检偏镜由第一次黑暗状态到第二次黑暗状态的角度差即为被测物质的旋光度。

如果没有比较,要判断视场的黑暗程度是困难的,因此设计了一种三分视野(也可设计成二分视野),以提高测量的准确度。三分视野的装置和原理如下:在起偏镜后面的中部装一块狭长的石英条(如图 4 - 5 所示),其宽度约为视野的三分之一。由于石英条具有旋光性,从石英条透过的那一部分偏振光被旋转了一个角度 α。如图 4 - 6(a)所示,视野中间一条是黑暗的,两边较亮。如图 4 - 6(b)所示,视野中三个区的明暗相等,此时三分视野消失。如图 4 - 6(c)所示,视野中间一条较亮,两边是黑暗的。

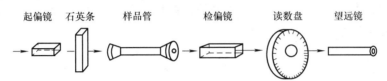

　起偏镜　石英条　　样品管　　　检偏镜　　读数盘　　望远镜

图 4 - 5　旋光仪的构造及测定原理

旋光仪的使用方法是:首先打开钠光灯,稍等几分钟,待光源稳定后,从目镜中观察视野,如不清楚可调节目镜的焦距。选用合适的样品管并洗净,充满无旋光性的蒸馏水(应无气泡),放入旋光仪的样品管槽中,调节检偏镜的角度使三分视野消失,读出刻度盘上的刻度并将此角度作为旋光仪的零点。零点确定后,将样品管中的蒸馏水换为待测溶液,按同样的方法测定,此时刻度盘上的读数与零点的读数之差即为该样品的旋光度。

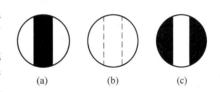

(a)　　　　(b)　　　　(c)

图 4 - 6　三分视野示意

4.4.3　自动指示旋光仪的结构及测试原理

目前国内生产的旋光仪,其三分视野的检测、检偏镜角度的调整,采用光电检测器通过电子放大及机械反馈系统自动进行,最后以数字显示。该旋光仪具有体积小、灵敏度高、读数方便、人为观察三分视野相同明暗度时产生的误差小、对弱旋光性物质同样适用的特点。

下面以 WZZ 型自动数字显示旋光仪为例说明其测试原理。该仪器用 20 W 的钠光灯作为光源,通过晶闸管自动触发恒流电源点燃,光线通过聚光镜、小孔光柱和物镜后形成一束平行光,然后经过起偏镜产生平行偏振光,这束偏振光经过有法拉第效应的磁旋线圈时,其振动面产生 50 Hz 的一定角度的往复振动,该偏振光通过检偏镜透射到光电倍增管上,产生交变的光电信号。当检偏镜的透光面与偏振光的振动面正交时,即为仪器的光学零点,此时出现平衡指示。而当偏振光通过具有一定旋光度的测试样品时,偏振光的振动面转过一个角度 α,此时光电信号就能驱动工作频率为 50 Hz 的伺服电机,并通过蜗轮杆带动检偏镜转动 α 角而使仪器回到光学零点,此时读数盘上的示值即为所测物质的旋光度。

实验十七　旋光度的测定

【实验目的】

(1)了解旋光仪的构造。

（2）掌握使用旋光仪测定物质旋光度的方法。

（3）学习比旋光度的计算。

【实验原理】

钠光源发出的光通过一个固定的尼柯尔棱镜（起偏镜）变成平面偏振光。平面偏振光通过装有旋光物质的盛液管时，振动平面会向左或向右旋转一定的角度。只有将检偏棱镜向左或向右旋转同样的角度才能使偏振光通过其到达目镜。向左或向右旋转的角度可以从旋光仪的刻度盘上读出，此角度即该物质的旋光度。

【计算公式】

比旋光度是物质的特性常数之一，通过测定旋光度可以检验旋光性物质的纯度和含量。

纯液体的比旋光度

$$[\alpha]_t^\lambda = \frac{\alpha}{l \times \rho}$$

溶液的比旋光度

$$[\alpha]_t^\lambda = \frac{\alpha}{l \times \rho_{样品}} \times 100$$

式中：α 为用旋光仪测得的旋光度；ρ 为溶液的质量浓度，g/mL；l 为旋光管的长度，dm；t 为测定时的温度，℃；λ 为测定时所用光波的波长（钠光以 D 表示）。

【仪器及药品】

1. 仪器

容量瓶、旋光仪。

2. 药品

葡萄糖。

【实验步骤】

1. 旋光仪零点的校正

在测定样品的旋光度前，需先校正旋光仪的零点。将样品管洗净，装上蒸馏水，使液面凸出管口，将玻璃盖沿管口边缘轻轻平推盖好，不能带入气泡，然后旋上螺丝帽盖，不能漏水，也不要过紧。将样品管擦干，放入旋光仪内，罩上盖子，开启钠光灯，将标尺盘转到零点左右，旋转粗动、微动手轮，使视场内 Ⅰ 和 Ⅱ 部分的亮度均匀一致（如图4 -7(a)所示，图4 -7(b)为未调好时的视场），

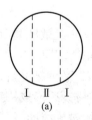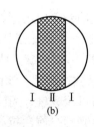

图4 -7 旋光仪视场

(a)调好时的视场　(b)未调好时的视场

记下读数。重复操作至少 5 次，取平均值。若零点相差太大，应重新校正。

2. 旋光度的测定

称取 10 g 样品（如葡萄糖），定量配制在 100 mL 的容量瓶中，依据上述"旋光仪零点的校正"方法测定其旋光度（测定之前必须用该溶液洗旋光管两次，以免有其他物质影响）。这时所得的读数与零点之差值即为该物质的旋光度。记下样品管的长度及溶液的温度，然后按公式计算其比旋光度。

【考核评分】

见表4 -3。

表 4 – 3　旋光度的测定操作考核评分表

项目	评分要素	配分	评分标准	扣分	得分	备注
旋光仪的调零（30 分）	旋光仪各部件及其功能	2	清楚、熟悉			
	仪器的准备	5	按要求检查完好			
	预热	2	预热 5 min			
	旋光管中装入蒸馏水	3	无气泡			
	旋光管放入位置	3	正确，突出端朝上			
	旋光仪的调节（至读数）	5	有三分视野出现			
	读数	5	正确、准确			
	记录	5	及时、规范			
比旋光度的测定（35 分）	旋光管的准备	5	洁净，润洗			
	装入葡萄糖溶液	2	无气泡			
	旋光管放入位置	3	正确，突出端朝上			
	旋光仪的调节（至读数）	5	有三分视野出现			
	读数	5	正确、准确			
	记录	5	及时、规范			
	数据处理	5	正确			
	测定结果的准确性	5	准确			
结束工作（15 分）	整理实验台	5	摆放整齐，擦拭干净			
	仪器的清洗与放置	5	洗净，有序地放置于柜中			
	完成时间	5	在规定时间内完成			
实验素质（20 分）	实验中的创新	10	有			
	实验中问题的解决	5	能正确处理与解决			
	废物的处理	5	及时倒至指定的位置			

4.5　相对密度的测定

4.5.1　密度

在物理学中，把某种物质单位体积的质量叫作这种物质的密度，其符号为 ρ，数学表达式为 $\rho = m/V$。

在国际单位制中，密度的主单位为 kg/m^3，常用单位还有 g/cm^3。

密度是物质的一种特性，不随质量和体积变化而变化，只随物态变化而变化。

4.5.2　相对密度

相对密度指在共同的特定条件下，某物质的密度与水的密度之比。除另有规定外，温度为 20 ℃。某些药品具有一定的相对密度。药品的纯度变更，相对密度亦随同改变。测定相对密度可以区别或检查药品的纯度。

液体药品的相对密度一般用比重瓶（见图 4 – 8）进行测定；测定易挥发液体的相对密

度,可用韦氏比重秤进行。

4.5.2.1 比重瓶法

(1)取洁净、干燥并精确称定质量的比重瓶,装满供试品(温度应低于 20 ℃或各药品项下规定的温度),装上温度计(瓶中应无气泡),在 20 ℃(或各药品项下规定的温度)的水浴中放置 10~20 min,使内容物的温度达到 20 ℃(或各药品项下规定的温度),用滤纸除去溢出侧管的液体,立即盖上罩。然后将比重瓶自水浴中取出,再用滤纸将比重瓶的外面擦干,精确称定质量,减去比重瓶的质量,求得供试品的质量后,将供试品倾去,洗净比重瓶,装满新沸过的冷水,再照上法测得同一温度时水的质量,

图 4-8 比重瓶 按下式计算,即得。

$$供试品的相对密度 = 供试品的质量 \div 水的质量 \times 100\%$$

(2)取洁净、干燥并精确称定质量的比重瓶,装满供试品(温度应低于 20 ℃或各药品项下规定的温度),在 20 ℃(或各药品项下规定的温度)的水浴中放置 10~20 min,插入中心有毛细孔的瓶塞,使过多的液体从塞孔中溢出,并用滤纸将瓶塞顶端擦干,照步骤(1)自"然后将比重瓶自水浴中取出"起测定,即得。

4.5.2.2 韦氏比重秤法

取 20 ℃时相对密度为 1 的韦氏比重秤(如图 4-9 所示),用新沸过的冷水将所附玻璃圆筒装至八分满,置于 20 ℃(或各药品项下规定的温度)的水浴中,搅动玻璃圆筒内的水,调节温度至 20 ℃(或各药品项下规定的温度),将悬于秤端的玻璃锤浸入圆筒内的水中,秤臂右端悬挂游码于 1.000 0 处,调节秤臂左端平衡用的螺旋使平衡,然后将玻璃圆筒内的水倾去,拭干,装入供试液至相同的高度,并用同法调节温度,再把拭干的玻璃锤浸入供试液中,调节秤臂上游码的数量与位置使平衡,读取数值,即得供试品的相对密度。如该比重秤在 4 ℃时相对密度为 1,则用水校准时游码应悬挂于 0.998 2 处,并应将在 20 ℃时测得的供试品的相对密度除以 0.998 2。

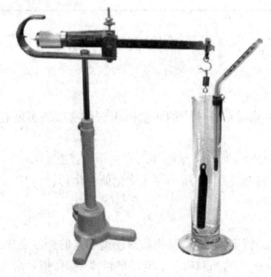

图 4-9 韦氏比重秤

4.5.2.3　密度计法

密度计由干管和躯体两部分组成,如图 4 - 10 所示。干管是顶端密封的、直径均匀的细长圆管,熔接于躯体上部,内壁粘贴有固定的刻度标尺。躯体是仪器的本体,为直径较大的圆管,为避免底部附着气泡,底部呈圆锥形或半球状,底部填有适当质量的压载物(如细铅丸等),使其能竖直稳定地漂浮在液体中。某些密度计还附有温度计。

采用密度计测量的方法如下。

(1)首先估计所测液体密度值的可能范围,根据所要求的精度选择密度计。

(2)仔细清洗密度计,测液体密度时用手拿住干管最高刻度线以上的部位竖直取放。

(3)清洗容器后慢慢倒入待测液体,并不断搅拌,待液体内无气泡后再放入密度计,密度计浸入液体的部分不得附有气泡。

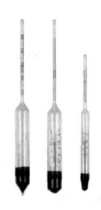

图 4 - 10　密度计

(4)密度计使用前要洗涤清洁,密度计浸入液体后,若弯月面不正常,应重新洗涤。

(5)读数时以弯月面下部刻度线为准,读数时密度计不得与容器壁、容器底以及搅拌器接触。对不透明液体,只能用弯月面上缘读数法读数。

第5章 有机化合物的性质及合成制备

5.1 有机化学概述

有机化学又称为碳化合物的化学,是研究有机化合物的组成、结构、性质、制备方法与应用的科学,是化学中极重要的一个分支。有机化学就是研究碳氢化合物及其衍生物的化学。

有机合成产品正越来越广泛地应用于农业生产中。合成的有机杀虫剂、杀菌剂、除草剂和植物生长调节剂在农业生产中发挥了不小的作用,其他如兽用药物、医疗器材、饲料中的各种添加剂,还有农用塑料薄膜、塑料农具、燃料和润滑油等农用化学品也得到了广泛应用。

绝大多数有机化合物除含碳外,一般都含有氢,还含有氧、氮、卤素、硫、磷等少数元素。从结构上看,有机化合物可以看成碳氢化合物以及由碳氢化合物衍生出来的化合物,即有机化合物是碳氢化合物及其衍生物。

实验十八 有机物元素定性分析

【实验目的】

(1)学习元素分析的原理和方法。

(2)掌握常见元素的检验方法。

【实验原理】

有机物质原子间以共价键相连,很难在水中离解为相应的离子。为便于各元素的检出,要使样品分解,使元素以离子形式存在,再用无机定性分析的方法来鉴定。最常用的是钠熔法,即将有机物质与金属钠共熔,使有机物质分解为可溶于水的无机化合物,然后进行离子鉴定。

1. 碳氢的鉴定

$$Ba(OH)_2 + CO_2 =\!=\!= BaCO_3 \downarrow + H_2O$$

2. 氮、硫的鉴定

$$Na_2S + 2HAc =\!=\!= H_2S \uparrow + 2NaAc$$

$$H_2S + Pb(Ac)_2 =\!=\!= PbS \downarrow + 2HAc$$

$$Na_2S + Na_2Fe(CN)_5NO =\!=\!= Na_4Fe(CN)_5(NOS)$$

$$FeSO_4 + 6NaCN =\!=\!= Na_4[Fe(CN)_6] + Na_2SO_4$$

$$3Na_4[Fe(CN)_6] + 4FeCl_3 =\!=\!= Fe_4[Fe(CN)_6]_3 \downarrow + 12NaCl$$

3. 卤素的鉴定

$$NaX + AgNO_3 =\!=\!= AgX \downarrow + NaNO_3$$

$$2Br^- + Cl_2 =\!=\!= 2Cl^- + Br_2(CCl_4 \text{ 层出现棕色})$$

$$2I^- + Cl_2 =\!=\!= 2Cl^- + I_2(CCl_4 \text{ 层出现紫色})$$

$$I_2 + 5Cl_2 + 6H_2O =\!=\!= 2IO_3^- + 12H^+ + 10Cl^-(CCl_4 \text{ 层的紫色褪去})$$

【仪器及药品】

1. 仪器

表面皿、硬质试管、小试管、试管架、镊子、小刀。

2. 药品

干燥的蔗糖、干燥的 CuO 粉末、Ba(OH)$_2$ 溶液、金属钠、10% 的 HAc 溶液、醋酸铅试纸、亚硝基铁氰化钠、10% 的 NaOH 溶液、5% 的 FeCl$_3$ 溶液、10% 的 H$_2$SO$_4$ 溶液、FeSO$_4$ 晶体、5% 的硝酸溶液、5% 的 AgNO$_3$ 溶液、0.1% 的氨水、CCl$_4$、新配制的氯水、稀 H$_2$SO$_4$。

【实验内容】

1. 碳、氢的鉴定

取 0.2 g 干燥的蔗糖试样,与 1 g 干燥的 CuO 粉末放在表面皿中混匀,放入干燥的硬质试管中,配一个单孔塞,强热反应物,如试管壁上有水,则证明有氢,把产生的气体通入 Ba(OH)$_2$ 溶液中,若 Ba(OH)$_2$ 溶液变混浊,则证明含有碳。

$$Ba(OH)_2 + CO_2 =\!=\!= BaCO_3 \downarrow + H_2O$$

注:CuO 应预先干燥,样品也须预先干燥,除去水分或结晶水。

2. 硫、氮、卤素的鉴定

1)用钠熔法分解试样

取干净的硬质试管,用镊子取一小块金属钠,用小刀切取 1 粒表面光滑、大小如黄豆的金属钠,用滤纸擦干煤油,迅速投入试管中,强热试管,使钠熔化,当钠蒸气高度达 10 ~ 15 mm 时,立即加入约 0.1 g 固体试样,使其直落管底,强热试管,使试样全部分解,立即浸入盛有 15 mL 纯水的烧杯中,使试管破裂,用 5 mL 纯水洗涤残渣,煮沸过滤,得无色透明钠溶液。

2)硫的鉴定

(1)取 2 mL 钠溶液置于小试管中,加入 10% 的 HAc 至呈酸性,煮沸,将醋酸铅试纸置于试管中观察现象。

$$Na_2S + 2HAc =\!=\!= H_2S \uparrow + 2NaAc$$
$$H_2S + Pb(Ac)_2 =\!=\!= PbS \downarrow + 2HAc$$

(2)取 1 小粒亚硝基铁氰化钠溶于数滴水中,将此溶液滴入盛有 1 mL 钠溶液的试管中,观察现象,看是否有紫红色出现,如有说明含有硫元素。

$$Na_2S + Na_2Fe(CN)_5NO =\!=\!= Na_4Fe(CN)_5(NOS)$$

3)氮的鉴定

取 2 mL 钠溶液,加入几滴 10% 的 NaOH 溶液,再加入 1 小粒 FeSO$_4$ 晶体,将混合液煮沸 1 min,如有黑色硫化铁沉淀,须过滤除去。冷却后,取上层清液加 2 ~ 3 滴 5% 的 FeCl$_3$,再加 10% 的 H$_2$SO$_4$ 使 Fe(OH)$_2$ 沉淀恰好溶解,如有蓝色沉淀生成则表明含有氮。

$$FeSO_4 + 6NaCN =\!=\!= Na_4[Fe(CN)_6] + Na_2SO_4$$
$$3Na_4[Fe(CN)_6] + 4FeCl_3 =\!=\!= Fe_4[Fe(CN)_6]_3 \downarrow + 12NaCl$$

4)卤素的鉴定

取 1 mL 钠溶液置于小试管中,用 5% 的硝酸酸化,加热煮沸,放冷后加几滴 5% 的 AgNO$_3$,观察现象。

$$NaX + AgNO_3 =\!=\!= AgX \downarrow + NaNO_3$$

（1）溴与碘的鉴定。

取 2 mL 滤液,用稀 H_2SO_4 酸化,微沸数分钟,冷却后加入 1 mL CCl_4 和 1 滴新配制的氯水,观察现象,如呈紫色,继续加入氯水,边加边振荡,若紫色褪去、出现棕黄色,则表明含有溴。

$$2Br^- + Cl_2 \Longrightarrow 2Cl^- + Br_2（CCl_4 \text{层出现棕色}）$$

$$2I^- + Cl_2 \Longrightarrow 2Cl^- + I_2（CCl_4 \text{层出现紫色}）$$

$$I_2 + 5Cl_2 + 6H_2O \Longrightarrow 2IO_3^- + 12H^+ + 10Cl^-（CCl_4 \text{层的紫色褪去}）$$

（2）氯的鉴定。

取 10 mL 滤液,用稀硝酸酸化,煮沸除去硫化氢和氯化氢,加入过量硝酸银使卤化银沉淀完全,过滤,弃去滤液,沉淀用 30 mL 水洗涤,再与 20 mL 0.1% 的氨水一起煮沸 2 min,过滤,向滤液中加 HNO_3 酸化,滴加 $AgNO_3$,若有白色沉淀,则表明含有氯。

【实验记录】

表 5-1 实验记录

实验组别编号	现象	反应式	现象解释
1			
2			

【思考题】

（1）进行元素定性分析有何意义? 检验其中的氮和硫等为什么要用钠熔法?

（2）在滤纸上切取金属钠时,粘在滤纸上的微小钠碎粒应如何处理?

（3）鉴定卤素时,若试样中还有硫和氮,用硝酸酸化后再煮沸,可能有什么气体放出? 应如何正确处理?

5.2　烃

分子中只含碳和氢两种元素的有机化合物称为碳氢化合物,简称烃。烃可分为开链烃和环状烃两大类,开链烃也称为脂肪烃,它又分为饱和烃和不饱和烃两类;环状烃也称为闭链烃,它又分为脂环烃和芳香烃两类。有机化学传统的分类方法是根据碳干的不同把它们分类如下:

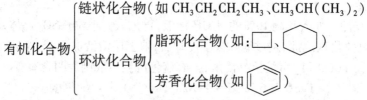

单环芳烃的化学反应主要发生在苯环上。在一定条件下,苯环上的氢原子容易被其他原子或基团取代,生成许多重要的芳烃衍生物。在特定条件下,苯环也能发生加成和氧化反应,但这往往会使苯环结构遭到破坏。当苯环上连有侧链时,直接与苯环相连的 α - C—H 键表现出较大的活泼性,可以在一定条件下发生取代、氧化等反应。

苯环比较稳定,一般氧化剂不能使其氧化,但如果苯环上连有侧链,由于受苯环的影响,

其 $\alpha-H$ 比较活泼,容易被氧化。

烃基苯的侧链可被高锰酸钾、重铬酸钾的酸性或碱性溶液或稀硝酸所氧化,并在与苯环直接相连的碳氢键上进行,如果与苯环直接相连的碳上没有氢(如叔丁基),不发生氧化。氧化时烷基不论长短,最后都变为羧基,苯环不容易氧化。例如:

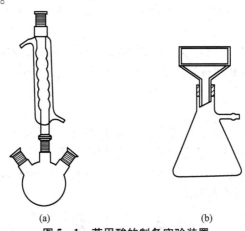

$$\text{CH}_3\text{-}\bigcirc \xrightarrow[\text{OH}^-]{\text{KMnO}_4} \text{COO}^-\text{-}\bigcirc$$

$$\text{CH}_2\text{CH}_2\text{CH}_3\text{-}\bigcirc \xrightarrow{\text{KMnO}_4/\text{H}^+} \text{COOH}\text{-}\bigcirc$$

实验十九　苯甲酸的制备

【实验目的】

(1)巩固烷基侧链的氧化反应。

(2)练习减压过滤操作。

【实验原理】

$$\bigcirc\text{-CH}_3 + 2\text{KMnO}_4 \longrightarrow \bigcirc\text{-COOK} + 2\text{MnO}_2 + \text{KOH} + \text{H}_2\text{O}$$

$$\bigcirc\text{-COOK} + \text{HCl} \longrightarrow \bigcirc\text{-COOH} + \text{KCl}$$

【实验装置】

实验装置见图 5-1。

(a)　　　　　　　　　　(b)

图 5-1　苯甲酸的制备实验装置

(a)反应装置　(b)抽滤装置

【仪器及药品】

1. 仪器

三口烧瓶、布氏漏斗、抽滤瓶、冷凝管。

2. 药品

甲苯、$KMnO_4$、HCl(1:1)、$NaHSO_3$。

【实验步骤】

(1)向 500 mL 的三颈烧瓶中加入 250 mL 水和 5.4 mL 甲苯,并加入几粒沸石。

(2)装上回流冷凝管,加热至沸腾。

(3)分批加入 17 g $KMnO_4$,回流加热 1.5~2 h,至回流液中无明显的油珠为止。

(4)趁热抽滤。(若滤液有颜色,可加入 $NaHSO_3$ 固体至滤液无色为止)

(5)冷却至室温。向滤液中滴加 1:1 的 HCl,至滤液呈酸性为止。

(6)抽滤、干燥、称重,计算产率。

【实验注意事项】

(1)称量高锰酸钾时,一定要将称量纸折叠成船形,以防止固体药品撒落在电子天平的秤盘上;一旦撒落,应及时清理干净。

(2)热过滤时一定要使用热的漏斗,如遇固体骤然结晶的情形,可采用热风机加热,使其溶解再进行过滤。

(3)在重结晶苯甲酸时,应使溶液在沸腾状态下成为饱和溶液,撤去热源后应静置冷至室温,让晶体慢慢析出。

【思考题】

(1)加料时如何避免瓶口附着高锰酸钾?

(提示 可借助粗颈漏斗或将称量纸叠成喇叭状,将研细的固体物加入瓶中)

(2)实验完毕后,黏附在瓶壁上的黑色固体物是什么?如何除去?

(提示 黑色固体物为二氧化锰。简单的除去方法为:加入稀的亚硫酸钠溶液,轻轻振荡,即可除去二氧化锰。其原理为氧化还原机理)

(3)该方法是否适合实验室氧化其他类型的带有支链的芳烃来制备苯甲酸?

(提示 只有含 $\alpha - H$ 的芳烃(这里指的是烷基苯)才可以被氧化成苯甲酸)

(4)在提倡建立环境友好型社会的今天,该方法可否用于工业制备?工业上是采用何种方法制备苯甲酸的?

(提示 高锰酸钾氧化法会产生大量的废水、废渣,且该法为间歇法,因此不适宜应用在工业生产上。现行的工业制备方法是用催化剂环烷酸钴在 160~170 ℃和 0.2~0.3 MPa 下用空气(氧气)来氧化甲苯)

【其他方法】

苯甲酸的制备也可用其他方法,如:使用重铬酸钠-硫酸体系氧化苯乙酮制备苯甲酸;无溶剂法,用 Cu(Ⅱ) 或 Fe(Ⅲ) 盐催化氧化苯甲醇制备苯甲酸(在无溶剂的条件下,以无机盐 $CuSO_4$、$Cu(NO_3)_2 \cdot 3H_2O$、$CuCl_2 \cdot 2H_2O$、$FeCl_3 \cdot 6H_2O$ 为催化剂,以空气中的 O_2 为氧化剂,通过苯甲醇氧化反应制备苯甲酸)。

5.3 卤 代 烃

在实验中,饱和烃的一卤衍生物(卤烷)一般以醇类为原料,使其羟基被卤原子置换而

制得。最常用的方法是以醇与氢卤酸作用,即

$$ROH + HX \longrightarrow RX + H_2O$$

若用此法制备溴烷,可以用 47.5% 的浓氢溴酸,也可以借溴化钠和硫酸作用制得氢溴酸。

醇和氢卤酸的反应是一个可逆反应,为了使反应平衡向右移动,可以增大醇或氢卤酸的浓度,也可以设法不断地除去生成的卤烷或水,或两者并用。以采用溴化钠 - 硫酸法制备伯溴烷为例:制备溴乙烷时,可在增加乙醇用量的同时,把反应中生成的低沸点的溴乙烷及时地从反应混合物中蒸馏出去;制备 1 - 溴丁烷时,可以增加溴化钠的用量,同时加入过量的硫酸,以吸收反应中生成的水。但这种方法一般不适用于氯烷和碘烷的制备。碘烷通常用赤磷和碘(在反应时相当于三碘化磷)同醇作用制备。制备氯烷时,叔醇可以直接与浓盐酸在室温下作用,但伯醇或仲醇则需在无水氯化锌存在下与浓盐酸作用。也可以用三氯化磷或氯化亚砜同伯醇作用来制取氯烷。

邻二卤烷(卤素为 Cl、Br)最常用的制法是由烯烃和卤素直接加成。

卤素直接连在芳环上的芳卤化合物,其主要制法是芳烃直接卤化。例如,在吡啶或少量铁屑存在下,苯和溴作用,生成溴苯。苯的溴化反应是一个放热反应,在实际操作中,为了避免反应温度过高和反应过于剧烈,同时为了抑制副产物二溴苯的生成,一般使用过量的苯,并采用控制溴的滴加速度的方法。水的存在会使反应难以进行,甚至不能进行,故所用的原料必须是无水的,所用的仪器必须是干燥的。

实验二十　溴乙烷的制备及折射率的测定

【实验目的】

(1)学习以乙醇为原料制备溴乙烷的原理和方法。

(2)学习折射率的测定方法及折射仪的主要部件、作用和保养。

(3)掌握低沸点物质蒸馏的基本操作。

【仪器及药品】

1. 仪器

标准磨口仪、制冰机、电热套、阿贝折射仪。

2. 药品

95% 的乙醇、溴化钠、浓硫酸。

【实验原理】

主反应:

$$NaBr + H_2SO_4 \longrightarrow HBr + NaHSO_4$$

$$C_2H_5OH + HBr \Longleftrightarrow C_2H_5Br + H_2O$$

副反应:

$$2C_2H_5OH \xrightarrow{H_2SO_4} C_2H_5OC_2H_5 + H_2O$$

$$C_2H_5OH \xrightarrow{H_2SO_4} CH_2 \!=\! CH_2 + H_2O$$

$$2HBr + H_2SO_4(浓) \longrightarrow Br_2 + SO_2 + 2H_2O$$

【实验步骤】

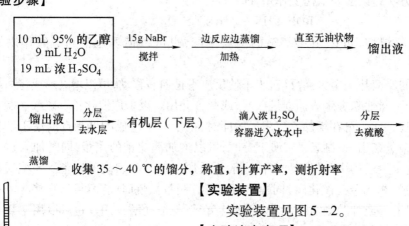

蒸馏
$\xrightarrow{}$ 收集 35 ~ 40 ℃的馏分，称重，计算产率，测折射率

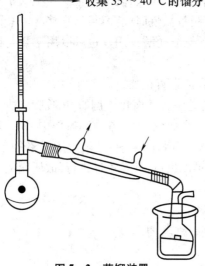

图 5 - 2   蒸馏装置

【实验装置】

实验装置见图 5 - 2。

【实验注意事项】

(1)溴化钠应预先研细,并在搅拌下加入,以防结块而影响氢溴酸的产生。

(2)应严格控制反应使其平稳进行,否则会有许多泡沫冲出冷凝管。

(3)接收器内外均应放冰水冷却,以防溴乙烷挥发。

(4)在粗产品精制时,加浓硫酸速度要慢,容器必须浸入冰水中。

(5)强酸、强碱、强腐蚀性物质不能用阿贝折射仪测定。

(6)擦洗折射仪的镜面只能用擦镜纸或丝布,不能用力擦。

(7)每一次测定完毕均需用丙酮或乙醇等溶剂洗净折射仪上下两镜面,干燥后再装箱。

【问题讨论】

(1)溴乙烷沸点低(38.4 ℃),实验中采取了哪些措施减少溴乙烷的损失?

(2)溴乙烷的制备中用浓 H_2SO_4 洗涤的目的何在?

实验二十一   1 - 溴丁烷的制备

【实验目的】

(1)学习以溴化钠、浓硫酸、正丁醇制备 1 - 溴丁烷的原理和方法。

(2)练习带有吸收有害气体装置的回流加热操作。

【仪器及药品】

1. 仪器

温度计、标准磨口仪。

2. 药品

浓硫酸、正丁醇、溴化钠、饱和碳酸钠溶液、无水氯化钙。

【实验原理】

主反应：

$$n - C_4H_9OH + HBr \rightleftharpoons n - C_4H_9Br + H_2O$$

或

$$NaBr + H_2SO_4 \longrightarrow HBr + NaHSO_4$$

$$n - C_4H_9OH + HBr \rightleftharpoons n - C_4H_9Br + H_2O$$

副反应：

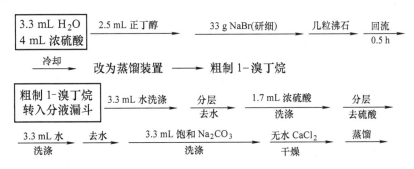

$$CH_3CH_2CH_2CH_2OH \xrightarrow{\text{浓 } H_2SO_4} CH_3CH_2CH_2=CH_2 + H_2O$$

$$2CH_3CH_2CH_2CH_2OH \xrightarrow{\text{浓 } H_2SO_4} (CH_3CH_2CH_2CH_2)_2O + H_2O$$

$$2HBr + H_2SO_4 \xrightarrow{\triangle} Br_2 + SO_2 + 2H_2O$$

$$\xrightarrow{H_2O} H_2SO_3$$

【实验步骤】

| 3.3 mL H₂O 4 mL 浓硫酸 | →2.5 mL 正丁醇 | →33 g NaBr(研细) | →几粒沸石 | →回流 0.5 h |

冷却→　改为蒸馏装置 —— 粗制 1-溴丁烷

粗制 1-溴丁烷 转入分液漏斗 →3.3 mL 水洗涤 →分层 去水 →1.7 mL 浓硫酸 洗涤 →分层 去硫酸

3.3 mL 水 洗涤 →去水 →3.3 mL 饱和 Na₂CO₃ 洗涤 →无水 CaCl₂ 干燥 →蒸馏

收集 99～103 ℃的馏分，称重，计算产率，测折射率

【实验装置】

实验装置见图 5-3。

【实验注意事项】

(1)在加料过程中和反应回流时，要注意振摇。

(2)在粗制的 1-溴丁烷的洗涤过程中，要注意分析每次产品在哪一层。

(3)用水洗涤馏出液有红色,是因为还有溴,可加入 3~5 mL 饱和亚硫酸氢钠溶液洗涤除去。

【问题讨论】

(1)在本实验中浓硫酸起何作用？其用量及浓度对实验有何影响？

(2)反应后的粗产物中含有哪些杂质？各步洗涤的目的何在？

【考核评分】

见表 5-2。

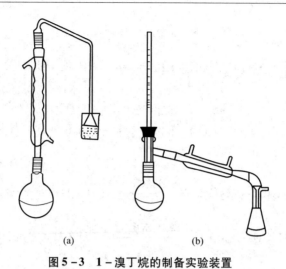

图5－3　1－溴丁烷的制备实验装置

（a）带吸收有害气体装置的回流装置　（b）蒸馏装置

表5－2　1－溴丁烷的制备操作考核评分表

项目	评分要素	配分	评分标准	扣分	得分	备注
反应操作 （14分）	反应装置的安装顺序	2	正确			
	气体吸收装置	2	安装正确，无倒吸现象			
	冷凝管的进出水口	2	连接正确			
	整个反应装置	2	整齐划一			
	物料的加入顺序	2	正确			
	反应温度的控制	4	恰当			
粗产物分离 （16分）	分液漏斗的密封性	2	不漏			
	握分液漏斗的姿势	2	正确			
	振摇与放气动作	3	正确			
	分液漏斗的静置	2	到位			
	分层液体流出方向	2	上层上出，下层下出			
	产品流失	3	无			
	分液后漏斗的处理	2	洗净仪器，纸片垫在活塞处			
产品精制 （20分）	干燥剂的加入	3	加入量合适			
	产品干燥质量	3	干燥时间符合要求，透明			
	装置安装	2	正确，整齐划一			
	加入沸石	2	加入适量			
	蒸气顶端停留	2	停留，达平衡			
	蒸馏速度	3	控制在每秒1～2滴			
	前馏分接收	3	接收，更换接收器			
	结束操作顺序	2	正确，与安装顺序相反			
产品质量 （15分）	产品外观	3	透明			
	数据记录	2	及时，规范			
	产率	10	符合要求			
结束工作 （15分）	整理实验台	5	摆放整齐，擦拭干净			
	仪器的清洗与放置	5	洗净，有序地放置于柜中			
	完成时间	5	在规定时间内完成			
实验素质 （20分）	实验中的创新	10	有			
	实验中问题的解决	5	能正确处理与解决			
	废液的处理	5	倒至指定的位置			

5.4　醇、酚和醚

醇、酚和醚都可看作烃的含氧衍生物。由于氧原子连接的基团(或原子)不同,醇、酚、醚的化学性质有很大的区别。

醇的特征反应与羟基有关,羟基中的氢原子可被金属钠取代生成醇钠,还可被卤原子取代。伯、仲、叔醇与卢卡斯(Lucas)试剂(无水氯化锌的浓盐酸溶液)作用时,反应速度不尽相同,生成的产物氯代烷不溶于卢卡斯试剂中,故可以根据出现混浊的快慢来鉴别伯、仲、叔醇。立即出现混浊、放置分层的为叔醇,微热几分钟后出现混浊的为仲醇,无明显变化的为伯醇。此外,伯、仲醇易被氧化剂如高锰酸钾、重铬酸钾等氧化,而叔醇在室温下不易被氧化,故可用氧化反应区别叔醇。丙三醇、乙二醇及1,2-丙二醇等邻二醇都能与新配制的氢氧化铜溶液作用,生成绛蓝色产物,此反应可用于邻二醇的鉴别。

酚的反应比较复杂,除具有酚羟基的特性外,还可发生芳环的取代反应。由于两者的相互影响,酚具有弱酸性(比碳酸还弱),故溶于氢氧化钠溶液中,而不溶于碳酸氢钠溶液中。苦味酸(2,4,6-三硝基酚)则具有中强的酸性。苯酚与溴水反应可生成2,4,6-三溴苯酚的白色沉淀,可用于酚的鉴别。此外,苯酚容易被氧化,可使高锰酸钾的紫色褪去。与三氯化铁溶液发生特征性的颜色反应可用于酚类的鉴别。

醚与浓的强无机酸作用可生成𨦡盐,故乙醚可溶于浓硫酸中。当用水稀释时,𨦡盐又分解为原来的醚和酸。利用此性质可分离或除去混在卤代烷中的醚。此外,醇、醛、酮、酯等中性含氧有机物也都能形成𨦡盐而溶于浓硫酸中。

乙醚具有沸点低、易挥发、易燃、密度比空气大等特点。故蒸馏或使用乙醚时,严禁明火,并需采用特殊的接收装置。乙醚放置在空气中易被氧化,形成过氧化物,此过氧化物浓度较高时,易发生爆炸,故蒸馏乙醚时不应蒸干,以防发生意外事故。

醇、酚、醚是有机化学中应用极广的一类化合物,不但用作溶剂,而且是合成许多其他化合物的原料。

5.4.1　醇的制备

醇的制备方法很多。在工业上,利用水煤气合成、淀粉发酵、油脂高压加氢以及以烃类为原料通过多种途径来制备醇。

醇类可由烯烃制取,如丙烯水合主要得到异丙醇;丙烯进行硼氢化-氧化反应则主要得到正丙醇。苯乙烯进行硼氢化-氧化反应主要得到2-苯基乙醇,这是以烯烃为原料制备伯醇的重要方法。

醇类也可由醛、酮还原得到。如果醛、酮的结构中除羰基外,还含有其他易被还原的基团,在还原反应中这些基团可能同时被还原。若以醇铝化合物进行催化还原,则只能将羰基还原成羟基,其他官能团不受影响,例如碳碳双键、氢键、卤原子、硝基,甚至环氧、偶氮等都能在还原过程中保留原状。此反应称为梅尔魏因-庞多夫(Meerwein-Ponndorf)还原反应。

在实验中,常用格里雅反应来合成结构复杂的醇。

5.4.2　醚的制备

脂肪族低级单醚通常由两分子醇在酸性脱水催化剂存在下共热来制备。

在实验室中常用浓硫酸作脱水剂。例如,乙醇先同等物质的量的硫酸反应,生成酸式硫酸乙酯,后者同乙醇反应,生成乙醚。生成的乙醚不断地从反应器中蒸出。制备沸点较高的单醚(如正丁醚)时,可用特殊的分水器将生成的水不断地从反应物中除去。但是醇类在较高温度下还能被浓硫酸脱水生成烯烃,为了减少这个副反应,在操作时必须特别控制好反应温度。用浓硫酸作脱水剂时,由于它有氧化作用,往往还生成少量氧化产物和二氧化硫,为了避免氧化反应,有时用芳香族磺酸作脱水剂。

上述方法适用于由低级伯醇制备单醚;用仲醇制醚产量不高;用叔醇则主要发生脱水生成烯烃的反应。

混醚通常用威廉森(Williamson)合成法制备。烷基芳基醚一般由卤烷和酚钠在乙醇或丙酮溶液中反应制得:

$$ArONa + RX \longrightarrow ArOR + NaX$$

卤烷以碘烷最为适宜,但碘价格昂贵,实验室中通常使用溴烷;酚钠可用酚和氢氧化钠或金属钠作用制得。

含有叔丁基的混合醚往往可以用叔丁醇与另一醇在酸催化下直接脱水制得。这是由于叔丁醇容易在酸催化下形成较稳定的碳正离子,后者与另一醇作用生成混醚,反应在较低浓度的酸(15% 的 H_2SO_4)中和较低的温度下就能进行,混醚的产率也很高。

实验二十二　醇、酚和醚的性质

【实验目的】

(1)掌握醇、酚、醚的主要化学性质,通过实验进一步理解醇、酚和醚的相关化学性质。

(2)掌握醇、酚的鉴别方法。

【实验原理】

1. 卢卡斯实验

含 $C_3 \sim C_6$ 的各种醇均溶于卢卡斯试剂,反应能生成不溶于试剂的氯代烷,使反应液呈混浊状,静置后溶液有分层现象,反应前后有显著变化,便于观察。

2. 高碘酸实验

$$CH_2(OH)(CHOH)_n CH_2OH + HIO_4 \longrightarrow (n+2)HCHO + HIO_3 + H_2O$$

3. 酚与三氯化铁的显色反应

(略)

【仪器及药品】

1. 仪器

试管、试管架、滴管。

2. 药品

无水乙醇、正丁醇、仲丁醇、叔丁醇、卢卡斯试剂、甘油、乙二醇、苦味酸、碳酸氢钠溶液(5%)、三氯化铁溶液(1%)、乙醚、金属钠、酚酞溶液、高锰酸钾溶液(0.5%)、浓硫酸(96% ~98%)、异丙醇、稀盐酸(6 mol·L^{-1})、苯酚、氢氧化钠(10%,20%)、碳酸钠(5%)、饱和溴水、稀硫酸(3 mol·L^{-1})、重铬酸钾溶液(5%)、硫酸亚铁铵(2%)、硫氰化铵(1%)、高碘酸溶液、饱和亚硫酸溶液、希夫试剂、苯酚、硫酸铜溶液(1%)。

【实验内容】

1. 醇的性质

1）醇钠的生成与水解

向两只干燥的试管中分别加入 1 mL 无水乙醇、1 mL 正丁醇，再各加入 1 粒黄豆大小的金属钠，观察两只试管中的反应速度有何差异。用大拇指按住试管口片刻，再用点燃的火柴接近管口，有什么情况发生？醇与钠作用后期，反应逐渐变慢，这时需用小火加热，使反应进行完全，直至钠粒完全消失。静置冷却，醇钠从溶液中析出，使溶液变黏稠，甚至凝固。然后向试管中加入 5 mL 水，并滴入 2 滴酚酞指示剂，观察溶液颜色的变化。若试管中还有残余的钠粒，绝不能加水！否则金属钠遇水反应剧烈，会发生着火事故！此外未反应完的钠粒绝不能倒入水槽（或废酸缸）中。

2）醇的氧化

向三只试管中分别加入 1 mL 5% 的 $K_2Cr_2O_7$ 溶液和 1 mL 3 mol·L^{-1} 的 H_2SO_4，混匀后再分别加入 3~4 滴正丁醇、仲丁醇、叔丁醇，观察各试管中溶液颜色的变化。

3）与卢卡斯试剂作用（伯、仲、叔醇的鉴别）

向三只试管中分别加入 1 mL 正丁醇、仲丁醇、叔丁醇，然后各加 2 mL 卢卡斯试剂，管口配上塞子。用力振摇片刻后静置，观察各试管中的变化，并记录第一个出现混浊的时间。然后将其余两只试管放入 50~55 ℃ 的水浴中，几分钟后观察两只试管有无变化，并加以记录。

4）多元醇与氢氧化铜作用

向两只试管中分别加入 1 mL 1% 的 $CuSO_4$ 溶液和 1 mL 10% 的 NaOH 溶液，立即析出蓝色氢氧化铜沉淀。倾去上层清液，再各加入 2 mL 水，充分振摇后分别滴入 3 滴甘油、乙二醇，振摇并观察溶液颜色的变化。再加入过量的稀盐酸，观察溶液颜色又有何变化。

5）高碘酸实验

取两只试管分别加入 3 滴 10% 的乙二醇、10% 的甘油水溶液，然后各加 3 滴 5% 的高碘酸溶液，混合静置 5 min，各加 3~4 滴饱和亚硫酸溶液，最后加 1 滴希夫试剂，静置数分钟，观察溶液颜色的变化。

2. 酚的性质

1）苯酚的水溶性和弱酸性

（1）在试管中放入少量苯酚晶体和 1 mL 水，振摇并观察溶解性。加热后再观察其中的变化。将溶液冷却，加入几滴 20% 的 NaOH 溶液，然后滴加 3 mol·L^{-1} 的 H_2SO_4，观察反应过程的现象。

（2）在两只试管中各加入少量苯酚晶体，再分别加入 1 mL 5% 的 $NaHCO_3$ 溶液、1 mL 5% 的 Na_2CO_3 溶液，振摇并用手握住试管底部片刻，观察各个试管中的现象并加以对比。

（3）向试管中加入 1 mL 5% 的 $NaHCO_3$ 溶液，再加入少量苦味酸晶体，振摇并观察现象。

2）苯酚与溴水作用

在试管中放入少量苯酚晶体，并加入 2~3 mL 水，制成透明的苯酚稀溶液，再滴加饱和溴水，观察现象。

3)苯酚与三氯化铁作用

(1)在试管中放入少量苯酚晶体,并加入 2~3 mL 水,制成透明的苯酚稀溶液,再滴加 2~3 滴 1% 的 $FeCl_3$ 溶液,观察现象。

(2)在试管中加入少量对苯二酚晶体与2mL水,振摇后再加入 1 mL 1% 的 $FeCl_3$ 溶液,观察溶液颜色的变化。放置片刻后再观察有无结晶析出(可用玻璃棒摩擦试管壁,加速结晶析出)。

3. 醚的性质

1)乙醚与酸作用(𨦡盐的形成)

在干燥的试管中放入 2 mL 浓 H_2SO_4,用冰水浴冷却后,再小心加入 1 mL 已冰冷的乙醚,观察现象并嗅其气味。然后在振摇和冷却下把试管内的混合液倒入盛有 5 mL 冰水的试管里,观察现象并嗅其气味。再小心滴加几滴 5% 的 NaOH 溶液,混合液发生什么变化?

2)过氧化物的检验

取 1 mL 2% 的 $(NH_4)_2Fe(SO_4)_2$ 溶液(新配制),滴入 2~3 滴 1% 的 NH_4CNS 溶液,再加入 1 mL 工业乙醚,然后用力振摇。观察溶液颜色有无变化并解释原因。

【实验结果】

表 5-3　实验现象及解释

实验组别编号	现象	反应式	现象解释
1.1)			
2)			
3)			
4)			
5)			
2.1)			
2)			
3)			
3.1)			
2)			

【思考题】

(1)为什么必须使用无水乙醇与金属钠反应?反应产物加水后用酚酞检验,会产生什么现象?加以说明。

(2)如何用卢卡斯试剂鉴别伯、仲、叔醇。

实验二十三　无水乙醇的制备

【实验目的】

(1)巩固实验室制备绝对无水乙醇的原理。

(2)掌握制备绝对无水乙醇的方法。

(3)熟练掌握蒸馏、回流装置的安装和使用方法。

【实验原理】

为了制得乙醇含量为99.5%的无水乙醇,实验室中常用的最简便的制备方法是生石灰法,即用生石灰与工业酒精中的水反应生成不挥发、加热一般不分解的熟石灰($Ca(OH)_2$),以得到无水乙醇。为了使反应充分进行,除了将反应物混合放置过夜外,还让其加热回流一段时间。制得的无水乙醇(纯度可达 99.5%)用直接蒸馏法收集。

若要制得绝对无水乙醇(纯度 >99.95%),则将制得的无水乙醇用金属钠进一步处理,除去残余的微量水分即可。

【仪器及药品】

1. 仪器

圆底烧瓶、球形冷凝管、直形冷凝管、温度计、尾接管、干燥管、烧杯。

2. 药品

95% 的乙醇、生石灰、氢氧化钠、无水氯化钙。

【实验装置】

实验装置见图 5 – 4。

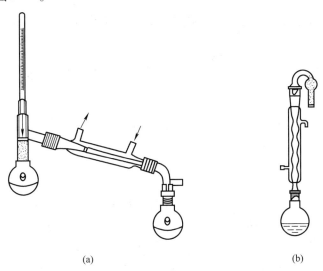

(a)　　　　　　　　　　　　　　　　　　(b)

图 5 – 4　实验装置

(a)蒸馏装置　(b)回流装置

【实验内容】

(1)回流加热除水。向 50 mL 的圆底烧瓶中加入 20 mL 95% 的乙醇,慢慢放入 8 g 小颗粒状的生石灰和约 0.1 g 氢氧化钠。装上回流装置,冷凝管上接盛有无水氯化钙的干燥管,加热回流约 1 h。

(2)蒸馏。回流毕,改为蒸馏装置,将干燥的三角烧瓶作为接收器,接引管支口上接盛有无水氯化钙的干燥管,加热蒸馏。蒸馏完毕,称量计算产率。

(3)蒸馏制得的无水乙醇用无水硫酸铜检验含水量。

(4)测产品的折光率。(见折光率的测定)

【实验注意事项】

(1)实验所用仪器需彻底干燥。

(2)所用氧化钙应为小颗粒状。

(3)加热温度要适当,控制好回流速度。

(4)干燥管中的棉花不要塞得太紧,干燥剂用粒状无水氯化钙。

【思考题】

(1)为什么接引管支口上应接干燥管?

（2）为什么要在氧化钙中加入少许氢氧化钠？

<h1 style="text-align:center">实验二十四　2－甲基－2－丁醇的制备</h1>

【实验目的】

（1）学习 Grignard 试剂的制备、应用和进行 Grignard 反应的条件。

（2）掌握电动搅拌（或磁力搅拌）、回流、萃取、蒸馏（包括低沸点物蒸馏）等操作技能。

【仪器及药品】

1. 仪器

电动搅拌器（或磁力搅拌器）、电热套、标准磨口仪。

2. 药品

镁屑、溴乙烷、丙酮、无水乙醚、5%的碳酸钠、20%的硫酸、无水碳酸钾、无水氯化钙。

【实验原理】

$$CH_3CH_2Br + Mg \xrightarrow{\text{无水乙醚}} CH_3CH_2MgBr \xrightarrow[\text{无水乙醚}]{CH_3COCH_3}$$

$$\underset{\underset{OMgBr}{|}}{\overset{\overset{CH_3}{|}}{CH_3CH_2CCH_3}} \xrightarrow{H^+/H_2O} \underset{\underset{OH}{|}}{\overset{\overset{CH_3}{|}}{CH_3CH_2CCH_3}}$$

【实验装置】

实验装置见图 5－5。

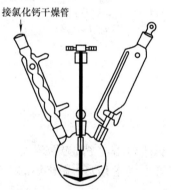

接氯化钙干燥管

图 5－5　2－甲基－2－丁醇的制备实验装置

【实验步骤】

1. 乙基溴化镁的制备

按图 5－5 安装好装置，在三颈瓶中放入 1.1 g 镁屑及 1 小粒碘。在恒压漏斗中加入 4.3 mL 溴乙烷和 10 mL 无水乙醚，混匀。从恒压漏斗中滴约 1.7 mL 混合液至三颈瓶中，溶液呈微沸状态，随即碘的颜色消失（必要时可用温水浴温热）。开动搅拌器，慢慢滴加剩下的混合液，维持反应液呈微沸状态。滴加完毕后，用温水浴回流搅拌 30 min，使镁屑几乎作用完全。

2. 与丙酮的加成反应

将反应瓶置于冰水浴中，在搅拌下从恒压漏斗中滴 3.3 mL 丙酮及 3.3 mL 无水乙醚混合液。滴加完毕后，在室温下搅拌 15 min，瓶中有灰白色黏稠状固体析出。

3. 加成物的水解和产物的提取

将反应瓶置于冰水冷却和搅拌下，从恒压漏斗中滴 20 mL 20%的硫酸溶液分解产物。然后在分液漏斗中分离出醚层，水层用无水乙醚萃取两次，每次 6.5 mL。合并醚层，用 5 mL 5%的碳酸钠溶液洗涤，再用无水碳酸钾干燥。用热水浴蒸去乙醚，再直接加热蒸馏，收集 95～105 ℃的馏分。称重，计算产率。

【实验注意事项】

（1）Grignard 反应所用的仪器和药品必须经过干燥处理；实验装置与大气相连处需接上

装有无水氯化钙的干燥管。

（2）滴加溴乙烷的速度必须控制。

（3）2 - 甲基 - 2 - 丁醇能与水形成共沸物,最后用无水碳酸钾干燥时一定要完全。

（4）乙醚容易燃烧,必须远离火源。

（5）乙醚和溴乙烷的沸点都很低,操作时应尽量防止其挥发。

【思考题】

为什么 Grignard 反应所用的仪器和药品必须经过干燥处理?

实验二十五　三苯甲醇的制备

【实验目的】

（1）了解 Grignard 试剂的制备、应用和进行格氏反应的条件。

（2）掌握搅拌、回流、萃取、蒸馏（包括低沸点物蒸馏）等操作。

【实验原理】

Grignard 试剂是有机合成中应用最广泛的金属有机试剂。其化学性质十分活泼,可以与醛、酮、酯、酸酐、酰卤、腈等多种化合物发生亲核加成反应,常用于制备醇、醛、酮、羧酸及各种烃类。

本实验通过苯甲酸乙酯与两分子 Grignard 试剂——苯基溴化镁（由溴苯与 Mg 制得）的反应制备三苯甲醇。

苯甲酸乙酯与苯基溴化镁的反应如下:

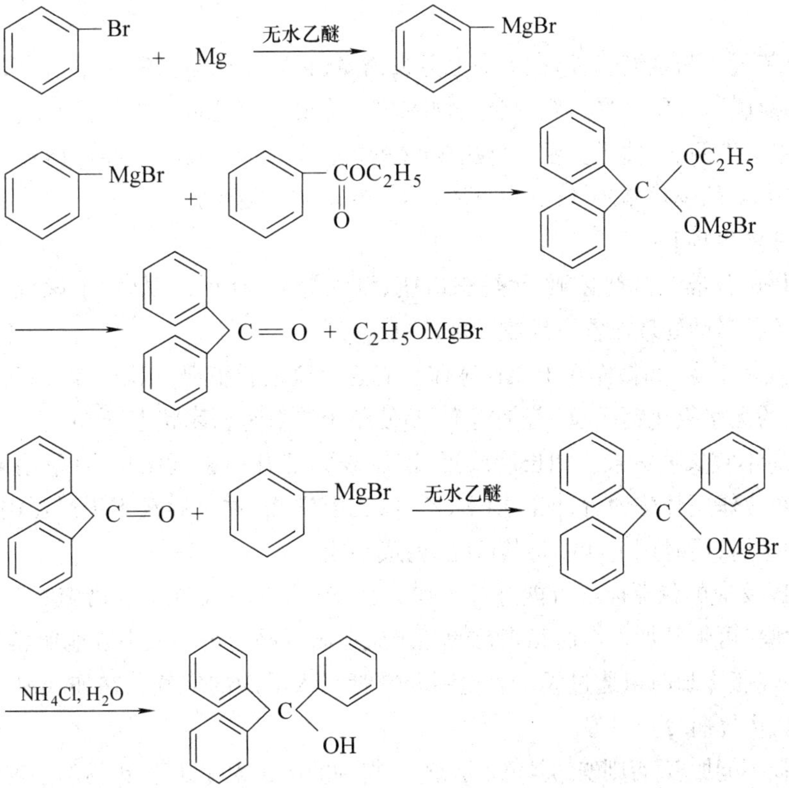

【仪器及药品】

1. 仪器

三口瓶、球形冷凝管、恒压滴液漏斗、圆底烧瓶、直形冷凝管、滴液漏斗、干燥管、量杯、布氏漏斗、抽滤瓶、真空泵。

2. 药品

镁屑、碘片、溴苯、无水乙醚、苯甲酸乙酯、乙醇、氯化铵。

【实验步骤】

1. 苯基溴化镁(Grignard 试剂)的制备

在 250 mL 的三口瓶上分别装置球形冷凝管及恒压滴液漏斗,在冷凝管上口连接无水氯化钙干燥管。瓶内放置 1.5 g 镁屑及 1 小粒碘片,在恒压滴液漏斗中混合 10 g 溴苯及 30 mL 无水乙醚。将 1/4 的混合液滴入烧瓶中,数分钟后即见镁屑表面有气泡产生,溶液轻微混浊,碘的颜色开始消失。若不发生反应,可用水浴温热。反应开始后搅拌,缓缓滴入其余的溴苯醚溶液,滴加速度保持溶液呈微沸状态,加毕在水浴上继续回流 0.5 h,使镁屑充分作用。

2. 三苯甲醇的制备

将三口瓶置于冷水浴中,在搅拌下由滴液漏斗滴加 3.8 mL 苯甲酸乙酯和 10 mL 无水乙醚的混合物,控制滴加速度保持反应平稳地进行。滴加完毕后,将反应混合物在水浴上回流 0.5 h,使反应进行完全。将反应物用冷水浴冷却,在搅拌下由滴液漏斗慢慢滴加由 7.5 g 氯化铵配成的饱和水溶液(约需 28 mL 水),分解加成产物。这时可以观察到反应物明显地分为两层。

将反应装置改为蒸馏装置,在水浴上蒸去乙醚,再对残余物进行水蒸气蒸馏,以除去未反应的溴苯及联苯等副产物。瓶中剩余物冷却后冷凝为有色固体,抽滤收集。粗产品用玻璃塞压碎,用水洗两次,抽干。粗产物用 80% 的乙醇进行重结晶,干燥后产量为 4.5~5 g。纯三苯甲醇为无色棱状晶体,熔点为 162.5 ℃(要求测定熔点)。

【实验注意事项】

(1)使用的仪器及试剂必须干燥:三口瓶、滴液漏斗、球形冷凝管、干燥管、量杯等预先烘干;乙醚经金属钠处理放置一周成无水乙醚。

(2)在安装干燥管时,先在干燥管球体下支管口塞上脱脂棉(以防干燥剂落入冷凝管),再加入粒状的无水氯化钙颗粒(若是粉末,易使整个装置呈密闭状态,产生危险)。

(3)镁屑不宜长期放置。如长期放置,镁屑表面常有一层氧化膜,可采用下法除之:用 5% 的盐酸溶液作用数分钟后,依次用水、乙醇、乙醚洗涤,抽干后置于干燥器内备用。也可用镁条代替镁屑,用时用细砂纸将其擦亮,剪成小段。

(4)格氏反应的仪器应尽可能进行干燥,有时作为补救和进一步措施时需清除仪器所形成的水化膜,可将已加入镁屑和碘粒的三颈瓶在石棉网上用小火小心地加热几分钟,使之彻底干燥。烧瓶冷却时可通过无水氯化钙干燥管吸入干燥的空气。在加入溴苯醚溶液前,需熄灭火源,将烧瓶冷至室温。

(5)碘粒不能加多,否则碘的颜色无法消失,得到的产品为棕红色,也易产生副反应,即偶合反应。

（6）由于制 Grignard 试剂时放热，易发生偶合等副反应，故滴溴苯醚混合液时需控制滴加速度，并不断振摇。

（7）制好的 Grignard 试剂为混浊的有色溶液。若澄清，可能瓶中进水，没制好 Grignard 试剂。

（8）滴入苯甲酸乙酯后，应注意反应液颜色的变化：原色→玫瑰红色→橙色→原色。此步是关键。若无颜色变化，此实验很可能已失败，需重做。

（9）饱和氯化铵溶液溶解三苯甲醇加成产物时，若产生的氢氧化镁沉淀太多，可加几毫升稀盐酸以溶解产生的絮状氢氧化镁沉淀，或者在后面水蒸气蒸馏时（有大量水时）滴加几滴浓盐酸，以溶解呈白色的氢氧化镁沉淀，否则溶液很难蒸至澄清。

（10）水蒸气蒸馏是分离和纯化有机物的常用方法之一，尤其是在反应产物中有大量树脂状物质的情况下，效果较一般蒸馏或重结晶为好。使用这种方法时，被提纯物质应该具备下列条件：不溶（或几乎不溶）于水，在沸腾下长时间与水共存而不起化学变化，在 100 ℃ 左右必须具有一定的饱和蒸气压（一般不低于 1.33 kPa）。

（11）根据道尔顿分压定律，整个体系的蒸气压等于各组分的蒸气压之和。因此，在常压下应用水蒸气蒸馏，就能在低于 100 ℃ 的情况下将高沸点组分与水一起蒸出来。此法特别适用于分离那些在其沸点附近易分解的物质，也适用于从不挥发物质或不需要的树脂物质中分离出所需要的组分。

（12）水蒸气蒸馏时要注意安全，玻璃管、导气管要插入瓶底，撤火前将连接两个导气管的胶管拆开，以防倒吸。

【思考题】

（1）本实验有哪些可能的副反应？如何避免？

（2）本实验中溴苯加得太快或一次加入有什么不好？

实验二十六　乙醚的制备

【实验目的】

（1）掌握实验室制备乙醚的原理和方法。

（2）初步掌握低沸点易燃液体的操作要点。

【实验原理】

主反应：

$$CH_3CH_2OH + H_2SO_4 \xrightleftharpoons{100\sim130\ ℃} CH_3CH_2OSO_2OH + H_2O$$

$$CH_3CH_2OSO_2OH + CH_3CH_2OH \xrightleftharpoons{135\sim145\ ℃} CH_3CH_2OCH_2CH_3 + H_2SO_4$$

总反应式：

$$2CH_3CH_2OH \xrightleftharpoons[H_2SO_4]{140\ ℃} CH_3CH_2OCH_2CH_3 + H_2O$$

副反应：

$$CH_3CH_2OH \xrightarrow{H_2SO_4} \begin{cases} \xrightarrow{170\ ℃} CH_2=CH_2+H_2O \\ \xrightarrow{[O]} CH_3CHO+SO_2+H_2O \end{cases}$$

$$CH_3CHO \xrightarrow{H_2SO_4} CH_3COOH+SO_2+H_2O$$

$$SO_2+H_2O \longrightarrow H_2SO_3$$

【仪器及药品】

1. 仪器

电热套、水浴锅、三角烧瓶、滴液漏斗、温度计、冷凝管、接收器、折射仪。

2. 药品

乙醇、浓 H_2SO_4、5% 的 NaOH 溶液、饱和 NaCl 溶液、$CaCl_2$（饱和溶液）、无水 $CaCl_2$。

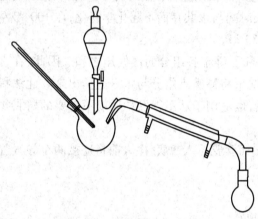

图 5-6 乙醚的制备实验装置

【实验步骤】

1. 乙醚的粗制

（1）向干燥的三角烧瓶中加入 12 mL 乙醇，缓缓加入 12 mL 浓 H_2SO_4，混合均匀。

（2）从滴液漏斗中加入 25 mL 乙醇。

（3）按图 5-6 连接好装置。

（4）用电热套加热，使反应温度比较迅速地升到 140 ℃，由滴液漏斗慢慢滴加乙醇。

（5）控制滴入速度与馏出液速度大致相等（每秒 1 滴）。

（6）维持反应温度在 135～145 ℃，30～45 min 滴完，再继续加热 10 min，直到温度升到

160 ℃，停止反应。

2. 乙醚的精制

（1）将馏出液转至分液漏斗中，依次用 8 mL 5% 的 NaOH、8 mL 饱和 NaCl 溶液洗涤，最后用 8 mL 饱和 $CaCl_2$ 溶液洗涤两次。

（2）分出醚层，用无水 $CaCl_2$ 干燥。

（3）分出醚，蒸馏收集 33～38 ℃的馏出液。

（4）计算产率。

【实验注意事项】

（1）在反应装置中，滴液漏斗末端和温度计水银球必须浸入液面以下，接收器必须浸入冰水浴中，尾接管支管接橡胶管通入下水道或室外。

（2）控制好滴加乙醇的速度（每秒 1 滴）和反应温度（135～145 ℃）。

（3）乙醚是低沸点易燃液体，仪器装置连接处必须严密，在洗涤过程中必须远离火源。

【问题讨论】

（1）在本实验中，把混在粗制乙醚里的杂质一一除去需采取哪些措施？

（2）反应温度过高或过低对反应有什么影响？

实验二十七　正丁醚的制备

【实验目的】

(1)掌握醇分子间脱水制醚的反应原理和实验方法。

(2)学习使用分水器的实验操作。

【实验原理】

正丁醚常采用浓硫酸催化正丁醇进行分子间脱水的方法制备。

主反应：

$$2CH_3CH_2CH_2CH_2OH \xrightarrow{H_2SO_4, 134 \sim 135\ ℃} CH_3CH_2CH_2CH_2OCH_2CH_2CH_2CH_3 + H_2O$$

副反应：

$$CH_3CH_2CH_2CH_2OH \xrightarrow[>135\ ℃]{H_2SO_4} C_4H_8 + H_2O$$

【仪器及药品】

1. 仪器

100 mL 的三颈烧瓶、分水器、回流冷凝管、接收弯头、温度计、蒸馏头、分液漏斗、锥形瓶。

2. 药品

正丁醇、浓硫酸、无水氯化钙。

【实验步骤】

(1)向 100 mL 的三颈烧瓶中加入 12.5 g(15.5 mL)正丁醇和约 4 g(2.2 mL)浓硫酸,摇动使其混合均匀,并加入几粒沸石。将三颈烧瓶的一个瓶口装上温度计,另一个瓶口装上分水器,分水器上端接回流冷凝管。在分水器中放置$(V-2)$mL 水(V 为分水器的容积),然后将烧瓶在石棉网上用小火加热,回流。继续加热到瓶内温度升高到 134 ~ 135 ℃(约需 20 min)。待分水器被水充满时,表示反应已基本完成。

(2)冷却反应物,将其连同分水器里的水一起倒入内盛 25 mL 水的分液漏斗中,充分振摇,静置,分出产物粗制正丁醚。用两份 8 mL 50% 的硫酸洗涤两次,再用 10 mL 水洗涤一次,然后用无水氯化钙干燥。干燥后的产物倒入蒸馏烧瓶中蒸馏,收集 139 ~ 142 ℃ 的馏分。称重,计算产率。

(纯正丁醚为无色液体,沸点为 142 ℃,n_D^{20} 为 1.399 2)

【实验注意事项】

(1)在反应中分水器内的液面升高,是由于反应生成的水以及未反应的正丁醇经冷凝管冷凝后聚积于分水器内。由于密度不同,水在下层,正丁醇浮于水面上而流回反应瓶中。

(2)正丁醇溶于 50% 的硫酸中,而正丁醚则很少溶解,以此除去正丁醇。

【问题讨论】

反应结束后为什么要将混合物倒入 25 mL 水中? 实验中各步洗涤的目的是什么?

(**提示**　将混合物倒入 25 mL 水中分出醚层。用 50% 的 H_2SO_4 洗粗产品主要洗除副产物丁烯和未反应完的原料正丁醇;用水洗除去醚层中的酸)

5.5 醛和酮

醛和酮都是分子中含有羰基($>$C=O)官能团的有机化合物。碳原子数相同的醛和酮互为官能团异构体。由于二者都含有羰基,所以能发生许多相同的化学反应,但因羰基在分子中所处的位置不同,它们的性质又存在一些差异。

醛和酮可用相应的伯醇和仲醇氧化得到。在实验室中一直用铬盐作为氧化剂,但由于其对环境有污染、治理费用又高,逐渐被淘汰。近20年来人们发现次氯酸盐是一种好的氧化剂。最近报道在钨酸钠存在下,用硫酸氢甲基三正辛基铵作为相转移催化剂,在水溶液中用30%的过氧化氢氧化伯醇、仲醇制备相应的醛和酮获得成功。此反应转化率、选择性都很高,是一条环境友好的合成路线。该法用于苯甲醇制备苯甲醛,没有发现过度氧化成苯甲酸的现象,是符合绿色化学要求的实验。

己二酸在强碱作用下高温脱羧得到环戊酮,是合成环状化合物的方法。

醛比醇更易氧化,用氧化剂氧化伯醇制备醛,一般情况下产率都不高。但是还有用伯醇在金属(如铜)催化下高温脱氢制备醛的方法。脱氢反应是吸热反应,常通入适量氧,称为氧化脱氢,已用于工业生产。

实验二十八 醛和酮的性质

【实验目的】

(1)了解经典化学分析方法操作简单、成本低廉、易于观察、适用性强的特点。

(2)通过实验进一步理解掌握醛、酮的相关化学性质。

【实验原理】

1. 与2,4-二硝基苯肼反应

共轭醛、酮与2,4-二硝基苯胺反应生成的沉淀为红色或橘红色。

2. 与亚硫酸氢钠发生加成反应

醛、脂肪族甲基酮以及少于八个碳的环酮可以与$NaHSO_3$的饱和水溶液发生加成反应,生成α-羟基磺酸钠。

$$\begin{array}{c} R \\ R' \end{array}C=O \ + \ H-SO_3Na \ \Longleftrightarrow \ \begin{array}{c} R \\ R' \end{array}C\begin{array}{c} OH \\ SO_3Na \end{array}$$

3. 碘仿反应

$$\underset{O}{R(H)-\overset{\|}{C}-CH_3} \ + \ 3X_2 \ \xrightarrow{NaOH} \ R(H)-\overset{\|}{\underset{O}{C}}-CX_3 \ + \ 3HX$$

$$R(H)-\overset{\|}{\underset{O}{C}}-CX_3 \ + \ NaOH \ \longrightarrow \ R(H)-COONa \ + \ CHX_3$$

具有 $CH_3-\overset{\|}{\underset{O}{C}}-R(H)$ 结构的醛、酮和具有 $CH_3\overset{OH}{\underset{\ }{C}}HR(H)$ 结构的醇都能发生碘仿反应。$NaOX$ 是一种氧化剂,能将 α-甲基醇氧化为 α-甲基酮。碘仿为浅黄色晶体,现象明显。

4. 银镜反应

较弱的氧化剂,如氢氧化银的氨溶液(称为托伦试剂)可将芳醛或脂肪醛氧化成相应的羧酸,析出的还原性银可附在清洁的器壁上呈现光亮的银镜,常称为"银镜反应",可用这个反应来鉴别醛,工业上用此反应来制镜。例如:

$$RCHO + 2Ag(NH_3)_2OH \longrightarrow RCOONH_4 + 2Ag \downarrow + H_2O + 3NH_3$$

5. 费林反应

费林试剂是由硫酸铜、酒石酸钾钠和氢氧化钠组成的碱性混合液。醛与费林试剂反应时,二价铜离子被还原成砖红色的氧化亚铜沉淀。例如:

$$RCHO + 2Cu^{2+} + NaOH + H_2O \longrightarrow RCOONa + Cu_2O \downarrow + 4H^+$$

甲醛的还原性较强,可与费林试剂反应生成铜镜。

$$HCHO + Cu^{2+} + NaOH \xrightarrow[\text{加热}]{\text{水浴}} HCOONa + Cu \downarrow + 2H^+$$

脂肪醛可以被托伦试剂和费林试剂氧化,芳香醛的氧化活性比脂肪醛低,可被托伦试剂氧化,但不能与费林试剂作用。醛与托伦试剂和费林试剂的反应可用来区别醛和酮。其中费林试剂可区别脂肪醛和芳香醛,并可鉴定甲醛。

【仪器及药品】

1. 仪器

试管、试管架、酒精灯、烧杯、石棉网、三脚架、胶头滴管。

2. 药品

甲醛、乙醛、丙酮、2,4 - 二硝基苯肼、饱和亚硫酸氢钠溶液、碘溶液、5%的氢氧化钠溶液、葡萄糖溶液、2%的氨水、2%的硝酸银溶液、费林试剂Ⅰ、费林试剂Ⅱ、苯甲醛。

【实验内容】

1. 与2,4 - 二硝基苯肼的反应

取三只试管,分别加入3滴甲醛、乙醛、丙酮,然后加入2,4 - 二硝基苯肼。边加边振荡试管,滴10滴左右即可,观察有无沉淀生成;产生的沉淀的颜色。颜色不同说明什么?

2. 与亚硫酸氢钠的加成反应

向两只试管中各加2 mL饱和亚硫酸氢钠溶液,再分别加入1 mL纯丙酮和5%的丙酮溶液,振荡,把试管放在冰水中冷却,观察现象。

3. 碘仿反应

取三只试管,分别加入3滴甲醛、乙醛、丙酮,然后各加入7滴碘溶液,溶液呈深红色,再加5%的NaOH溶液,边滴边振荡试管,直到深红色变浅时为止。

4. 银镜反应

取两只洁净的试管,分别加入1 mL 2%的硝酸银溶液,再加入氢氧化钠水溶液,然后一边振荡试管,可以看到白色沉淀,一边逐滴滴入2%的稀氨水,直到最初产生的沉淀恰好溶解为止(这时得到的溶液叫银氨溶液)。

乙醛的银镜反应:向其中一只试管中滴入3滴乙醛,振荡后把试管放在热水中温热,不久便可以看到试管内壁上附着有一层光亮如镜的金属银。(在此过程中不要晃动试管,否则只会看到黑色沉淀而无银镜)

葡萄糖的银镜反应:向另一只试管中滴入1滴管葡萄糖溶液,振荡后把试管放在热水中温热,不久便可以看到试管内壁上附着有一层光亮如镜的金属银。

5. 费林反应

把1 mL费林试剂Ⅰ和1 mL费林试剂Ⅱ在试管里混合均匀,分装到3只试管中,分别加入 3~5 滴样品(乙醛、丙酮、苯甲醛),振荡后把试管放在沸水中加热,观察现象。

【实验结果】

表 5-4 实验现象及解释

实验组别编号	现象	反应式	现象解释
1			
2			
3			
4			
5			

【思考题】

(1)说明什么结构的醇和醛、酮可以发生碘仿反应。

(2)托伦试剂是什么?怎么制得?

实验二十九　苯甲醛的制备

【实验目的】

(1)调研并总结苯甲醛的各种制备方法,并比较和归纳各种方法的优缺点。

(2)结合实验室条件,设计并按如下反应原理完成苯甲醛的制备。

(3)学习水蒸气蒸馏的原理和操作,进一步掌握蒸馏和回流操作。

【仪器及药品】

1. 仪器

分馏装置。

【实验原理】

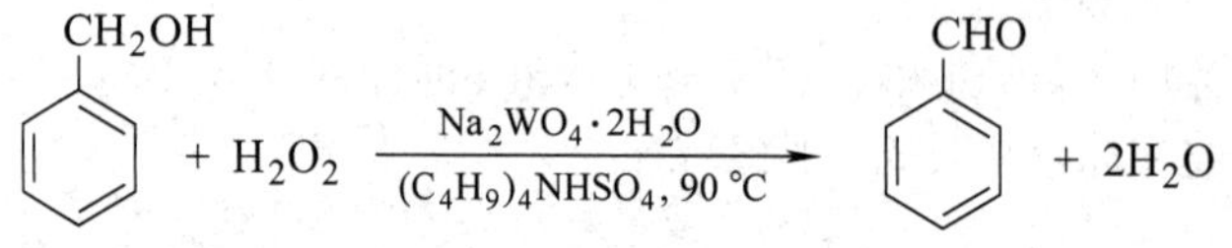

【仪器及药品】

1. 仪器

圆底烧瓶、冷凝管、漏斗、加压蒸馏装置。

2. 药品

苯甲醇、H_2O_2(12%)、$Na_2WO_4 \cdot 2H_2O$、硫酸氢四正丁基铵、甲基叔丁基醚、饱和硫代硫酸钠溶液、无水硫酸镁。

【实验步骤】

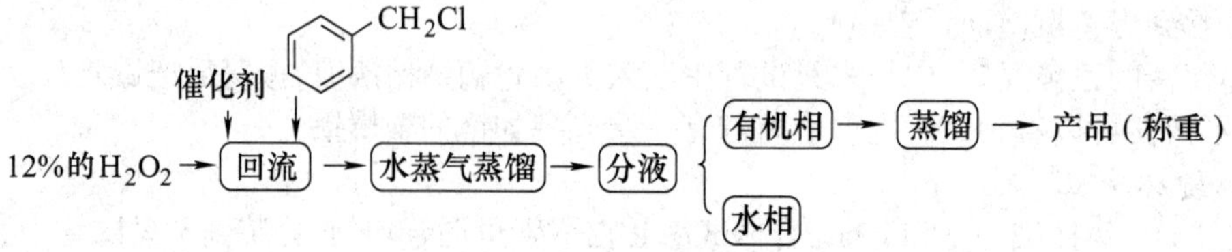

122

【思考题】

(1)本实验还可使用什么相转移催化剂?

(2)未转化的苯甲醇是怎样除去的?

<h2 style="text-align:center">实验三十 环己酮的制备</h2>

【实验目的】

(1)学习铬酸氧化法制备环己酮的原理和方法。

(2)进一步掌握搅拌、萃取、干燥、蒸馏等基本操作。

【仪器及药品】

1. 仪器

电动搅拌器(或磁力搅拌器)、电热套、标准磨口仪。

2. 药品

环己醇、乙醚、铬酸溶液(按下文中"实验注意事项(1)"的方法自己配制)、5%的碳酸钠溶液、无水硫酸钠。

【实验原理】

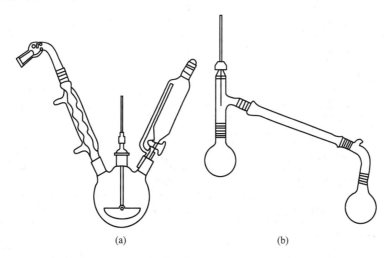

【实验装置】

实验装置见图5－7。

图5－7 环己酮的制备实验装置

(a)回流滴加装置 (b)蒸馏装置

【实验步骤】

1. 粗产物的制备

按图5－7(a)安装好装置,于三颈瓶中加入2.65 mL环己醇和12.5 mL乙醚,摇匀且冷却至 0 ℃。开动搅拌器,将 25 mL 冷却至 0 ℃ 的铬酸溶液从恒压漏斗中滴入三颈瓶中。加完后继续搅拌 20 min 。

2. 分离提纯

将反应混合物转移到分液漏斗中分出醚层,水层用乙醚萃取两次(每一次 12.5 mL),将三次的醚层合并,用 12.5 mL 5% 的 Na_2CO_3 溶液洗涤一次,然后用水洗涤四次(每次 12.5 mL)。用无水 Na_2SO_4 干燥,用热水浴蒸去乙醚,再直接加热蒸馏,收集 152～155 ℃ 的馏分。称重,计算产率。

【实验注意事项】

(1)铬酸溶液的配制:将 20 g $Na_2Cr_2O_7 \cdot 2H_2O$ 溶于 60 mL 水中,在搅拌下慢慢加入 14.8 mL 98% 的浓硫酸,最后稀释至 100 mL。

(2)在第一次分层时,由于上下两层都带深棕色,不易看清其界线,可加少量乙醚或水,则易看清。

(3)乙醚容易燃烧,必须远离火源。

(4)铬酸溶液具有较强的腐蚀性,操作时应多加小心,不要溅到衣物或皮肤上。

(5)环己酮和水可形成恒沸物,使其沸点下降,用无水 Na_2SO_4 干燥时一定要完全。

【考核评分】

见表 5 − 5。

表 5 − 5　环己酮的制备操作考核评分表

项目	评分要素	配分	评分标准	扣分	得分	备注
制备操作 (14分)	反应装置的安装顺序	2	正确			
	温度计的放置	2	插入深度合适			
	冷凝管的位置	2	左侧口			
	冷凝管的进出水口	2	连接正确			
	整个反应装置	2	整齐划一			
	物料的加入顺序	2	正确			
	反应温度的控制	2	恰当			
粗产物 分离操作 (16分)	分液漏斗的密封性	2	不漏			
	握分液漏斗的姿势	3	正确			
	振摇与放气动作	3	正确			
	分液漏斗的静置	2	到位			
	分层液体流出方向	2	上层上出,下层下出			
	产品流失	2	无			
	使用完后分液漏斗的处理	2	洗净仪器,纸片垫在活塞处			

续表

项目	评分要素	配分	评分标准	扣分	得分	备注
产品的精制（20分）	干燥剂的加入	3	加入量合适			
	产品干燥质量	3	干燥时间符合要求,透明			
	装置安装	2	正确,整齐划一			
	加入沸石	2	加入适量			
	蒸气顶端停留	2	停留,达平衡			
	蒸馏速度	3	控制在每秒1~2滴			
	前馏分接收	3	接收,更换接收器			
	结束操作顺序	2	正确,与安装顺序相反			
产品质量（15分）	产品外观	3	透明,不混浊			
	数据记录	2	及时,规范			
	产率	10	符合要求			
结束工作（15分）	整理实验台	5	摆放整齐,擦拭干净			
	仪器的清洗与放置	5	洗净,有序地放置于柜中			
	完成时间	5	在规定时间内完成			
实验素质（20分）	实验中的创新	10	有			
	实验中问题的解决	5	能正确处理与解决			
	废液的处理	5	倒至指定的位置			

5.6　羧酸及其衍生物

羧酸是分子中含有羧基的有机化合物。羧基是由羰基和羟基组成的官能团,羧酸的化学反应主要发生在羧基及受羧基影响的 α -氢原子上。

羧酸分子中的羟基被其他原子或基团取代后生成羧酸衍生物。它们都是含有酰基的化合物,由于结构相似,所以具有许多相似的化学性质。

氧化反应是制备羧酸的常用方法。制备脂肪族羧酸,可以伯醇或醛为原料,用高锰酸钾氧化。将仲醇、酮或烯烃强烈氧化,也能得到羧酸,同时发生碳链断裂。例如,工业上用硝酸氧化环己醇或环己酮制备己二酸,同时还产生一些碳数较少的二元羧酸。

芳香族羧酸通常用芳香烃氧化制备。芳香烃的苯环比较稳定,难以氧化,而环上的支链不论长短,只要有 α -氢,在强烈氧化时最后都变成羧基。

制备羧酸采取的都是比较强烈的氧化条件,而氧化反应一般都是放热反应,所以控制反应温度是非常重要的。如果反应温度失控,不但会破坏产物,使产率降低,有时还会发生爆炸。

一般用羧酸作原料来制备其衍生物。

在实验室中,酸酐可以用酰氯和无水羧酸钠(或钾)共热制得。若用此法制备乙酐,所用原料必须是无水的,所用仪器必须是干燥的;乙酰氯最好是新蒸馏的,乙酸钠必须经过熔融处理。其他酸酐可以乙酐为脱水剂由相应的羧酸制备。此法适用于制备较高级的羧酸酐和二元羧酸的酸酐。

有机酸酯通常用醇和羧酸在少量酸性催化剂(如浓硫酸)存在下,通过酯化反应制得。

酯化反应是典型的酸催化的可逆反应。为了使反应平衡向右移动,可以用过量的酸或羧酸,也可以把生成的酯或水及时蒸出,或两者并用。例如,在实验室中制备乙酸乙酯时,通常可加入过量的乙酸和适量的浓硫酸,并将反应中生成的乙酸乙酯及时蒸出。实验时应注意控制好反应物的温度,滴加原料的速度和蒸出产物的速度,使反应进行得比较安全。在制备乙酸正丁酯时,采用等物质的量的乙酸和正丁醇,加入极少量的浓硫酸作催化剂,进行回流,让回流冷凝液进入一个分水器分层,水层留在分水器中,有机层(含乙酸正丁酯和正丁醇)不断地流回反应器中。这样,在酯化反应进行时,生成的水被从平衡混合物中除去,使酸和醇的反应几乎进行到底,得到高产率的乙酸正丁酯。制备邻苯二甲酸二正丁酯时也采用共沸混合物去水的方法。

酰胺可以用酰氯、酸酐、羧酸或酯同浓氨水、碳酸铵或(伯或仲)胺等作用制得。芳香族的酰胺通常用(伯或仲)芳胺同酸酐或羧酸作用来制备。例如,常用苯胺同冰醋酸共热来制备乙酰苯胺。这个反应是可逆反应。在实际操作中,一般加入过量的冰醋酸,同时用分馏柱把生成的水(含少量醋酸)蒸出,以提高乙酰苯胺的产率。

实验三十一　羧酸及其衍生物的性质

【实验目的】
(1)验证羧酸及其衍生物的性质。
(2)了解肥皂的制备原理及其性质。

【实验原理】

1. 酸性实验

刚果红适于作酸性物质的指示剂,其变色 pH 范围为 3~5。刚果红与弱酸作用显蓝黑色;与强酸作用显稳定的蓝色;遇碱又变红。根据刚果红试纸颜色的深浅顺序(草酸>甲酸>乙酸)可以判断酸性强弱为草酸>甲酸>乙酸。

2. 成盐反应

苯甲酸晶体由不溶到溶解再到析出。

苯甲酸是白色结晶,微溶于水,易升华,能随水蒸气一起蒸出,其钠盐是温和的防腐剂。

3. 加热分解作用

不同的羧酸失去羧基的难易程度并不相同,除甲酸外,乙酸的同系物直接加热都不容易脱去羧基(失去 CO_2),但在特殊条件下也可以发生脱羧反应,一元羧酸加热到 100~200 ℃时,容易发生脱羧反应。一般情况下二元羧酸可以发生羧基所具有的一切反应,但某些反应取决于两个羧基间的距离。各种二元羧酸受热后,由于两个羧基的位置不同,有时发生失水反应,有时发生脱羧反应,如草酸和丙二酸受热后很容易脱羧。

甲酸、乙酸和草酸加热后,甲酸无现象,乙酸使石灰水变混浊,草酸使石灰水产生絮状沉淀。

4. 氧化作用

甲酸分子中有醛基,有还原性。甲酸能发生银镜反应,也能使高锰酸钾溶液褪色,这些反应常用于甲酸的定性鉴定。甲酸与浓硫酸等脱水剂共热分解生成一氧化碳和水,这是实验室中制备一氧化碳的方法。草酸很容易被氧化成二氧化碳和水,在定量分析中常用草酸来滴定高锰酸钾。草酸可以与许多金属生成络离子,例如草酸钾和草酸铁络离子,这种络合物是溶于水的,因此草酸可用来除去铁锈或蓝墨水的痕迹。甲酸不能使高锰酸钾溶液褪色,乙酸、草酸能使高锰酸钾溶液褪色。

5. 成酯反应

羧酸与醇作用生成酯,称为酯化反应。酯化反应进行得很慢,需要酸催化。

【仪器及药品】

1. 仪器

试管、试管架、烧杯、酒精灯、滴管。

2. 药品

甲酸、乙酸、草酸、刚果红试纸、苯甲酸、10%的氢氧化钠溶液、10%的盐酸溶液、石灰水、稀硫酸(1:5)、0.5%的高锰酸钾溶液、无水乙醇、浓硫酸、乙酰氯、2%的硝酸银溶液、20%的碳酸钠溶液、苯胺、乙酸酐、乙酰胺、20%的氢氧化钠溶液、红色石蕊试纸、10%的硫酸。

【实验内容】

1. 羧酸的性质

1)酸性实验

将甲酸、乙酸各 5 滴及草酸 0.2 g 分别溶于 2 mL 水中。然后用洗净的玻璃棒分别蘸取相应的酸液在同一条刚果红试纸上画线,比较各线条的颜色和深浅程度。

2)成盐反应

取 0.2 g 苯甲酸晶体放入盛有 1 mL 水的试管中,加入 10%的氢氧化钠溶液数滴,振荡并观察现象。接着加数滴 10%的盐酸,振荡并观察所发生的变化。

3)加热分解作用

将甲酸、乙酸各 1 mL 及草酸 1 g 分别放入 3 只带导管的小试管中,导管的末端分别伸入 3 只各盛有 1~2 mL 石灰水的试管中(导管要插入石灰水中)。加热试样,当有连续气泡产生时观察现象。

4)氧化作用

在 3 只试管中分别放置 0.5 mL 甲酸、乙酸以及由 0.2 g 草酸和 1 mL 水所配成的溶液,然后分别加入 1 mL 稀硫酸(1:5)和 2~3 mL 0.5%的高锰酸钾溶液,加热至沸腾,观察现象,比较反应速率。

5)成酯反应

向一只干燥的试管中加入 1 mL 无水乙醇和 1 mL 冰醋酸,再加入 0.2 mL 浓硫酸,振荡均匀后浸在 60~70 ℃的热水浴中约 10 min。然后将试管浸入冷水中冷却,最后向试管内加入 5 mL 水。这时试管中有酯层析出并浮于液面上,注意所生成的酯的气味。

2. 羧酸衍生物的性质

1)酰氯和酸酐的性质

(1)水解作用。

向试管中加入 2 mL 蒸馏水,再加入数滴乙酰氯,观察现象。反应结束后向溶液中滴加数滴 2%的硝酸银溶液,观察现象。

(2)醇解作用。

在一只干燥的小试管中放入 1 mL 无水乙醇,慢慢滴加 1 mL 乙酰氯,同时用冷水冷却试管并不断振荡。反应结束后先加入 1 mL 水,然后小心地用 20%的碳酸钠溶液中和反应液使之呈中性,即有酯层浮于液面上。如果没有酯层浮起,可向溶液中加入粉状的氯化钠至溶液饱和为止,观察现象并闻其气味。

(3)氨解作用。

在一只干燥的小试管中放入新蒸馏的淡黄色苯胺 5 滴,然后慢慢滴加乙酰氯 8 滴,待反应结束后再加入 5 mL 水并用玻璃棒搅匀,观察现象。

用乙酸酐代替乙酰氯重复做上述三个实验,反应较乙酰氯难进行,需要热水浴加热,在较长时间内才能完成上述反应。

2)酰胺的水解作用

(1)碱性水解。

取 0.1 g 乙酰胺和 1 mL 20% 的氢氧化钠溶液一起放入一只小试管中,混合均匀并用小火加热至沸腾。用湿润的红色石蕊试纸在试管口检验所产生的气体的性质。

(2)酸性水解。

取 0.1 g 乙酰胺和 2 mL 10% 的硫酸一起放入一只小试管中,混合均匀,用沸水浴加热沸腾 2 min,有醋酸味产生。放冷并加入 20% 的氢氧化钠溶液至反应液呈碱性,再次加热。用湿润的红色石蕊试纸检验所产生的气体的性质。

【实验结果】

表 5-6　实验现象及解释

实验组别编号	现象	反应式	现象解释
1.1)			
2)			
3)			
4)			
5)			
2.1)			
2)			

【思考题】

甲酸能发生银镜反应吗?

实验三十二　己二酸的制备(KMnO$_4$ 氧化法)

【实验目的】

(1)学习用环己醇氧化制备己二酸的原理和方法。

(2)掌握电动搅拌(或磁力搅拌)、浓缩、过滤及重结晶等操作技能。

【仪器及药品】

1. 仪器

电动搅拌器(或磁力搅拌器)、循环水泵、电热套、标准磨口仪。

2. 药品

环己醇、碳酸钠、高锰酸钾、浓硫酸。

【实验原理】

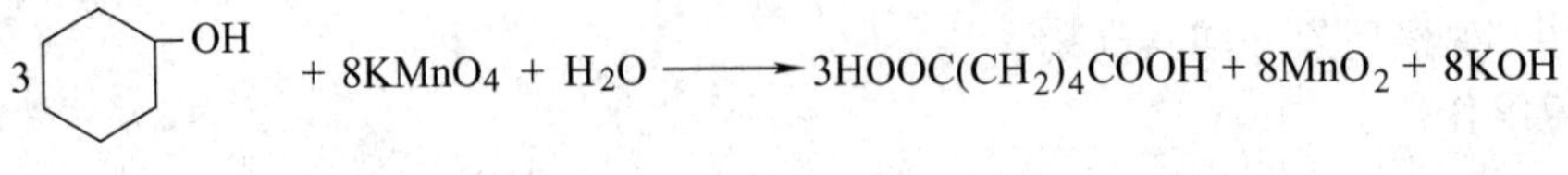

$$3\ \text{环己醇} + 8KMnO_4 + H_2O \longrightarrow 3HOOC(CH_2)_4COOH + 8MnO_2 + 8KOH$$

【实验装置】

实验装置见图 5 – 8。

【实验步骤】

(1)向三颈瓶中加入高锰酸钾固体(6 g)和碳酸钠(1.9 g 碳酸钠溶于 17.5 mL 水中),温水加热使反应物的温度为 40 ℃,并不断搅拌,使固体几乎全部溶解。

(2)移去水浴,在搅拌下从恒压漏斗中滴入 4 ~ 5 滴环己醇,反应开始,然后慢慢滴入剩余的环己醇,控制滴加速度,使瓶内温度维持在 40 ~ 45 ℃,温度过高时用冷水浴冷却,温度低于 40 ℃时则用温水浴加热。

(3)环己醇加完后继续搅拌 10 min,然后在 60 ~ 70 ℃的水浴中加热约 20 min,高锰酸钾的紫色完全褪去,同时有大量褐色的二氧化锰生成,继续加热搅拌 10 min。

(4)冷却后抽滤,滤渣用 60 ~ 70 ℃的热水洗涤 3 次(每次 2 mL),将滤液浓缩至 10 mL 左右,在搅拌下慢慢滴入浓硫酸至 pH = 2,冷却、抽滤、洗涤、烘干、称重、计算产率。

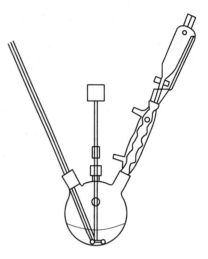

图 5 – 8 己二酸的制备实验装置

【实验注意事项】

(1)该反应为放热反应,反应一旦开始,便会放出大量的热,开始时温度不能超过 40 ℃,否则不易控制。

(2)滴加环己醇的速度必须控制在每秒 1 ~ 2 滴,否则反应速度太快,不易控制。

(3)酸化必须充分(pH = 2),且加浓硫酸的速度不要太快。

【思考题】

环己醇氧化制备己二酸的原理是什么?

实验三十三 丁二酸酐的制备

【实验目的】

(1)掌握丁二酸酐的合成原理、丁二酸酐的制备装置。

(2)熟悉回流干燥装置、冷却结晶操作、减压过滤操作。

(3)了解合成丁二酸酐的其他方法。

【重点和难点】

1. 重点

丁二酸酐的合成原理;丁二酸酐的制备装置。

2. 难点

回流干燥操作。

【实验原理】

$$\begin{array}{c} CH_2COOH \\ | \\ CH_2COOH \end{array} + (CH_3CO)_2O \longrightarrow \begin{array}{c} CH_2CO \\ | \\ CH_2CO \end{array}\!\!\Big\rangle O + 2CH_3COOH$$

【仪器及药品】

1. 仪器

冷凝管、氯化钙干燥管、圆底烧瓶（50 mL）、温度计（150 ℃）、锥形瓶（50 mL）、烧杯（400 mL）、电热套、布氏漏斗、吸滤瓶、循环真空水泵、玻璃棒、量筒（10 mL,100 mL）、铁架台、铁夹及十字头、铁圈、橡胶水管、天平、恒温水浴装置、表面皿。

2. 药品

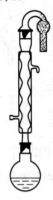

图 5-9　带干燥管的回流装置

丁二酸、乙酐、甲基叔丁醚、沸石、甘油、冰块。

【实验装置】

带干燥管的回流装置如图 5-9 所示。

【实验步骤】

在 50 mL 干燥的圆底烧瓶里加入 4 g 丁二酸和 6.4 mL 新蒸馏的乙酐,装上球形冷凝管及氯化钙干燥管。在沸水浴中加热,间歇摇荡,待丁二酸酐完全溶解成澄清溶液后,继续加热 1 h 以促使反应完全。移去水浴,反应物用冷水浴冷却,可见到有丁二酸酐晶体析出,再用冰水浴充分冷却。用布氏漏斗过滤,用玻璃瓶塞将粗产物中的液体挤压出去,再用甲基叔丁基醚洗涤两次,每次用 5 mL。晶体在室温下晾干。测定熔点（熔点为 118~129 ℃）。

【基本操作】

(1)回流干燥操作。

(2)冷却结晶操作。

(3)减压过滤操作。

(4)熔点测定操作。

【实验注意事项】

所用仪器必须干燥,乙酐最好是新蒸馏的。

【实验结果】

实际产量:_____ g。

熔点:_____ ℃。

【思考题】

还可以用什么方法由丁二酸制备丁二酸酐?

实验三十四　乙酸乙酯的制备

【实验目的】

(1)了解由有机酸合成酯的一般原理及方法。

(2)掌握蒸馏、分液漏斗的使用等操作方法。

【仪器及药品】

1. 仪器

阿贝折射仪、电热套、标准磨口仪。

2. 药品

无水乙醇、冰醋酸、浓硫酸、饱和 Na_2CO_3 溶液、饱和食盐水、饱和氯化钙溶液、无水硫酸镁。

【实验原理】

$$CH_3COOH+CH_3CH_2OH \underset{回流}{\overset{H_2SO_4}{\rightleftharpoons}} CH_3COOCH_2CH_3+H_2O$$

【实验装置】

实验装置见图 5 – 10。

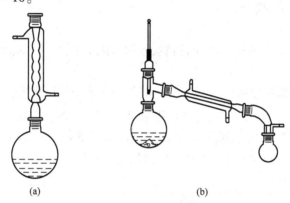

(a) 　　　　　　　　　　　　(b)

图 5 – 10　乙酸乙酯的制备实验装置

（a）回流装置　（b）蒸馏装置

【实验步骤】

1. 粗产物的制备

于圆底烧瓶中加入 4.75 mL 无水乙醇和 3 mL 冰醋酸,再慢慢小心地加入 1.25 mL 浓硫酸,混匀后加入 1~2 粒沸石,按图 5 – 10(a)安装好装置。加热回流 0.5 h,冷却后将回流装置改成蒸馏装置,蒸出生成的乙酸乙酯,至馏出液约为反应物总体积的 1/2 时为止。

2. 分离提纯

(1)向馏出液中加入饱和 Na_2CO_3 溶液,不断振荡,直至无 CO_2 产生,在分液漏斗中分去水层。

(2)将有机层用 2.5 mL 饱和食盐水洗涤,分去水层。

(3)将有机层用 2.5 mL 饱和氯化钙溶液洗涤,分去水层。

(4)将有机层用水洗涤,分去水层。

(5)将有机层转入一只干燥的三角烧瓶中,用无水硫酸镁干燥。

(6)进行蒸馏,收集 73 ~ 78 ℃的馏分。称重,计算产率。测定其折射率。

【实验注意事项】

(1)乙醇为低沸点易燃烧的物质,操作时必须注意安全。

(2)在分离提纯时,洗涤的顺序不能颠倒,否则会给分离带来麻烦。

(3)每一次洗涤时,都要注意分去水层后再加第二种洗涤试剂。

(4)乙酸乙酯和水能形成恒沸物,用无水硫酸镁干燥时一定要完全,蒸馏装置中的仪器必须事先干燥。

实验三十五　乙酰乙酸乙酯的制备

【实验目的】

(1)了解乙酰乙酸乙酯的制备原理和方法。

(2)掌握无水操作及减压蒸馏操作。

【仪器及药品】

1. 仪器

减压油泵、标准磨口仪。

2. 药品

乙酸乙酯、二甲苯、金属钠、50%的醋酸、饱和氯化钠溶液、无水硫酸钠。

【实验原理】

含 α - 活泼氢的酯在强碱性试剂(如金属钠、$NaNH_2$、三苯甲基钠或格氏试剂)存在下，能与另一分子酯发生 Claisen 酯缩合反应，生成 β - 羰基酸酯。乙酰乙酸乙酯就是通过这一反应制备的。虽然反应使用金属钠作缩合试剂，但真正的催化剂是钠与乙酸乙酯中残留的少量乙醇作用产生的乙醇钠。其反应方程式如下所示。

$$CH_3-\overset{O}{\underset{\|}{C}}-OC_2H_5 \xrightleftharpoons{\ 乙醇钠\ } CH_3-\overset{O}{\underset{\|}{C}}-CH_2-\overset{O}{\underset{\|}{C}}-OC_2H_5$$

乙酰乙酸乙酯与其烯醇式是互变异构(或动态异构)现象的一个典型例子，它们是酮式和烯醇式平衡的混合物，在室温时含 92% 的酮式和 8% 的烯醇式。单个异构体具有不同的性质并能分离为纯态，但在微量酸、碱催化下，能迅速转化为二者的平衡混合物。

【实验装置】

实验装置见图 5 - 11。

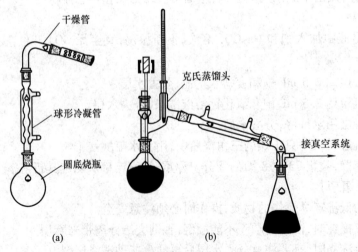

图 5 - 11　乙酰乙酸乙酯的制备实验装置

(a)无水干燥回流装置　(b)减压蒸馏装置

【实验步骤】

1. 熔钠

在表面皿上迅速地将金属钠切成薄片,立即放入带干燥管的回流瓶中(内装 12.5 mL 二甲苯),加热熔之。塞住瓶口振摇使之成为钠珠。回收二甲苯。

2. 加酯回流

迅速放入 27.5 mL 乙酸乙酯,反应开始。若反应慢可温热。回流 1.5 h 至金属钠基本消失,得橘红色溶液,有时析出黄白色沉淀(均为烯醇盐)。

3. 酸化

加 50% 的醋酸,至反应液呈弱酸性(固体溶完)。

4. 分液

将反应液转入分液漏斗中,加等体积的饱和氯化钠溶液,振摇,静置。

5. 干燥

分出乙酰乙酸乙酯层,用无水硫酸钠干燥。

6. 精馏

水浴蒸去乙酸乙酯,将剩余物移至 25 mL 的克氏蒸馏瓶中,减压蒸馏,收集馏分。

【实验注意事项】

(1) 金属钠遇水即燃烧、爆炸,故使用时应严格防止与水接触,在称量或切片过程中应当迅速,以免被空气中的水汽侵蚀或被氧化。

(2) 用醋酸中和后,如尚有少量固体未溶解,可加少许水使其溶解,但应避免加入过量的醋酸,否则会增大酯在水中的溶解度。

(3) 乙酰乙酸乙酯在常压蒸馏时很易分解而降低产量。

【考核评分】

见表 5 - 7。

表 5 - 7　乙酰乙酸乙酯的制备操作考核评分表

项目	评分要素	配分	评分标准	扣分	得分	备注
反应操作 (10 分)	干燥管的装配	2	正确,不堵塞			
	整个反应装置	2	整齐划一			
	物料的加入顺序	2	正确			
	反应条件的控制	4	符合要求			
粗产物分 离操作 (10 分)	振摇与放气动作	2	正确			
	分液漏斗的静置	2	分层			
	分层液体流出方向	2	上层上出,下层下出			
	产品流失	2	无			
	使用完后分液漏斗的处理	2	洗净仪器,纸片垫在活塞处			
溶剂去除 (8 分)	装置安装	2	正确,整齐划一			
	加入沸石	2	加入适量			
	蒸馏速度	2	控制适当			
	结束操作顺序	2	正确,与安装顺序相反			

项目	评分要素	配分	评分标准	扣分	得分	备注
产品精制 (22分)	被蒸馏液体的量	2	控制在烧瓶容积的1/3~1/2			
	接收器的选择	3	正确			
	装置安装	5	准确、端正、整齐划一			
	减压操作	5	正确,无事故			
	馏出液的馏出速度	3	每秒1~2滴			
	减压蒸馏结束操作	2	先开活塞,再关油泵,最后关冷凝水			
	拆卸装置顺序	2	正确,与安装顺序相反			
产品质量 (15分)	产品外观	3	透明,不混浊			
	数据记录	2	及时,规范			
	产率	10	符合要求			
结束工作 (15分)	整理实验台	5	摆放整齐,擦拭干净			
	仪器的清洗与放置	5	洗净,有序地放置于柜中			
	完成时间	5	在规定时间内完成			
实验素质 (20分)	实验中的创新	10	有			
	实验中问题的解决	5	能正确处理与解决			
	废液的处理	5	倒至指定的位置			

实验三十六　乙酰苯胺的制备

【实验目的】
(1)学习实验室制备芳香族酰胺的原理和方法。
(2)训练固体有机物的过滤、溶解、洗涤、脱色、重结晶、干燥等纯化技术。

【仪器及药品】
1. 仪器
分馏装置。
2. 药品
苯胺、冰醋酸、锌粉。

【实验原理】

$$\text{⟨⟩}-NH_2 + CH_3COOH \xrightarrow{\text{Zn 粉}} \text{⟨⟩}-NHCOCH_3 + H_2O$$

芳香族酰胺通常用伯或仲芳胺与酸酐或羧酸反应制备,因为酸酐的价格较贵,所以一般选羧酸。本反应是可逆的,为提高平衡转化率,加入了过量的冰醋酸,同时不断地把生成的水移出反应体系,使反应接近完全。为了让生成的水蒸出,并尽可能地让沸点接近的醋酸少蒸出来,本实验采用较长的分馏柱进行分馏。实验中加入少量锌粉,是为了在防止反应过程中苯胺被氧化。

【物理常数】
试剂的物理常数见表5-8。

表5-8　试剂的物理常数

名　称	相对分子质量	性状	折射率	密度 /(kg/m³)	熔点 /℃	沸点 /℃	溶解度/(g/100 mL 溶剂)		
							水	醇	醚
苯胺	93.13	液体	1.586	1.022	-6	184	3.6^{18}		
乙酰苯胺	135.17	固体		1.214	114.3	305			
冰醋酸	60.05	液体	1.049	1.049		117	3.5^{80}	21	

【实验装置】

本反应采用了带分馏柱的反应装置(见图 5 – 12),使用分馏柱的目的在于将该可逆反应中沸点最低的产物之一——水,通过分馏的方法移出反应体系,从而提高产物乙酰苯胺的产率。使用分馏柱不但可以将水蒸出体系,还可以使沸点与水相差很大且定量加入的苯胺回流,进入反应液中继续参加反应。醋酸的加入量是过量的,因为其沸点与水的沸点相差不是很大,在通过分馏柱时仍有少量随水一并蒸出。

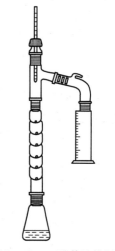

图 5 – 12　乙酰苯胺的制备实验装置

【实验步骤】

1. 投料

向 25 mL 的圆底烧瓶中加入 10 mL 苯胺、1.5 mL 冰醋酸及少许锌粉(约 0.01 g),然后装上一根短的刺形分馏柱,其上端装一支温度计,支管通过支管接引管与接收瓶相连,接收瓶外部用冷水浴冷却。

2. 反应

将圆底烧瓶在石棉网上用小火加热,使反应物保持微沸约 15 min。然后逐渐升高温度,当温度计读数达到 100 ℃ 左右时,支管中即有液体流出。维持温度在 100 ~ 110 ℃ 反应约 1.5 h,生成的水及大部分醋酸已被蒸出。

3. 分离提纯

此时温度计读数下降,表示反应已经完成。在搅拌下趁热将反应物倒入 10 mL 水中,冷却后抽滤析出的固体,用冷水洗涤。粗产物用水重结晶,产量为 0.6 ~ 0.9 g,熔点为 113 ~ 114 ℃(文献值为 114.3 ℃)。

【实验注意事项及建议】

1. 实验注意事项

(1)久置的苯胺色深、有杂质,会影响乙酰苯胺的质量,故最好用新蒸的苯胺。另一种原料乙酸酐最好也用新蒸的。

(2)加入锌粉的目的是防止苯胺在反应过程中被氧化,生成有色的杂质。通常加入锌粉后反应液的颜色会从黄色变成无色。但锌粉也不宜加得过多,因为被氧化的锌会生成氢氧化锌,其为絮状物质,会吸收产品。

(3)作为产物之一的水和原料醋酸沸点相差很小,所以用分馏的方法分出水。可用10 mL 的量筒作为分馏接收器,置于盛有冷水的烧杯中。收集的乙酸和水总体积约为2.25 mL。

(4)不可以用过量的水处理乙酰苯胺。

(5)不应将活性炭加入沸腾的溶液中,否则会引起暴沸,使溶液溢出容器。

(6)反应物冷却后,固体产物立即析出,沾在瓶壁上不易处理。故须趁热在搅动下将其倒入冷水中,以除去过量的醋酸及未作用的苯胺(它可成为苯胺醋酸盐而溶于水)。

2. 建议

(1)本实验合成部分较易操作,产品的精制特别是重结晶、热过滤操作较难。产品损失多发生在热过滤一步。

(2)如果时间允许,建议安排测熔点,可以巩固已有的操作,也可以让学生亲自体会到测熔点的用处。

（3）引导学生深刻理解操作步骤的表述。例如："在<u>不断搅拌下</u>把反应混合物<u>趁热以细流慢慢</u>倒入装有 100 mL 水的烧杯中。"其中的"～～～～～～"符号就有利于培养学生对文献资料的理解能力。

（4）学生在作操作流程图时，对产物精制操作的目的，除去什么副产物、杂质等可能不清楚，应加强辅导。

（5）引导学生正确使用科学术语，例如饱和溶液、滤液、结晶、晶体等，概念要清楚，使用要准确。

（6）计算反应的理论产率和实际产率，培养学生的物料平衡概念。

【思考题】

本反应为什么要控制分馏柱顶端温度在 100～110 ℃？

（**提示**　主要由原料 CH_3COOH（沸点为 117 ℃）和生成物水（沸点为 100 ℃）的沸点所决定。控制在 100～110 ℃，既可以保证原料 CH_3COOH 充分反应而不被蒸出，又可以使生成的水立即被移走，促使反应向生成物的方向移动，有利于提高产率）

【操作要点和说明】

1. 合成

1）反应物量的确定

本实验反应是可逆的，采用乙酸过量和从反应体系中分出水的方法来提高乙酰苯胺的产率，但随之会增加副产物（二乙酰基苯胺）的生成量。在产物精制过程中通过水洗、重结晶等操作，二乙酰基苯胺容易水解成乙酰苯胺和乙酸，经过滤可除去乙酸，不影响乙酰苯胺的产率和纯度。

苯胺极易被氧化，在空气中放置会变成红色，使用时必须重新蒸馏除去其中的杂质。在反应过程中加入少许锌粉。锌粉在酸性介质中可使苯胺中的有色物质被还原，防止苯胺继续氧化。在实验中可以看到，锌粉加得适量，反应混合物呈淡黄色或接近无色。但锌粉不能加得太多，一方面消耗乙酸，另一方面在精制过程中乙酸锌水解成氢氧化锌，很难从乙酰苯胺中分离出来。

2）合成反应装置的设计

水沸点为 100 ℃，乙酸沸点为 117 ℃，两者仅差 17 ℃，若要分离出水而不夹带更多的乙酸，必须使用分馏反应装置，而不能用蒸馏反应装置。本实验用分馏柱。

一般有机反应用耐压、耐液体沸腾冲出的圆形瓶作反应器。由于乙酰苯胺的熔点为 114 ℃，稍冷即固化，不易从圆形瓶中倒出，因此用锥形瓶作反应器更方便。

分出的水量很少，分馏柱可以不连接冷凝管，在分馏柱支口上直接连尾接管，兼作空气冷凝管即可，装置更简单。

为控制反应温度，在分馏柱顶口插温度计。

3）操作条件的控制

保持分馏柱顶温度在 100～110 ℃的稳定操作：开始缓慢加热，使反应进行一段时间，有水生成后，调节反应温度使蒸气缓慢进入分馏柱，只要生成水的速度大于或等于分出水的速度，即可稳定操作。要避免开始强烈加热。

反应终点可由下列参数决定。

（1）反应进行 40 ~ 60 min。

（2）分出水量超过理论水量（1 g），但这和操作情况和分馏柱的效率有关，如果乙酸蒸出量大，分出的"水量"就应该多。

（3）反应液温度升高，瓶内出现白雾。

2. 产物的分离精制

产物经洗涤、过滤等操作后，用重结晶的方法进行精制。乙酸苯胺重结晶常用的溶剂有甲苯、乙醇与水的混合溶剂、水等。本实验用水作重结晶的溶剂，其优点是价格便宜、操作简化、减少实验环境污染等。同时将用活性炭脱色与重结晶两个操作结合在一起，进一步简化了分离纯化操作过程。

根据乙酸苯胺 - 水的相图可知乙酸苯胺在水中的溶解度与温度的关系（见表 5 - 9）。

表 5 - 9　乙酰苯胺在水中的溶解度与温度的关系

温度/℃	25	31	50	60	70	80	83.2	90	100
乙酰苯胺饱和浓度/%	0.52	0.63	1.25	2.0	3.2	4.5	5.2	5.8	6.5

乙酰苯胺在水中的含量为 5.2% 时，重结晶效率高，乙酰苯胺重结晶产率最高。乙酰苯胺在体系中的含量稍低于 5.2%，加热到 83.2 ℃ 时不会出现油相，水相接近饱和溶液，继续加热到 100 ℃，进行热过滤，除去不溶性杂质和脱色用的活性炭，滤液冷却，乙酰苯胺开始结晶，继续冷却至室温（20 ℃），过滤得到的晶体乙酰苯胺纯度很高，可溶性杂质留在母液中。

本实验乙酰苯胺的理论产量为 7.4 g，需 150 mL 水才能配制含量为 5.2% 的溶液，但每个学生的实验转化率不同，在前几步过滤、洗涤等操作中又有不同的损失，同学间的乙酰苯胺量会有很大差别，很难估计用水量。一个经验方法是按操作步骤给出的产量 5 g（初做的学生很难达到）估计需水量为 100 mL，加热至 83.2 ℃，如果有油珠，补加热水，直至油珠溶完为止。个别同学加水过量，可蒸发部分水，直至出现油珠，再补加少量水即可。

为使热过滤顺利进行，避免乙酰苯胺析出，必须将漏斗充分预热，迅速取出、装配、过滤，被滤液应加热至沸腾，马上过滤。

进行重结晶操作时，乙酰苯胺不宜长时间加热煮沸。

热过滤的滤纸要用优质滤纸。滤纸要剪好，防止穿滤。

减压抽滤时，真空度不宜太高，否则滤纸在热溶液作用下易破。

3. 产品的鉴定

最简单的方法是测其熔点，有条件的可作红外光谱。

5.7　含氮化合物

分子中含有氮元素的有机化合物叫作有机含氮化合物。其种类很多，包括硝基化合物、胺、腈、重氮及偶氮化合物，广泛存在于自然界中，在生命活动和化工生产中起着重要作用。

实验三十七　硝基苯的制备

【实验要求】

（1）通过硝基苯的制备加深对芳烃亲电取代反应的理解。

（2）进一步掌握液体干燥、简单蒸馏的实验操作。

【实验原理】

芳香硝基化合物一般是由芳香族化合物直接硝化制得的。

硝化反应是制备芳香硝基化合物的主要方法,也是重要的亲电取代反应之一。芳烃的硝化较容易进行,在浓硫酸存在下与浓硝酸作用,芳烃的氢原子被硝基取代,生成相应的硝基化合物。

例如：

$$\bigcirc + HNO_3（浓）\xrightarrow[60\sim65\,℃]{H_2SO_4（浓）} \bigcirc\!\!-NO_2 + H_2O$$

反应机理如下：

$$HNO_3 + 2H_2SO_4 \Longleftrightarrow NO_2^+ + H_3O^+ + 2HSO_4^-$$

$$\bigcirc + O\!=\!\overset{+}{N}\!=\!O \longrightarrow \bigcirc\!\!\overset{\oplus}{-}NO_2 \longrightarrow \bigcirc\!\!-NO_2 + H^+$$

硫酸的作用是提供强酸性,以利于硝酰阳离子（NO_2^+）的生成,它是真正的亲电试剂。硝化反应通常在较低的温度下进行,在较高的温度下由于硝酸的氧化作用往往导致原料的损失。

硝化反应是强放热反应,进行硝化反应时,必须严格控制好反应温度和加料速度,同时采用良好的搅拌或进行充分振荡。

【仪器及药品】

1. 仪器

锥形瓶（100 mL,干燥）、圆底三颈瓶（250 mL）、玻璃管、橡胶管、100 ℃温度计、磁力搅拌器、磁力搅拌子、量筒（20 mL,干燥）、滴液漏斗（50 mL,干燥）、圆底烧瓶（50 mL,干燥）、300 ℃温度计、分液漏斗（100 mL）、空气冷凝蒸馏装置、石棉、大烧杯、铁架台、铁圈、加热装置、石棉网。

2. 药品

苯、浓硝酸、浓硫酸、5%的氢氧化钠溶液、无水氯化钙。

【实验步骤】

1. 硝基苯的制备

向 100 mL 的锥形瓶中加入 18 mL 浓硝酸,在冷却和摇荡下慢慢加入 20 mL 浓硫酸,制成混合酸备用。

在 250 mL 的圆底三颈烧瓶内放置 18 mL 苯及 1 粒磁力搅拌子,三颈瓶分别装接温度计（水银球伸入液面下）、滴液漏斗及冷凝管,冷凝管上端连一根橡胶管并通入水槽中。开动磁力搅拌器搅拌,自滴液漏斗中滴入上述制好的冷的混合酸。控制滴加速度使反应温度维持在50～55 ℃,勿超过60 ℃,必要时可用冷水冷却。此滴加过程约需 1 h。滴加完毕后,继续搅拌 15 min。

2. 硝基苯的分离与提纯

在冷水浴中冷却反应混合物,然后将其移入 100 mL 的分液漏斗中。放出下层（混合酸）,在通风橱中小心地将它倒入排水管中并立即用大量水冲。有机层依次用等体积（约 20

mL)的水、5% 的氢氧化钠溶液、水洗涤后,将硝基苯移入内含 2 g 无水氯化钙的 50 mL 锥形瓶中,旋摇至混浊消失。

将干燥好的硝基苯滤入 50 mL 干燥的圆底烧瓶中,接空气冷凝管,在石棉网上加热蒸馏,收集 205 ~ 210 ℃ 的馏分,产量约为 18 g。

纯粹的硝基苯为淡黄色的透明液体,沸点为 210.8 ℃,$n_D^{20} = 1.556\ 2$。

【实验注意事项】

(1)硝基化合物对人体的毒性较大,所以处理硝基化合物时要特别小心,如不慎触及皮肤,应立即用少量乙醇洗,可用肥皂和温水洗涤。

(2)洗涤硝基苯,特别是用 NaOH 溶液时不可过分用力振荡,否则会使产品乳化难以分层,遇此情况,可加入固体 NaOH 或 NaCl 饱和溶液 1 滴,或加数滴酒精静置片刻即可分层。

(3)硝化反应是放热反应,温度不可超过 60 ℃。

【思考题】

(1)本实验为什么要控制反应温度在 50 ~ 55 ℃ 之间? 温度过高有什么不好?

(2)粗产物依次用水、碱液、水洗涤的目的何在?

实验三十八　对氯邻硝基苯胺的制备(硝化)

【实验目的】

(1)掌握对氯邻硝基苯胺的制备方法。

(2)掌握混酸硝化、氨解反应的机理。

(3)了解对氯邻硝基苯胺的性质和用途。

【实验原理】

硝化反应是向有机物分子中引入硝基(—NO₂)的反应过程。

硝化剂是硝酸、硝酸和各种质子酸的混酸、氮的氧化物、有机硝酸酯等。最常用的混酸是硝酸和硫酸的混合物。

硝化方法有:硝酸 - 硫酸混酸硝化;在硫酸介质中硝化;有机溶剂 - 混酸硝化;在乙酐或乙酸中硝化;稀硝酸硝化;置换硝化;亚硝化。

最常用的方法是混酸硝化法,它与稀硝酸硝化法相比具有如下特点:混酸比硝酸产生更多的 NO_2^+,硝化能力强,反应速度快,而且不易发生氧化副反应,产率高;混酸中的硝酸用量接近理论量,硝酸几乎可以全部得到利用;硫酸的比热容大,避免硝化时的局部过热现象,反应温度容易控制;硝化产物不溶于废硫酸中,便于废酸的循环使用;混酸的腐蚀作用小,可使用碳钢、不锈钢或铸铁设备。

氨基化反应是氨与有机化合物发生复分解而生成伯胺的反应。它包括氨解和胺化。脂肪族伯胺的制备主要采用氨解和胺化法。芳伯胺的制备主要采用硝化 - 还原法,但是如果用硝化 - 还原法不能将氨基引入芳环的指定位置或收率很低,则需采用芳环上取代基的氨解法。其中最重要的是卤基的氨解,其次是酚羟基、磺基或硝基的氨解。

氨基化剂主要是液氨和氨水,有时也用到气态氨或含氨基的化合物,如尿素、碳酸氢铵和羟胺等。

对氯邻硝基苯胺的合成是以对二氯苯为原料,用混酸硝化,制得 2,5 - 二氯硝基苯,然

后用氨水进行氨解,得到目标产物。反应方程式如下:

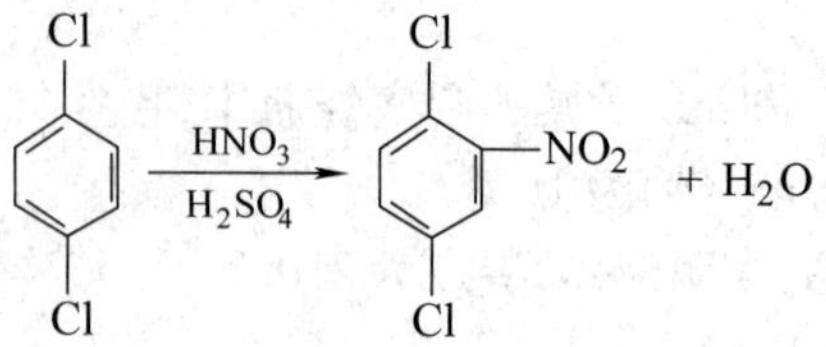

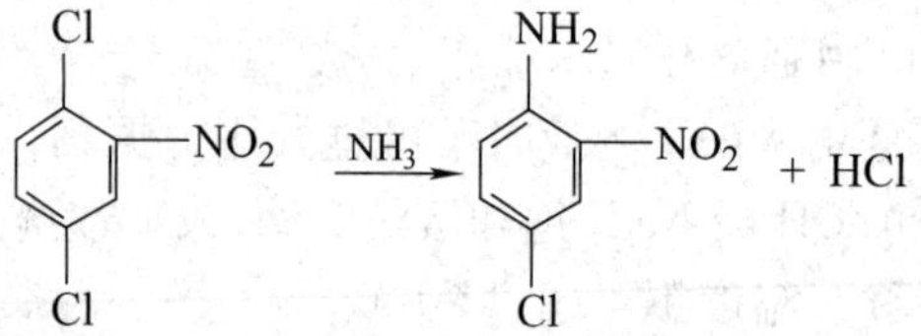

2,5 - 二氯硝基苯的氨解属于芳环上卤基的氨解,是亲核取代反应,因芳环上有强吸电基,故可采用非催化氨解的方法。

【产品性质和用途】

对氯邻硝基苯胺呈橘黄色或橘红色针状结晶,熔点为 116 ~ 117 ℃,不溶于水,溶于甲醇、乙醚和乙酸,微溶于粗汽油,有毒。

其主要用作棉、粘胶织物的印染显色剂,也可用于丝绸、涤纶织物的印染,还可用作大红色淀、嫩黄 10G 等有机颜料的中间体、冰染染料的色基(即大红色基 3GL)等。

【仪器及药品】

1. 仪器

搅拌器、温度计、滴液漏斗、四口瓶、高压釜。

2. 药品

硫酸、对二氯苯、硝酸、氨水。

【实验内容】

1. 2,5 - 二氯硝基苯的制备

向装有搅拌器、温度计、滴液漏斗的 500 mL 四口瓶中加入 144 g 96%(质量分数)的硫酸,再加入 118 g 对二氯苯,搅拌均匀,然后用 54.4 g 96%(质量分数)的硫酸和 54.4 g 100%(质量分数)的硝酸的混酸进行硝化。放置 1.5 h,过滤出沉淀的 2,5 - 二氯硝基苯。

2. 对氯邻硝基苯胺的合成

向 500 mL 高压釜中加入 30%(质量分数)的氨水 279 g,升温至 170 ℃,在该温度下经 2 h,压入 118 g 2,5 - 二氯硝基苯,保温 3 h。反应毕,冷却至 30 ℃,过滤,水洗,干燥,得对氯邻硝基苯胺 105 g,收率达 99%,产品含量为 99%。

【思考题】

(1)请说明氨解反应的速度与哪些因素有关。

(2)请说明邻氯对硝基苯胺的制备方法。

实验三十九　甲基橙的制备

【实验目的】

(1)熟悉重氮化反应和偶合反应的原理。

（2）掌握甲基橙的制备方法。

（3）学会用冰水浴控温。

（4）巩固抽滤、重结晶、干燥等操作。

【实验原理】

甲基橙是指示剂,它是由对氨基苯磺酸重氮盐与 N,N - 二甲基苯胺的醋酸盐在弱酸性介质中偶合得到的。偶合首先得到的是嫩红色的酸式甲基橙,称为酸性黄,在碱中酸性黄转变为橙黄色的钠盐,即甲基橙。

本实验主要运用芳香伯胺的重氮化反应及重氮盐的偶合反应（又称偶联反应）。由于原料对氨基苯磺酸能生成内盐,而不溶于无机酸,故采用倒重氮化法,即先将对氨基苯磺酸溶于氢氧化钠溶液中,再加需要量的亚硝酸钠,然后加入稀盐酸。

反应过程如下所示：

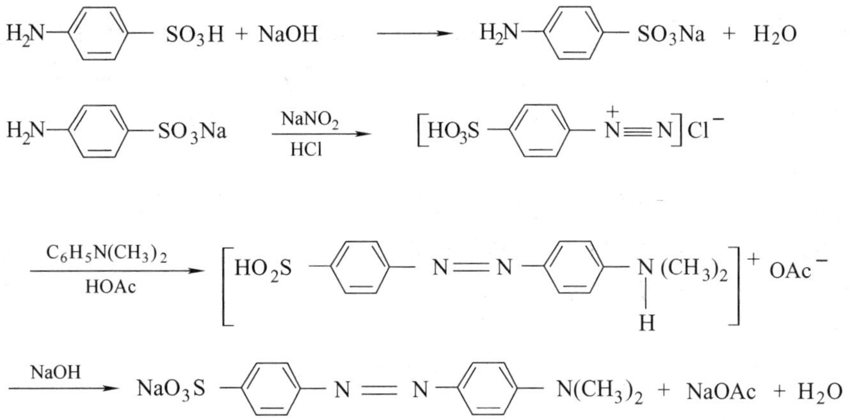

【物理常数】

主要反应试剂及产物的物理常数见表 5 - 10。

表 5 - 10　主要反应试剂及产物的物理常数

化合物名称	熔点/℃	沸点/℃	相对密度 (d_4^{20})	溶解性（水中）
对氨基苯磺酸	288	—	1.485	微溶
亚硝酸钠	271	（320 ℃分解）	2.168	易溶
N,N - 二甲基苯胺	2.45	194	0.955 7	微溶
甲基橙	—	—		微溶（易溶于热水）

【仪器及药品】

1. 仪器

真空泵、漏斗、抽滤瓶、布氏漏斗、酒精灯、滤纸、铁架台、铁圈、火柴、烧杯、温度计、圆底烧瓶、分液漏斗、表面皿。

2. 药品

二水合对氨基苯磺酸、N,N - 二甲基苯胺、亚硝酸钠、10% 的氢氧化钠溶液、浓盐酸、冰醋酸、氯化钠、饱和氯化钠溶液。

【实验步骤】

1. 重氮盐的制备（重氮化反应）

在 100 mL 的烧杯中放置对氨基苯磺酸晶体 2.1 g（0.01 mol）,加入 10 mL 5% 的氢氧化钠溶液,在温水浴中加热溶解后冷至室温。

将 0.8 g 亚硝酸钠溶于 6 mL 水,加入上述溶液中,用冰浴冷至 0 ~ 5 ℃。

在不断搅拌下,将由 3 mL 浓盐酸与 10 mL 水配成的溶液慢慢滴加到上述混合液中。边滴加边搅拌,控制温度在 0 ~ 5 ℃ 之间。滴完后用碘化钾 – 淀粉试纸检验,试纸应为蓝色。继续在冰浴中搅拌 15 min 使反应完全,可观察到白色细粒状的重氮盐析出。

2. 偶合

将 1.2 g(1.3 mL)N,N – 二甲基苯胺和 1 mL 冰乙酸在试管中混匀,慢慢滴加到上步制得的重氮盐的冷的悬浊液中,同时剧烈搅拌,甲基橙呈红色沉淀析出。滴完后继续在冰浴中搅拌 10 min 使偶合完全。向反应物中加入 13 ~ 15 mL 10% 的氢氧化钠溶液并搅拌,直至对石蕊试纸显碱性,甲基橙粗品由红色转变为橙色。

3. 盐析、抽滤

将烧杯从冰水浴中取出恢复至室温。加入 5 g NaCl,在不断搅拌下在沸水浴中沸腾 10 ~ 15 min,冷至室温后置于冰浴中冷却,待甲基橙全部重新结晶析出后,抽滤收集晶体。用饱和 NaCl 溶液冲洗烧杯两次,每次用 10 mL,并用这些冲洗液洗涤产品。

4. 重结晶

将滤饼连同滤纸移到装有 70 mL 热水的烧杯中,微微加热并且不断搅拌,待滤饼几乎全部溶解后,取出滤纸,让溶液冷至室温,然后在冰浴中再冷却,甲基橙全部结晶析出后,抽滤至干。产品经干燥后称重,产量为 2.3 ~ 2.5 g。

5. 性能实验

溶解少许产品于水中,加几滴稀 HCl,然后用稀 NaOH 溶液中和,观察溶液的颜色有何变化。记录实验现象。

【实验注意事项】

(1)实验用对氨基苯磺酸为二水合物,若用无水对氨基苯磺酸,则只需 1.7 g 即可。

(2)本反应温度控制相当重要,制备重氮盐时,温度应保持在 5 ℃ 以下。如果重氮盐的水溶液温度升高,重氮盐会水解生成酚,降低产率。

(3)若含有未作用的 N,N – 二甲基苯胺醋酸盐,在加入氢氧化钠后,就会有难溶于水的 N,N – 二甲基苯胺析出,影响纯度。

(4)由于产物呈碱性,温度高易变质,颜色变深,故反应产物在水浴中加热时间不能太长(约 5 min),温度不能太高(60 ~ 80 ℃),否则颜色会变深。

(5)由于产物晶体较细,抽滤时应防止将滤纸抽破(布氏漏斗不必塞得太紧)。用乙醇、乙醚洗涤的目的是使其迅速干燥。湿的甲基橙受日光照射颜色变淡,通常在 55 ~ 78 ℃ 下烘干。所得产品是一种钠盐,无固定熔点,不必测定。

(6)对氨基苯磺酸是两性化合物,酸性比碱性强,以酸性内盐的形式存在。但重氮化反应要在酸性溶液中进行,因此生氨时首先使对氨基苯磺酸与碱作用变成水溶性较大的细盐。

(7)在重氮化反应中,溶液酸化时生成 HNO_2($NaNO_2 + HCl \longrightarrow HNO_2 + NaCl$),同时,对氨基苯磺酸钠变为对氨基苯磺酸从溶液中以细粒状沉淀析出,并立即与 HNO_2 作用,发生重氮化反应,生成粉末状的重氮盐。为了使对氨基苯磺酸完全重氮化,在反应过程中必须不断搅拌。

(8)用淀粉–碘化钾试纸检验,若试纸显蓝色表明 HNO_2 过量,即

$$2HNO_2 + 2KI + 2HCl \longrightarrow I_2 + 2NO + 2H_2O + 2KCl$$

析出的 I_2 遇淀粉显蓝色。这时应加入少量尿素除去过多的 HNO_2。(因为 HNO_2 能起氧化和亚硝基化作用,HNO_2 的用量过多会引起一系列副反应)

【思考题】

(1)本实验中重氮盐的制备为什么要控制在 $0 \sim 5\ ℃$ 进行?偶合反应为什么要在弱酸介质中进行?

(2)粗甲基橙进行重结晶时,依次用少量水、乙醇和乙醚洗涤,目的何在?

(3)把冷的重氮盐溶液慢慢倒入低温新制备的氯化亚铜的盐酸溶液中,会发生什么反应?写出产物的名称。

(4)N,N–二甲基苯胺与重氮盐偶合为什么总是在取代氨基的对位发生?

(5)何谓偶合反应?偶合反应属于哪种反应类型?为什么偶合反应总是发生在重氮盐与酚类或芳胺之间?

(6)制备甲基橙时,难溶于酸的对氨基苯磺酸大多采用倒转法重氮化,在缓慢加入盐酸溶液的同时,为什么要不断地搅拌?

(7)制备甲基橙时,在重氮化过程中,HNO_2 过量是否可以?如何检验其过量?又如何除去过量的 HNO_2?

5.8 杂环化合物和生物碱

分子环上含有杂原子(碳以外的原子)、具有芳香性的环状化合物称为杂环化合物。杂环化合物分单杂环化合物和稠杂环化合物。吡啶为单杂环化合物,喹啉为稠杂环化合物。

Skraup 反应是合成杂环化合物喹啉及其衍生物最重要的方法,它用苯胺与无水甘油、浓硫酸及弱氧化剂硝基化合物等一起加热进行,为了避免反应过于剧烈,常加入 $FeSO_4$ 作为氧的载体。浓硫酸的作用是使甘油脱水成丙烯醛,并使苯胺与丙烯醛的加成物脱水成环。硝基化合物则将1,2–二氢喹啉氧化成喹啉,本身被还原成芳胺也可以参加缩合。反应中所用的硝基化合物要与芳胺的结构相对应,否则会产生混合物。

实验四十 8–羟基喹啉的制备

【实验目的】

(1)学习合成 8–羟基喹啉的原理和方法。

(2)巩固回流加热和水蒸气蒸馏等基本操作。

【实验原理】

8–羟基喹啉的形成过程如下:

$$\begin{array}{c} CH_2-CH-CH_2 \\ | \quad\ | \quad\ | \\ OH \quad OH \quad OH \end{array} \xrightarrow{H_2SO_4} CH_2{=}CHCHO + H_2O$$

【仪器及药品】

1. 仪器

三颈烧瓶、球形冷凝管、布氏漏斗、真空泵、抽滤瓶、酒精灯、滤纸、铁架台、铁圈、烧杯、温度计、圆底烧瓶。

2. 药品

邻硝基苯酚、邻氨基苯酚、浓硫酸、无水甘油、氢氧化钠、饱和碳酸钠溶液、乙醇。

【实验步骤】

向 100 mL 三颈烧瓶中加入 1.8 g(约 0.013 mol)邻硝基苯酚、2.8 g(约 0.025 mol)邻氨基苯酚、7.5 mL(约 9.5 g,0.1 mol)无水甘油,剧烈振荡,使之混匀。在不断振荡下慢慢滴入 4.5 mL 浓硫酸,于冷水浴中冷却。装上回流冷凝管,用小火在石棉网上加热,约 15 min 溶液微沸,即移开火源。反应大量放热,待反应缓和后,继续小火加热,保持反应物微沸回流 1 h。冷却后加入 15 mL 水,充分摇匀,进行简易水蒸气蒸馏,除去未反应的邻硝基苯酚(约 30 min),直至馏分由浅黄色变为无色为止。待瓶内液体冷却后,慢慢滴加约 7 mL 1∶1(质量比)的氢氧化钠溶液,于冷水中冷却,摇匀后再小心滴加约 5 mL 饱和碳酸钠溶液,使之呈中性。再加入 20 mL 水进行水蒸气蒸馏,蒸出 8-羟基喹啉。待馏出液充分冷却后,抽滤收集析出物,洗涤,干燥,粗产物约 3 g。粗产物用 25 mL 4∶1(体积比)的乙醇-水混合溶剂重结晶,得 8-羟基喹啉 2~2.5 g(产率为 54%~68%)。纯 8-羟基喹啉的熔点为 72~74 ℃。

【实验注意事项】

(1)所用甘油含水量不应超过 0.5%。如果甘油含水量较大,则喹啉的产量不高。可将甘油加热到 180 ℃,冷却至 100 ℃ 左右放入盛有浓 H_2SO_4 的干燥器中备用。

(2)此反应系放热反应,要严格控制反应温度,以免溶液冲出容器。

(3)8-羟基喹啉既溶于碱又溶于酸而成盐,且成盐后不会被水蒸气蒸馏出来,因此必须小心中和,严格控制 pH 在 7~8。当中和恰当时,瓶内析出的 8-羟基喹啉沉淀最多。

(4)粗产物用 25 mL 4∶1(体积比)的乙醇-水混合溶剂重结晶时,由于 8-羟基喹啉难溶于冷水,于放置滤液中慢慢滴入去离子水,即有 8-羟基喹啉结晶不断析出。

【思考题】

(1)为什么第一次水蒸气蒸馏要在酸性条件下进行,第二次要在中性条件下进行?

(2)在反应中如用对甲基苯胺作原料会得到什么产物?硝基化合物应如何选择?

5.9   油脂和类脂化合物

油脂普遍存在于动植物体的脂肪组织中,它是动植物贮存和供给能量的主要物质之一。

1 g 油脂在人体内氧化可放出 38.9 kJ 热量,是同样质量的碳水化合物或蛋白质的 2.25 倍,因此,油脂是人类必需的高能量食物。油脂在生物体内还承担着极为重要的生理功能,如溶解维生素、保护内脏器官免受震动和撞击以及御寒等。此外,油脂在工业上也具有十分广泛的用途,如制造肥皂、护肤品和润滑剂等。

习惯上把在常温下为固态或半固态的叫作脂,为液态的叫作油。从化学结构和组成上看,油脂是由直链高级脂肪酸和甘油生成的酯的混合物。

油脂常用下列结构式表示:

$$CH_2-O-C\!\!\!\overset{O}{\underset{}{\parallel}}\!\!\!-R$$
$$CH-O-C\!\!\!\overset{O}{\underset{}{\parallel}}\!\!\!-R'$$
$$CH_2-O-C\!\!\!\overset{O}{\underset{}{\parallel}}\!\!\!-R''$$

如果 R、R'、R" 相同,叫作单甘油酯,如果 R、R'、R" 不同则叫作混合甘油酯。天然油脂大都为混合甘油酯。组成油脂的脂肪酸的种类很多,但主要是含偶数个碳原子的饱和的或不饱和的直链羧酸。常见的饱和酸以十六碳酸(棕榈酸)分布最广,几乎所有的油脂都含有;十八碳酸(硬脂酸)在动物脂肪中含量最多。不饱和酸以油酸、亚油酸分布最广。

油脂在 NaOH 的作用下发生皂化后,生成的硬脂酸钠与甘油和 NaOH 的混合液用 NaCl 进行盐析再经过滤,可得肥皂的主要成分——高级脂肪酸钠。

实验四十一　肥皂的制备

【实验目的】

(1)通过本实验了解皂化反应的原理及肥皂的制备方法。

(2)熟悉普通回流装置的安装与操作方法。

(3)熟悉盐析实验的原理。

(4)掌握沉淀的洗涤及减压过滤操作技术。

【实验原理】

肥皂是日常生活中最常见的洗涤用品,随着社会发展,其种类越来越多,通常所说的肥皂就是高级脂肪酸的盐。油脂是制造肥皂的主要原料,它的主要化学成分是高级脂肪酸和甘油生成的酯。制取肥皂用的方法是油脂皂化法。先将油脂水解为脂肪酸和甘油,然后用碱将脂肪酸中和成肥皂,包括油脂脱胶、油脂水解、脂肪酸蒸馏以及脂肪酸中和四个工序。制得的肥皂基本上是碱和脂肪酸中和的产物,此外有可能因为工序不严谨而产生一些杂物,如游离的甘油、脂肪酸等。制得的肥皂要添加防腐剂和香精,以防止油脂在短时间内酸败和遮盖油脂的气味。

动物脂肪的主要成分是高级脂肪酸甘油酯。将其与氢氧化钠溶液共热,就会发生碱性水解(皂化反应),生成高级脂肪酸钠,即肥皂和甘油。向反应混合液中加入溶解度较大的无机盐,以减小水对有机酸盐的溶解作用,可使肥皂较为完全地从溶液中析出,这一过程叫盐析。利用盐析的原理可使肥皂和甘油较好地分离开。

本实验以猪油为原料制取肥皂,反应式如下:

$$CH_2-O-\overset{\displaystyle O}{\overset{\displaystyle \|}{C}}-R$$

$$CH-O-\overset{\displaystyle O}{\overset{\displaystyle \|}{C}}-R' \xrightarrow{3NaOH}$$

$$CH_2-O-\overset{\displaystyle O}{\underset{\displaystyle \|}{C}}-R''$$

$$\begin{array}{ll}CH_2OH & RCO_2Na \\ CHOH & + \quad R'CO_2Na \\ CH_2OH & R''CO_2Na\end{array}$$

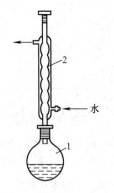

图 5－13　回流装置
1—圆底烧瓶;2—冷凝管

【仪器及药品】

1. 仪器

圆底烧瓶、球形冷凝管、烧杯、抽滤装置。

2. 药品

95% 的乙醇、40% 的氢氧化钠溶液、饱和氯化钠溶液。

【实验装置】

实验装置如图 5－13 所示。

【实验步骤】

1. 加入物料,安装仪器

向 250 mL 的圆底烧瓶中加入 10 g(或 3 g)猪油、30 mL(或 6 mL)95% 的乙醇和 30 mL(或 5 mL)40% 的氢氧化钠溶液。然后安装普通回流装置。

2. 加热皂化

检查装置后,先开通冷却水,再用小火加热石棉网,保持微沸 40 min(或 20 min)。此间若烧瓶内产生大量泡沫,可从冷凝管上口滴加少量 1∶1 的 95% 乙醇和 40% 氢氧化钠的混合溶液,以防泡沫冲入冷凝管中。

皂化反应结束后,先停止加热,稍冷后再停止通冷却水,然后拆除实验装置。

3. 盐析、过滤

在搅拌下趁热将反应混合液倒入盛有 150 mL(或 40 mL)饱和氯化钠溶液的烧杯中,静置冷却。

安装减压过滤装置。将充分冷却的皂化液倒入布氏漏斗中,减压抽滤。用冷却水洗涤沉淀两次,抽干。

4. 干燥、称量

滤饼取出后随意压制成型,自然晾干后称量并计算产率。

【实验注意事项】

(1)油脂和氢氧化钠反应的时间一定要足够,千万不可性急,须等到混合物的表面看不见漂浮的油脂时,才能停止加热。如果反应不完全,会使肥皂中含有多余的油脂和氢氧化钠,这样肥皂的去污能力就会降低,并具有较大的碱性。

（2）在反应过程中不要忘了补足水，混合物中应始终保持有 50 mL 左右的水。

（3）反应完成后，混合物的体积仍应保持与反应前相近。硬脂酸钠析出后，混合物中还有一定量的水，甘油、氯化钠和未作用完的氢氧化钠都留在水中，如果水太少了，这三种物质会混杂到肥皂中，影响它的质量。

（4）油脂不溶于碱，只能随着溶液中皂化反应的发生而逐渐乳化，反应很慢。实验时为了加速皂化的进程，一般都用酒精溶液。酒精既能溶解碱，又能溶解油脂，是油脂和 NaOH 的共同溶剂，能将反应物溶为均一的液体，使皂化反应在均匀的系统中进行，并且加快反应。

（5）NaCl 的用量要适中。用量少时，盐析不充分；用量太多时，NaCl 混入肥皂中，影响肥皂的固化。

（6）检验皂化是否完全时，可用玻璃棒取出几滴试样放在试管里，加入 4～5 mL 水，把试管浸在热水浴中或放在火焰上加热，并不断振荡。如果混合物完全溶解，没有油滴分出，表示皂化已达完全。如果皂化不完全，液面上有油脂分出，这时要把碱液跟油脂的混合物加热几分钟再检验，直到皂化完全为止。

（7）向滤出的固体物质中加入填充剂，经过过滤、干燥、成型等一系列加工制成肥皂。制肥皂时常用的填料有松香、香料等。松香能起增加肥皂泡沫的作用。限于实验室条件，可不要求学生向制得的肥皂中加入填充物。

【深入讨论】

（1）熟猪油和茶油哪一个不饱和度大？如何通过实验确定？

（2）何为皂化反应？何为皂化值？

（3）在制备肥皂的过程中，为何要加入乙醇？

（4）怎样确定皂化反应是否完全？皂化完成后，为什么要把反应混合液倒入食盐水中？

（5）制皂反应的副产物是甘油，如何通过实验检验和分离出甘油？

（6）简述肥皂的去污原理。

第6章　生物高分子化合物实验技术

6.1　糖类

糖类为多羟基醛或多羟基酮。糖类分为单糖(如葡萄糖、果糖)、低聚糖(如麦芽糖、蔗糖)以及多聚糖(如淀粉)等。

6.1.1　淀粉

淀粉是 D-葡萄糖的缩合物,广泛存在于谷物中。直链淀粉含有2 000~4 000个葡萄糖单元。这些葡萄糖单元以 $\alpha-1,4-$ 苷键结合成高分子糖。直链淀粉常为螺旋构象,螺旋内腔能稳定地包含多碘负离子 $3I_2 \cdot 2I^-$,碘-淀粉包结物呈深蓝色。

淀粉可以被淀粉酶或酸催化分解。人类的唾液中含 $\alpha-$ 淀粉酶,它能专一地水解 $\alpha-$ 苷键,使淀粉很快地降解成含6~7个葡萄糖单元的低聚糖,失去螺旋构象,碘-淀粉包结物被破坏,失去蓝色。之后低聚糖进一步水解成二聚糖,即麦芽糖。麦芽糖再水解很难,需要长时间才行。酸催化淀粉水解的机理与酶催化淀粉水解的机理完全不同,具有非专一性,随机进行,产物是麦芽糖、葡萄糖和低聚糖的混合物。酸性水解的速度比 $\alpha-$ 淀粉酶催化的速度慢得多。

6.1.2　葡萄糖

在水溶液中葡萄糖有1%的开链式结构与99%的氧环式结构,两者是动态平衡的。

葡萄糖的熔点为146 ℃,含一分子结晶水的葡萄糖的熔点为83 ℃。葡萄糖分子中有3种羟基,它们的化学反应活性是不同的。但在催化剂存在下,葡萄糖与过量乙酸酐反应,5个羟基均能被酯化,生成2种异构体,对应于 $\alpha-$ 和 $\beta-$ 葡萄糖。用无水氯化锌作催化剂时,主要产物是 $\alpha-$ 葡萄糖五乙酸酯;用无水乙酸钠作催化剂时,主要产物是 $\beta-$ 葡萄糖五乙酸酯;用无水氯化锌作催化剂时,$\beta-$ 葡萄糖酯可以转化为 $\alpha-$ 葡萄糖酯。

实验四十二　糖类的性质

【实验目的】

(1)了解糖类某些颜色反应的原理。

(2)学习应用糖的颜色反应鉴别糖类的方法。

【实验原理】

糖在浓无机酸(硫酸、盐酸)作用下,脱水生成糠醛及糠醛衍生物,后者能与 $\alpha-$ 萘酚生成紫红色物质。因为糠醛及糠醛衍生物对此反应均呈阳性,故此反应不是糖类的特异反应。

在酸作用下,酮糖脱水生成羟甲基糠醛,后者能与间苯二酚作用生成红色物质。此反应是酮糖的特异反应。醛糖在同样的条件下呈色反应缓慢,只有在糖浓度较高或煮沸时间较长时,才呈微弱的阳性反应。在实验条件下蔗糖有可能水解而呈阳性反应。

许多糖类由于分子中含有自由的醛基及酮基,在碱性溶液中能将铜、铁等金属离子还原,同时本身被氧化成糖酸及其他衍生物。糖类的这种性质常被用于检测糖的还原性及定量测定还原糖。

本实验进行糖类的还原的试剂为费林试剂和本尼迪克特试剂。它们是含铜离子的碱性溶液,能将还原糖氧化而本身被还原成红色或黄色的氧化亚铜沉淀。生成的氧化亚铜沉淀颜色不同是由于在不同条件下产生的沉淀颗粒大小不同,颗粒小呈黄色,颗粒大则呈红色。

【仪器及药品】

1. 仪器

试管、试管架、滴管、水浴锅、电炉。

2. 药品

莫氏试剂(5% 的 α - 萘酚的酒精溶液:称取 α - 萘酚 5 g,溶于 95% 的酒精中,总体积100 mL,贮于棕色瓶内,用前配制)、1% 的葡萄糖溶液、1% 的果糖溶液、1% 的蔗糖溶液、1% 的淀粉溶液、0.1% 的糠醛溶液、浓硫酸、塞氏(Seliwanoff)试剂(0.05% 的间苯二酚 - 盐酸溶液:称取间苯二酚 0.05 g,溶于 30 mL 浓盐酸中,再用蒸馏水稀释至 100 mL)、费林试剂、本尼迪克特试剂、1% 的麦芽糖溶液。

【实验内容】

1. α - 萘酚反应(Molisch 反应)

取 5 只试管,分别加入 1% 的葡萄糖溶液、1% 的果糖溶液、1% 的蔗糖溶液、1% 的淀粉溶液、0.1% 的糠醛溶液各 1 mL。再向 5 只试管中各加入 2 滴莫氏试剂,充分混合。斜执试管,沿管壁慢慢加入浓硫酸约 1 mL,慢慢立起试管,切勿摇动。浓硫酸在试液中形成两层,在两液分界处有紫红色环出现。观察、记录各管的颜色。

2. 间苯二酚反应(Seliwanoff 反应)

取 3 只试管,分别加入 1% 的葡萄糖溶液、1% 的果糖溶液、1% 的蔗糖溶液各 0.5 mL。再向各管中分别加入塞氏试剂 5 mL,混匀。将 3 只试管同时放入沸水浴中,注意观察、记录各管颜色的变化及变化时间。

3. 还原反应

取 5 只试管,分别加入 2 mL 费林试剂,再向各试管中分别加入 1% 的葡萄糖、1% 的果糖溶液、1% 的蔗糖溶液、1% 的麦芽糖溶液、1% 的淀粉溶液各 1 mL。置于水浴中加热数分钟,取出,冷却。观察各管溶液的变化。另取 6 只试管,用本尼迪克特试剂重复上述实验。

【思考题】

(1)可用何种颜色反应鉴别酮糖的存在?

(2)α - 萘酚反应的原理是什么?

实验四十三　五乙酸葡萄糖酯的制备

【实验目的】

(1)进一步熟悉酯化反应。

(2)学习旋光仪的使用和旋光度的测定。

【实验原理】

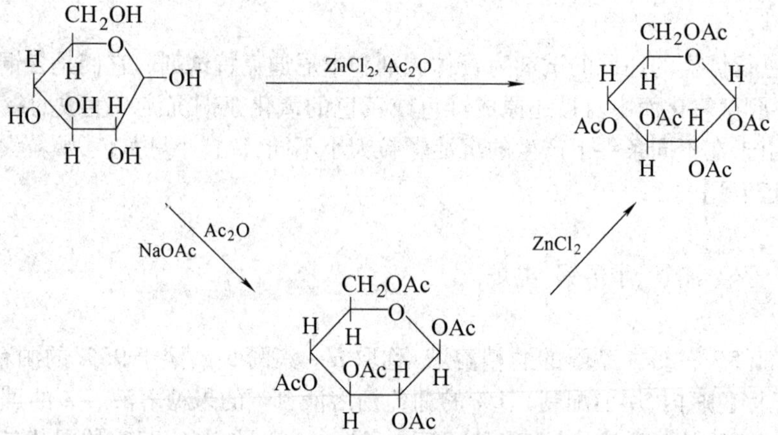

在自然界中 D-(+)-葡萄糖是以环形半缩醛形式存在的,有 α、β 两种异构体。葡萄糖上的羟基与乙酸或乙酸酐反应,5 个羟基都可以被乙酰化,相应地生成 α- 和 β- 五乙酸葡萄糖酯。但是使用不同的催化剂时,所生成的主产物不同。如用无水氯化锌作催化剂时, α 构型为主要产物;当使用无水乙酸钠作催化剂时,β 构型为主要产物。从立体构型看,β 异构体比 α 异构体更稳定,但是在无水氯化锌的作用下,β 异构体也能转化为 α 异构体。

本实验用无水乙酸钠作催化剂,使葡萄糖与乙酸酐作用生成五乙酸 -β- 葡萄糖酯。

【仪器及药品】

1. 仪器

圆底烧瓶、冷凝管、干燥管。

2. 药品

无水乙酸钠、葡萄糖、乙酸酐、75% 的乙醇。

【实验步骤】

(1)将 2 g 无水乙酸钠用电炉或电热套加热,使其达到熔融状态,之后转入研钵中。

(2)稍微冷却后,加入 2.5 g 葡萄糖,研碎,转入 50 mL 的烧瓶中。

(3)加入 12.5 mL 乙酸酐,回流冷凝,磁力搅拌,加热回流至溶液透明,再回流 40 min。在该过程中注意控制温度(用传感器控制反应器温度,即烧瓶外部温度在 100 ℃ 以下),同时在回流冷凝器上方加干燥管。

(4)在通风橱中将产物转入冰水中,强烈搅拌并放置 10 min,使固体析出,抽滤,洗涤晶体。

(5)产物用 75% 的乙醇(无水乙醇约 8 mL,加水约 3 mL,具体用量自己控制)重结晶。

【实验注意事项】

(1)用传感器控制烧瓶外部温度在 100 ℃ 以下。

(2)乙酸钠在电炉上加热需要小心明火,注意安全,最好用电热套加热,同时使用钳子,注意别烫手。

(3)回流冷凝管上方一定要加干燥管。

(4)产物在冰水中析出需要在通风橱中进行,同时需要强烈搅拌,使固体变成粉末,防止固体中包藏溶剂,使产物在重结晶时部分水解。

（5）重结晶用的溶剂可以是 70% 的乙醇,需要学生自己配制。

【实验结果】

（1）五乙酸 $-\beta-$ 葡萄糖酯,熔点为 $131\sim132\ ℃$,旋光度$\left[\alpha\right]_{D}^{20}=+4.5°\pm0.5°$（5% 的 $CHCl_3$）。

（2）D$-(+)-$葡萄糖,熔点为 $149\sim152\ ℃$,旋光度$\left[\alpha\right]_{D}^{20}=+53°\pm2°$（10% 的 H_2O,3 h）。

6.2　蛋白质

　　氨基酸、蛋白质、核酸广泛存在于生物体中。它们都是具有重要生理功能的物质,在各种生命现象中发挥着重要作用。蛋白质是由很多氨基酸通过肽键结构连接起来的,氨基酸以及肽键与化学试剂作用而产生颜色,简称呈色反应。氨基酸呈色反应非常灵敏,常用于检查蛋白质和某些氨基酸,也可作为定量测定的依据。氨基酸的两性和等电点、与水合茚三酮的反应、缩合反应;蛋白质的两性和等电点、胶体性质、盐析、变性和显色反应等。

实验四十四　蛋白质的性质

【实验目的】

（1）了解蛋白质的呈色、沉淀反应,为检查和鉴定蛋白质、氨基酸提供依据。

（2）了解蛋白质的双缩脲反应、茚三酮反应、黄蛋白反应等。

（3）进一步掌握蛋白质的有关性质。

【实验原理】

　　将尿素加热,则两分子尿素放出一分子氨而形成双缩脲。双缩脲在碱性溶液中能与铜盐结合为紫色的复杂化合物,这一呈色反应称为双缩脲反应。双缩脲反应不只为双缩脲所有,含有两个及以上—CO—NH—基（肽键）的物质均可呈现此反应,蛋白质和肽（三肽以上）即属此类物质。若蛋白质溶液中含有铵盐和$(NH_4)_2SO_4$,则生成蓝色铜铵复盐,使结果不易观察,此时可用大量 NaOH 溶液将氨去除,使反应正常进行。

　　大多数蛋白质或其水解产物及 $\alpha-$ 氨基酸均能与茚三酮作用生成蓝紫色化合物。此反应常用来检验蛋白质或氨基酸的存在。此反应在 pH 为 $5\sim7$ 的条件下进行。

　　蛋白质分子中含有苯环结构的氨基酸参加反应,硝化生成黄色的物质,在碱性溶液中变为橘黄色的硝苯衍生物。

　　蛋白质是亲水胶体,在高浓度的中性盐影响下,蛋白质分子被盐脱去水化层,同时蛋白质分子所带的电荷被中和,结果蛋白质胶体的稳定性遭受破坏而沉淀析出。中性盐并不破坏蛋白质分子的结构和性质,因此,析出的蛋白质仍保持其天然蛋白质的性质,若除去中性盐或降低盐的浓度,其还能重新溶解。

　　沉淀不同的蛋白质所需中性盐的浓度不同,盐类不同也有差异。例如:加硫酸铵至饱和,则清蛋白沉淀析出;加硫酸铵至半饱和,则球蛋白沉淀析出;向含有清蛋白和球蛋白的鸡蛋清溶液中加硫酸镁或氯化钠至饱和,则球蛋白沉淀析出。所以在不同条件下,用不同浓度的盐可使各种蛋白质从混合溶液中分别沉淀析出,该法称为蛋白质的分级盐析。目前,蛋白质的盐析作用在各种蛋白质和酶的分离纯化、生产、科研和临床化验等工作中广泛应用。

植物体内具有显著生理作用的含氮碱性化合物称为生物碱（或植物碱）。能沉淀生物碱或与其发生颜色反应的物质称为生物碱试剂，如鞣酸、苦味酸、磷钨酸等。蛋白质在水溶液中是酸碱两性电解质，蛋白质溶液的 pH 值小于等电点时，蛋白质分子的碱性基团带有较多的正电荷，它能与生物碱试剂中的负电荷结合形成不溶物而沉淀。生物碱试剂以及三氯乙酸、磺基水杨酸在血液与尿液分析时都很重要，进行血液化学成分滴定时，其常用作去除蛋白质的试剂，以消除蛋白质对测定的干扰。

重金属盐易与蛋白质结合成稳定的复合物而沉淀。蛋白质在碱性溶液中（对蛋白质的等电点而言）带负电荷，与带正电荷的重金属离子（如 Hg^{2+}、Fe^{2+}、Cu^{2+}、Pb^{2+}）结合成不溶解的盐类而沉淀。

【仪器及药品】

1. 仪器

试管、试管架、酒精灯、试管夹、天平、胶头滴管、滤纸、酒精灯、剪刀、水浴锅。

2. 药品

尿素、10% 的 NaOH 溶液、0.5% 的硫酸铜溶液、1% 的丙氨酸溶液、0.1% 的茚三酮溶液、浓 HNO_3、40% 的 NaOH 溶液、1:10 的鸡蛋白溶液、饱和 $(NH_4)_2SO_4$ 溶液、$(NH_4)_2SO_4$ 晶体（如颗粒过大，需研碎）、0.5% 的硫酸锌溶液、95% 的乙醇、NaCl 晶体、0.5% 的醋酸铅溶液、饱和硫酸铜溶液、0.5% 的 $CuSO_4$ 溶液、3% 的硝酸银溶液、10% 的盐酸溶液、10% 的磺基水杨酸溶液。

【实验内容】

1. 双缩脲反应

取少许固体尿素，放在干燥的小试管中，在酒精灯的弱火上加热，以排除氨，此时尿素熔解，至熔融物质呈白色而硬化时停止加热，冷却后分装在两只试管中。向其中一只试管内加入 10% 的 NaOH 溶液，振摇溶解，再加入 2 滴 0.5% 的 $CuSO_4$ 溶液振摇，注意观察颜色（$CuSO_4$ 溶液不能加过量，否则生成蓝色的氢氧化铜而掩盖了反应的颜色）。于另一只试管中加入 1 mL 10% 的 NaOH 溶液，振摇溶解，再加入 2 滴 0.5% 的 $CuSO_4$ 溶液，注意颜色的变化，然后逐滴加卵清蛋白溶液，观察颜色变化。

2. 茚三酮反应

取一小片干净的滤纸滴上 1 滴 1% 的丙氨酸溶液，以小火烘干。冷却后加 1~2 滴 0.1% 的茚三酮溶液，再以小火烘干（勿烧焦），观察颜色变化。

3. 黄色反应

在 1 只试管中加入 3 mL 蛋白液和 1 mL 浓 HNO_3，摇匀后观察沉淀的颜色。将其放在水浴中加热后，颜色有何变化？冷却后滴加 40% 的 NaOH，观察其现象。

4. 沉淀蛋白质

1）盐析作用沉淀蛋白质

取 5 mL 鸡蛋白溶液置于试管中，加入等量饱和硫酸铵溶液，混匀，静置 20 min 后，球蛋白全部析出。

过滤，收集透明滤液，滤液中含有清蛋白，若滤液混浊，继续过滤至透明为止。向 1 mL 清滤液中加固体硫酸铵约 0.5 g，边加边振摇，直至达到饱和，溶液混浊，再向混浊液中加 1.5~2.0 mL 水，观察结果。

2）重金属盐类沉淀蛋白质

取 1 只试管,加入 1∶10 的鸡蛋白溶液 1 mL、10% 的 NaOH 1 滴,混匀,再加入 0.5% 的硫酸锌 6 滴,观察结果。

取 3 只试管,各加入约 1 mL 蛋白质溶液,分别加入 3% 的硝酸银 3～4 滴、0.5% 的醋酸铅 1～3 滴和 0.1% 的硫酸铜 3～4 滴,观察沉淀的生成。第 1 只试管的沉淀留作透析用,然后向第 2、3 只试管中分别加入过量的乙酸铅和饱和硫酸铜溶液,观察沉淀的再溶解。

3）生物碱沉淀蛋白质

取 1 只试管,加入 1∶10 的鸡蛋白溶液 1 mL、10% 的 HCl 1 滴,混匀,再加入 10% 的磺基水杨酸溶液 2 滴。

4）加热沉淀蛋白质

几乎所有的蛋白质都可因加热而变性凝固。盐类的多少及氢离子浓度对蛋白质受热凝固起重要作用。蛋白质在等电点时因不带电荷,受热凝固最完全和最迅速,在酸性和碱性溶液中,蛋白质分子带有正电荷或负电荷,稳定性增强,虽受热而不易凝固。电解质影响蛋白质的电荷,因此当有一定量的中性盐存在时,虽在酸性或碱性溶液中,蛋白质亦可因受热而凝固。

5）乙醇沉淀蛋白质

以乙醇为脱水剂,能破坏蛋白质胶体质点的水化层而使其沉淀析出。

【思考题】

(1)如果蛋白质水解作用一直进行到双缩脲反应呈阴性结果,此时可对水解程度作出什么结论?

(2)能否用茚三酮反应可靠地鉴定蛋白质的存在?

(3)为什么鸡蛋清可用作铅、汞中毒的解毒剂?

实验四十五　从淡奶粉中分离、鉴定酪蛋白和乳糖

【实验目的】

(1)掌握分离蛋白质和糖的原理和操作方法。

(2)掌握蛋白质的定性鉴定方法。

(3)了解乳糖的一些性质。

【实验原理】

牛奶的主要成分是水、蛋白质、脂肪、糖和矿物质,其中,蛋白质主要是酪蛋白,糖主要是乳糖。

蛋白质在等电点时溶解度最小,当把牛奶的 pH 值调到 4.8 时(酪蛋白的等电点),酪蛋白便沉淀出来。酪蛋白不溶于乙醇和乙醚,可用乙醇和乙醚洗去其中的脂肪。

乳糖不溶于乙醇,向滤去酪蛋白的清液中加入乙醇,乳糖便会结晶出来。

【仪器及药品】

1.仪器

烧杯、漏斗、抽滤瓶、玻璃棒。

2. 药品

奶粉、10%的乙酸溶液、95%的乙醇、1%的硫酸铜溶液、乙醚、碳酸钙、活性炭、浓硝酸、10%的氢氧化钠溶液、费林试剂、托伦试剂。

【实验步骤】

1. 酪蛋白与乳糖的提取

将 4 g 奶粉与 80 mL 40 ℃的温水调配均匀,以 10%的乙酸调节 pH=4.7(用精密的 pH 试纸测试),静置冷却,抽滤。滤饼用 6 mL 水洗涤,滤液合并到前一滤液中。滤饼依次用 6 mL 95%的乙醇、6 mL 乙醚洗涤,滤液弃去。滤饼即为酪蛋白,晾干称重。

向水溶液中加入 2.5 g 碳酸钙粉,搅拌均匀后加热至沸腾,过滤除去沉淀,向滤液中加入 1~2 粒沸石,加热浓缩至 8 mL 左右,加入 10 mL 95%的乙醇(注意离开火焰)和少量活性炭,搅拌均匀后在水浴中加热至沸腾,趁热过滤,滤液必须澄清,加塞放置过夜,乳糖结晶析出,抽滤,用 95%的乙醇洗涤产品,晾干称重。

2. 酪蛋白的性质

(1)缩二脲反应。

取 10 mL 酪蛋白溶液,加入 2 mL 10%的 NaOH 溶液后,滴入 1 mL 1%的 CuSO_4 溶液。振荡试管,观察现象(溶液呈蓝紫色)。

(2)蛋黄颜色反应。

取 10 mL 酪蛋白溶液,加入 2 mL 浓硝酸后加热,观察现象(有黄色沉淀生成)。再加入 2 mL 10%的 NaOH 溶液,有何变化?(沉淀为橘黄色)

3. 乳糖的性质

(1)费林反应。

取费林试剂 A 和 B 各 3 mL,混匀,加热至沸腾后加入 0.5 mL 5%的乳糖溶液,观察现象。

(2)托伦反应。

向 2 mL 托伦试剂中加入 0.5 mL 5%的乳糖溶液,在 80 ℃下加热,观察现象。

【实验结果】

表 6-1　实验结果记录

品名	性状	产量	收率

【思考题】

(1)本实验是如何将蛋白质和糖分开的?

(2)用乙醇和乙醚洗涤时主要除去的是哪类物质?

(3)加入碳酸钙粉末有什么作用?

6.3　植物有效成分的提取分离方法

动物、植物和微生物体内的组成成分或其代谢产物以及人和动物体内许许多多内源性的化学成分统称天然产物,其中主要包括蛋白质、多肽、氨基酸、核酸、各种酶、单糖、寡糖、多糖、糖蛋白、树脂、胶体物、木质素、维生素、脂肪、油脂、蜡、生物碱、挥发油、黄酮、糖苷类、萜类、苯丙素类、有机酸、酚类、醌类、内酯、甾体化合物、鞣酸类、抗生素类等天然存在的化学成分。

6.3.1 生物碱

生物碱大多存在于植物中,故又称为植物碱,是一类含氮的有机碱性化合物,有复杂的环状结构,氮元素多包含在环内,分子中大多含有含氮杂环,如吡啶、吲哚、喹啉、嘌呤等,也有少数是胺类化合物。它们在植物中常与有机酸结合成盐而存在,还有少数以糖苷、有机酸酯和酰胺的形式存在。以未成盐碱(游离生物碱)形式存在的亲脂,以生物碱盐形式存在的亲水,能较好地溶解在氯仿、苯、乙醚、乙醇中,其显著的碱性决定了它可以与各种酸(无机酸、有机酸)成盐。

按照生物碱的基本结构,可将其分为 60 类左右,主要类型为有机胺类(麻黄碱、益母草碱、秋水仙碱)、吡咯烷类(古豆碱、千里光碱、野百合碱)、吡啶类(菸碱、槟榔碱、半边莲碱)、异喹啉类(小檗碱、吗啡、粉防己碱)、吲哚类(利血平、长春新碱、麦角新碱)、莨菪烷类(阿托品、东莨菪碱)、咪唑类(毛果芸香碱)、喹唑酮类(常山碱)、嘌呤类(咖啡碱、茶碱)、甾体类(茄碱、浙贝母碱、澳洲茄碱)、二萜类(乌头碱、飞燕草碱)、其他类(加兰他敏、雷公藤碱)。

含生物碱的中草药很多,如三尖杉、麻黄、黄连、乌头、延胡索、粉防己、颠茄、洋金花、萝芙木、贝母、槟榔、百部等,分布于 100 多科中,以双子叶植物最多,其次为单子叶植物。但其中生物碱含量一般都较低,大多低于 1%。目前已发现生物碱约 6 000 种,并且仍以每年约 100 种的速度递增着。

实验四十六　从茶叶中提取咖啡因

【实验目的】

(1)学习从茶叶中提取咖啡因的基本方法,了解咖啡因的一般性质。

(2)掌握用恒压滴液漏斗提取有机物的原理和方法。

(3)进一步熟悉萃取、蒸馏、升华等基本操作。

【实验原理】

索氏提取器(如图 6 - 1 所示)由烧瓶、提取筒、回流冷凝管三部分组成。索氏提取器是利用溶剂的回流及虹吸原理,使固体物质每次都被纯的热溶剂所萃取,减少了溶剂用量,缩短了提取时间,因而效率较高。萃取前应先将固体物质研细,以增大溶剂浸溶面积。然后将研细的固体物质装入滤纸筒内,再置于抽提筒、烧瓶内,抽提筒上端接冷凝管。溶剂受热沸腾,蒸气沿抽提筒侧管上升至冷凝管中,冷凝为液体,滴入滤纸筒中,浸泡筒中的样品。当液面超过虹吸管最高处时,即虹吸流回烧瓶,从而萃取出溶于溶剂中的部分物质。如此多次重复,把要提取的物质富集于烧瓶内。提取液经浓缩除去溶剂后,即得产物。必要时可用其他方法进一步纯化。

咖啡因又名咖啡碱、茶素,具有刺激心脏、兴奋大脑神经和利尿等作用,因此可以用作中枢神经兴奋药。它是阿司匹林等药物的组分之一。

纯品咖啡因为白色针状结晶体,无臭,味苦,易溶于水、乙醇、氯仿、丙酮,微溶于石油醚,难溶于苯和乙醚。它是弱碱性物质,水溶液对石蕊试纸呈中性反应。咖啡因在 100 ℃ 时即

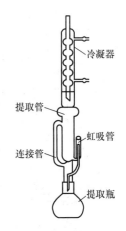

图 6 - 1　索氏抽提器

失去结晶水,并开始升华,120 ℃时升华相当显著,178 ℃时升华很快。无水咖啡因的熔点为234.5 ℃。

茶叶中含有多种生物碱,其主要成分为1% ~ 5%的咖啡因,并含有少量茶碱和可可豆碱以及11% ~ 12%的单宁酸(又名鞣酸),还有约0.6%的色素、纤维素和蛋白质等。

为了提取茶叶中的咖啡因,往往用适当的溶剂(如氯仿、乙醇、苯等)在脂肪提取器中连续萃取,然后蒸出溶剂,即得粗咖啡因。粗咖啡因中还含有一些生物碱和杂质,利用升华法可进一步纯化。

咖啡因为嘌呤的衍生物,其化学名称为1,3,7 – 三甲基 – 2,6 – 二氧嘌呤,其结构式与茶碱、可可碱类似。

嘌呤　　　　咖啡因　　　　茶碱　　　　可可碱

【仪器及药品】

1. 仪器

100 mL 的圆底烧瓶、虹吸管、球形冷凝管、75°蒸馏弯头、直形冷凝管、接液管、温度计、蒸发皿、玻璃漏斗、酒精灯。

2. 药品

95%的乙醇、茶叶、生石灰粉、5%的鞣酸溶液、10%的盐酸(或10%的硫酸)、碘 – 碘化钾试剂、浓氨水、30%的 H_2O_2。

【实验内容】

1. 咖啡因的提取

称取 5 g 干茶叶,装入滤纸筒内,轻轻压实,滤纸筒上口塞一团脱脂棉,置于抽提筒中,向圆底烧瓶内加入60 ~ 80 mL 95%的乙醇,加热乙醇至沸腾,连续抽提1 h,待冷凝液刚刚虹吸下去时,立即停止加热。

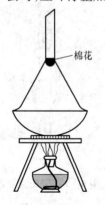

图6 – 2　常压升华装置

将仪器改装成蒸馏装置,加热回收大部分乙醇。然后将残留液(10 ~ 15 mL)倾入蒸发皿中,烧瓶用少量乙醇洗涤,洗涤液也倒入蒸发皿中,蒸发至近干。加入 4 g 生石灰粉,搅拌均匀,用电热套加热(100 ~ 120 V),蒸发至干,除去全部水分。冷却后擦去沾在边上的粉末,以免升华时污染产物。

将一张刺有许多小孔的圆形滤纸盖在蒸发皿上,取一只大小合适的玻璃漏斗罩于其上,漏斗颈部疏松地塞一团棉花(如图6 – 2所示)。用酒精灯小心地加热蒸发皿,慢慢升高温度,使咖啡因升华。咖啡因通过滤纸孔遇到漏斗内壁凝为固体,附着于漏斗内壁和滤纸上。当纸上出现白色针状晶体时,暂停加热,冷却至100 ℃左右,揭开漏斗和滤纸,仔细用小刀把附着于滤纸及漏斗内壁上的咖啡因刮入表面皿中。对蒸发皿内的残渣加以搅拌,重新放好滤纸和漏斗,用较高的温度再加热升华一次。温度也不宜太高,否则蒸发皿内大量冒烟,产品既受污染又遭损失。合并两次升华所收集的咖啡因,测定熔点。

2.咖啡因的鉴定

(1)与生物碱试剂作用。

取一半咖啡因结晶置于小试管中,加 4 mL 水,微热,使固体溶解。将溶液分装于 2 只试管中, 一只加入 1~2 滴 5% 的鞣酸溶液,记录现象;另一只加入 1~2 滴 10% 的盐酸(或 10% 的硫酸),再加入 1~2 滴碘－碘化钾试剂,记录现象。

(2)氧化。

向表面皿剩余的咖啡因中加入 30% 的 H_2O_2 8~10 滴,置于水浴中蒸干,记录残渣的颜色。再加 1 滴浓氨水于残渣上,观察并记录颜色有何变化。

【实验注意事项】

(1)滤纸筒的直径要略小于抽提筒的内径,其高度一般要超过虹吸管,但是样品不得高于虹吸管。如无现成的滤纸筒,可自行制作。其方法为:取脱脂滤纸一张,卷成圆筒状(其直径略小于抽提筒的内径),将底部折起而封闭(必要时可用线扎紧),装入样品,上口盖脱脂棉,以保证回流液均匀地浸透被萃取物。

(2)在提取过程中,生石灰起中和及吸水作用。

(3)索式提取器的虹吸管极易折断,装装置和取拿时必须特别小心。

(4)提取时如烧瓶里有少量水分,升华开始时将产生一些烟雾,污染器皿和产品。

(5)蒸发皿上覆盖刺有小孔的滤纸是为了避免已升华的咖啡因回落入蒸发皿中,纸上的小孔应保证蒸气通过。漏斗颈塞棉花是为了防止咖啡因蒸气逸出。

(6)在升华过程中必须始终严格控制加热温度,温度太高将导致被烘物和滤纸炭化,一些有色物质也会被带出来,影响产品的质和量。再升华时加热温度亦应严格控制。

【思考题】

(1)本实验使用生石灰的作用有哪些?

(2)除可用乙醇萃取咖啡因外,还可用哪些溶剂萃取?

(3)在升华操作中应该注意什么?

(4)试述索氏提取器的萃取原理,它与一般的浸泡萃取相比有哪些优点?

6.3.2　色素

色素根据溶解性能的不同可以分为水溶性的色素和油溶性的色素。水溶性的色素有柠檬黄、日落黄、苋菜红、靛蓝、亮蓝、甜菜红、花青素、玫瑰茄红、越橘红等,脂溶性的色素有胡萝卜素、辣椒红素、姜黄、玉米黄、红曲霉色素等。

微生物色素除红、橙、黄、绿、青、蓝、紫、褐和黑色之外,还有介于它们之间的各种各样的颜色。这些色素有在细胞内的,有在细胞外的;有自身合成的,有转化培养基中的某些成分而形成的。

有些色素,如细胞色素 C,具有十分重要的生理功能,但许多色素的功能尚未被人们认识。在微生物中,最常见的色素是黄色和橙色的——类胡萝卜素。所有光合微生物都含有类胡萝卜素,如光合细菌。许多非光合微生物也含有类胡萝卜素,如红酵母菌、链孢霉菌、藤黄八叠球菌等。许多假单胞菌、一些放线菌可以产生各种颜色的吩嗪类色素,如紫色的碘菌

157

素、蓝绿色的绿脓杆菌素、金黄色的金色菌素等。真菌的色素种类也很多，一种真菌往往可以产生不止一种色素，色素的主要成分是酮类和醌类的衍生物。

微生物色素是一种次生代谢产物，一般在菌体生长后期开始合成，其合成过程可能是在培养基中缺乏某种营养物质，菌体的生长过程受到限制时被启动的。微生物色素是菌体生长繁殖过程不需要的物质，菌体失去合成这种物质的能力后照常生长。

6.3.3 植物芳香油

6.3.3.1 植物芳香油的来源

天然香料的主要来源是动物和植物。动物香料主要来源于麝、灵猫、海狸和抹香鲸等，植物香料的来源更为广泛。植物芳香油是萃取植物特有的芳香物质得到的，可从50多个科的植物中提取。挥发油又称精油，可以从草本植物的花、叶、根、树皮、果实、种子、树脂等中以蒸馏、压榨的方式提炼出来。例如，在工业生产中，玫瑰花用于提取玫瑰油，樟树树干用于提取樟油。提取出的植物芳香油具有很强的挥发性，组成比较复杂，主要包括萜类化合物及其衍生物。

精油是芳香植物的高度浓缩提取物。香薰精油挥发性强，且分子小，很容易被人体吸收，并能迅速渗透人体器官，将多余的成分排出体外，整个过程只需要几分钟，植物本身的香味也能直接刺激脑下垂体的分泌、酵素及荷尔蒙的分泌等，起到平衡身体机能、美容护肤的作用。

6.3.3.2 植物芳香油的提取方法

1. 蒸馏法

蒸馏法可以说是提炼精油最古老、使用最广泛的方法，处理过程为在蒸馏容器中以水或蒸气（或两者并用）将植物加热，使水蒸气排出，从而制造出浓缩液。用上述方法制造出来的液体混合物，通常油浮在水上，如果是油重于水的情况（如丁香油），则油会沉到底下，这时候可以轻易把油和水分开。蒸馏容器的大小差异很大，小的蒸馏器多见于小型生产者，大型的常见于美国薄荷生产区，更大型的则出现在法国格拉斯和英国隆梅福地区。

2. 脂吸法

脂吸法和浸渍法都是利用脂肪可以吸收精油的物理性质，当然，所用的脂肪必须经过特别处理，因为脂肪必须纯净、无味，并且不会变质及发臭。脂肪有许多种配方，但通常这些配方都由拥有配方的家族谨慎地保密，不对外公开。脂吸法采用冷脂肪，是一种只能用于采收后会持续制造精油的花朵的方法。

脂吸法是将一片玻璃嵌在一个长方形框架上，把一层薄薄的脂肪涂在玻璃上，然后在脂肪上铺一层刚采收的新鲜花瓣。经过约二十四小时，花瓣中所含的精油就全部被脂肪吸附，这时把框架反过来，花瓣自动掉下来，然后将另一层新鲜花瓣铺在脂肪上。这个程序必须持续长达七十天的时间，视处理的花朵种类和品质而定。

3. 浸渍法

这种处理过程通常用在采收后，花朵不会再继续精油的制造，采收的花朵被浸在热油脂中让油脂透过植物的细胞壁，吸取其精油。经过吸附的花朵反复离心大约十五次，然后饱含精油的香油脂按前述的脂吸法来处理。

4. 榨取法

这种方法专制柑橘类属的精油,如柠檬、橙、佛手柑、葡萄柚和红柑。在1930年以前,这类精油还是以海绵法来提炼的,就是用手工将精油挤到海绵上,再把海绵浸渍在油脂中,以吸其精油。熟练的工人懂得施加适当的压力,把精油从果皮中挤出来,但是这种提炼法因为耗费人工,所以成本高昂,而榨取法都交给机器处理。

植物精油从种植到提炼,十分复杂,耗时耗力,且要求严格,所以成本相当高,价格当然也昂贵。下面的数字可以证明精油的精纯与珍贵。6 000 kg 橘子花、4 000 kg 玫瑰、2 000 kg 甘菊花、1 300 kg 百里香、1 000 kg 天竺葵、100 kg 薄荷叶、35 kg 熏衣草才能提炼 1 kg 精油。

5. 浸泡法

将花朵泡在热油中分解细胞,使它们的香味释放于油中,之后再蒸馏出其中的薰香分子。

6. 压缩法

这是最简单的方法,就是将成熟的果子削皮,再将其精油挤到海绵上,如橘子、柠檬。

实验四十七　从黄连中提取黄连素

【实验目的】

(1)学习从中草药中提取生物碱的原理和方法。

(2)学习减压蒸馏的操作技术。

(3)进一步掌握索氏提取器的使用方法,巩固减压过滤操作。

【实验原理】

黄连素(也称小檗碱)属于生物碱,是中草药黄连的主要有效成分,其中含量可达4% ~ 10%。除了黄连中含有黄连素以外,黄柏、白屈菜、伏牛花、三颗针等中草药中也含有黄连素,其中以黄连和黄柏中含量最高。

黄连素有抗菌、消炎、止泻的功效,对急性菌痢、急性肠炎、百日咳、猩红热等各种急性化脓性感染和各种急性外眼炎症都有效。

黄连素是黄色针状体,微溶于水和乙醇,较易溶于热水和热乙醇,几乎不溶于乙醚。黄连素的盐酸盐、氢碘酸盐、硫酸盐、硝酸盐均难溶于冷水,易溶于热水,故可用水对其进行重结晶,从而达到纯化的目的。

黄连素在自然界中多以季铵碱的形式存在,结构如下:

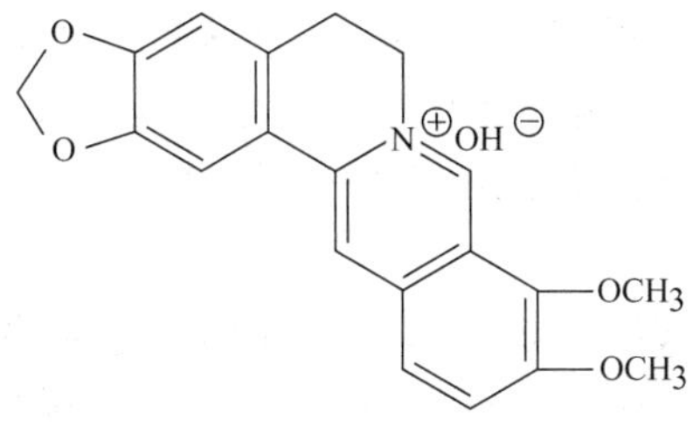

从黄连中提取黄连素,往往采用适当的溶剂(如乙醇、水、硫酸等)。在索氏提取器中连续抽提,然后浓缩,再加酸进行酸化,得到相应的盐。粗产品可以采取重结晶等方法进一步提纯。

黄连素被硝酸等氧化剂氧化,转变为樱红色的氧化黄连素。黄连素在强碱中部分转化

159

为醛式黄连素,在此条件下加几滴丙酮,即可发生缩合反应,生成丙酮与醛式黄连素缩合产物的黄色沉淀。

【仪器及药品】

1. 仪器

索氏提取器。

2. 药品

黄连、95%的乙醇、浓盐酸、1%的醋酸。

【实验装置】

实验装置见图6-3和图6-4。

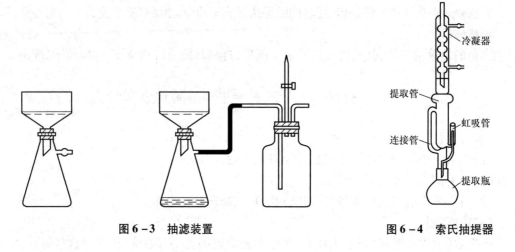

图6-3 抽滤装置   图6-4 索氏抽提器

【实验步骤】

(1)称取10 g中药黄连,切碎、研磨烂,装入索氏提取器的滤纸套筒内,向烧瓶内加入100 mL 95%的乙醇,加热萃取2~3 h,至回流液体颜色很淡为止。

(2)用水泵减压蒸馏,回收大部分乙醇,至瓶内残留液体呈棕红色糖浆状,停止蒸馏。

(3)向浓缩液里加入1%的醋酸30 mL,加热溶解后趁热抽滤去掉固体杂质,向滤液中滴加浓盐酸,至溶液混浊为止(约需10 mL)。

(4)用冰水冷却上述溶液,降至室温后即有黄色针状的黄连素盐酸盐析出,抽滤,所得结晶用冰水洗涤两次,可得黄连素盐酸盐的粗产品。

(5)精制。将粗产品(未干燥)放入100 mL的烧杯中,加入30 mL水,加热至沸腾,搅拌沸腾几分钟,趁热抽滤,滤液用盐酸调节pH为2~3,在室温下放置几小时,有较多橙黄色结晶析出后抽滤,滤渣用少量冷水洗涤两次,烘干即得成品。

【产品检验】

(1)取盐酸黄连素少许,加浓硫酸2 mL,溶解后加几滴浓硝酸,即成樱红色溶液。

(2)取盐酸黄连素约50 mg,加蒸馏水5 mL,缓缓加热,溶解后加20%的氢氧化钠溶液2滴,显橙色,冷却后过滤,滤液加丙酮4滴,即变混浊。放置后生成黄色的丙酮黄连素沉淀。

【实验注意事项】

(1)得到纯净的黄连素晶体比较困难。向黄连素盐酸盐中加热水至刚好溶解,用石灰乳调节pH=8.5~9.8,冷却后滤去杂质,滤液继续冷却至室温以下,即有针状黄连素析出,抽滤,将结晶在 50~60 ℃下干燥,熔点为 145 ℃。

(2)索氏提取器也可用简单的回流装置代替,进行 2~3 次加热回流,每次约 0.5 h,回流液体合并使用即可。

【实验结果】

表 6-2　实验结果记录

品名	性状	产量	收率

【思考题】

(1)黄连素为何种生物碱类化合物?

(2)黄连素在紫外光谱上有何特征?

实验四十八　从红辣椒中分离红色素

【实验目的】

(1)学习用薄层色谱和柱色谱方法分离和提取天然产物的原理。

(2)复习柱色谱的操作方法。

【实验原理】

红辣椒含有多种色泽鲜艳的天然色素,其中呈深红色的色素主要是辣椒红脂肪酸酯和少量辣椒玉红素脂肪酸酯,呈黄色的色素则是 β-胡萝卜素。

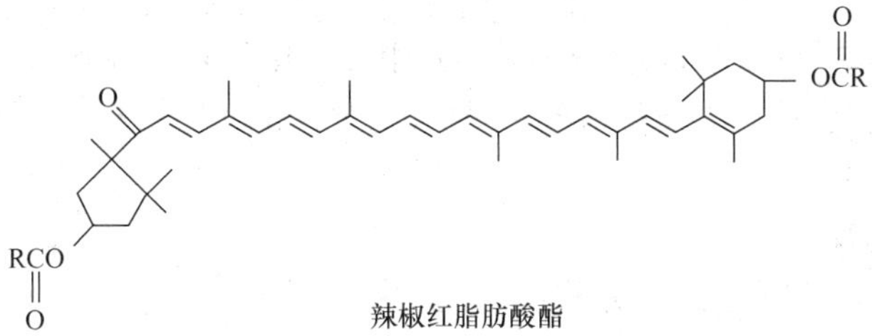

辣椒红脂肪酸酯

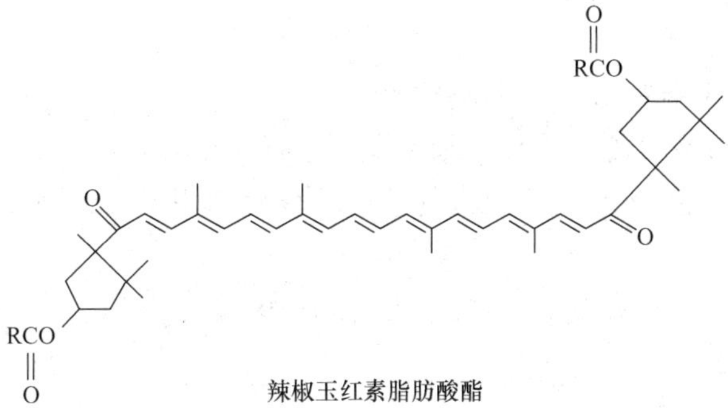

辣椒玉红素脂肪酸酯

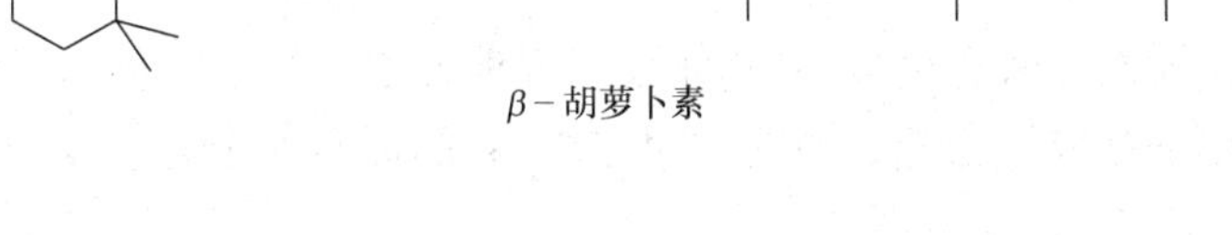

β-胡萝卜素

这些色素可以通过色谱法分离。本实验以二氯甲烷作萃取剂,从红辣椒中提取红色素。然后采用薄层色谱分析,确定各组分的 R_f,再经柱色谱分离,分段接收并蒸除溶剂,即可获得各个单组分。

【实验装置】

实验装置见图 6-5。

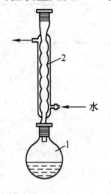

图 6-5 回流装置

1—圆底烧瓶;2—冷凝管

【仪器及药品】

1. 仪器

圆底烧瓶、球形冷凝管、布氏漏斗、吸滤瓶、广口瓶、3 cm ×8 cm 的薄板、点样毛细管、色谱柱、锥形冷凝管。

2. 药品

干燥的红辣椒、二氯甲烷、硅胶 G(200~300 目)、沸石。

【实验步骤】

在 50 mL 的圆底烧瓶中放入 1 g 干燥并研碎的红辣椒和 2 粒沸石,加入 10 mL 二氯甲烷,装上回流冷凝管,加热回流 20 min。待提取液冷却至室温,过滤,除去不溶物,蒸发滤液,收集色素混合物。

以 200 mL 的广口瓶作薄板色谱槽,取极少量色素粗品置于小烧杯中,滴入 2~3 滴二氯甲烷使之溶解,并在一块硅胶 G 薄板上点样,以二氯甲烷作展开剂,置入色谱槽中进行色谱分离。计算各种色素的 R_f 值,展开后出现一个大红斑点($R_f = 0.78$),其上出现一个小红斑点($R_f = 0.91$),再上方出现一个黄色斑点($R_f = 0.98$)。

在 1.5 cm 的色谱柱中装入硅胶 G 吸附剂,用二氯甲烷作洗脱剂,对色素粗品进行柱色谱分离,收集各组分流出液,浓缩各组分,得到各组分产品。

【实验注意事项】

(1)红辣椒要干燥且研细。

(2)硅胶 G 薄板要铺得均匀,使用前充分活化。

(3)色谱柱要装结实,不能有断层。

【思考题】

(1)硅胶 G 薄板失活对结果有什么影响?

(2)点样时应该注意什么? 点样毛细管太粗会有什么后果?

(3)如果样品不带色,如何确定斑点的位置? 举 1~2 个例子说明。

实验四十九 植物芳香油的提取

【实验目的】

(1)了解植物芳香油的制备原理。

(2)掌握制备植物芳香油的具体方法。

【实验原理】

植物芳香油的提取方法有很多种,具体采用哪种方法要根据植物原料的特点来决定。

水蒸气蒸馏法是提取植物芳香油的常用方法,它的原理是利用水蒸气将挥发性较强的植物芳香油携带出来,形成油水混合物,冷却后混合物会分出油层和水层。根据蒸馏过程中原料的放置位置,可以将水蒸气蒸馏法划分为水中蒸馏、水上蒸馏和水汽蒸馏。其中,水中蒸馏对于有些原料不适用,如柑橘和柠檬。这是因为水中蒸馏会导致原料焦糊和有效成分水解等问题。柑橘、柠檬芳香油的制备通常使用压榨法。

植物芳香油不仅挥发性强,而且易溶于有机溶剂,如石油醚、酒精、乙醚和戊烷等。不适于用水蒸气蒸馏的原料可以考虑使用萃取法。萃取法是将粉碎、干燥的植物原料用有机溶剂浸泡,使芳香油溶解在有机溶剂中的方法。芳香油溶解于有机溶剂后,只需蒸发出有机溶剂,就可以获得纯净的植物芳香油了。但是,用于萃取的有机溶剂必须事先精制,除去杂质,否则会影响芳香油的质量。

【仪器、药品及材料】

1. 仪器

蒸馏装置一套(包括两个铁架台、酒精灯、石棉网、蒸馏瓶、橡胶塞、蒸馏头、温度计、直形冷凝管、接液管、锥形瓶以及连接进水口和出水口的橡胶管)、回流装置一套、分液漏斗、烧杯、压榨机。

2. 药品

0.1 g/mL 的氯化钠溶液、无水硫酸钠、7% ~ 8% 的石灰水、0.25% 的小苏打、5% 的 Na_2SO_4 溶液、石油醚。

3. 材料

玫瑰花瓣、橘皮、胡萝卜。

【实验内容】

1. 玫瑰精油的提取(水中蒸馏法)

鲜玫瑰 + 清水 $\longrightarrow$ 水蒸气蒸馏 $\longrightarrow$ 油水混合物 $\xrightarrow{\text{NaCl}}$ 分离油层 $\xrightarrow{\text{无水Na}_2\text{SO}_4}$ 除水 $\xrightarrow{\text{过滤}}$ 玫瑰精油

(1)称取 50 g 玫瑰花瓣,放入蒸馏瓶中,加入 200 mL 蒸馏水。按图 6 - 6 安装蒸馏装置,所有仪器必须事先干燥,保证无水。整套蒸馏装置可分为左、中、右三部分,其中左边的部分通过加热进行蒸馏,中部将蒸馏物冷凝,右边的部分用来接收。安装仪器按照自下而上、从左到右的顺序,拆卸仪器的顺序与安装时相反。

(2)蒸馏装置安装完毕后,可以在蒸馏瓶中加几粒沸石,防止液体过度沸腾。打开水龙头,缓缓通入冷水,然后开始加热。加热时可以观察到,蒸馏瓶中的液体逐渐沸腾,蒸气逐渐上升,温度计读数也略有上升。当蒸气的顶端达到温度计的水银球部位时,温度计读数急剧上升。在整个蒸馏过程中,应保证温度计的水

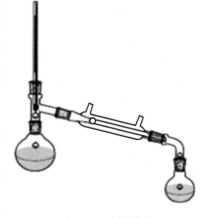

图 6 - 6　蒸馏装置

银球上常有因冷凝作用而形成的液滴。控制蒸馏的时间和速度,通常以每秒 1 ~ 2 滴为宜。蒸馏完毕,应先撤热源,然后停止通水,最后拆卸蒸馏装置,拆卸的顺序与安装时相反。

(3)收集锥形瓶中的乳白色乳浊液,向锥形瓶中加入质量浓度为 0.1 g/mL 的氯化钠溶

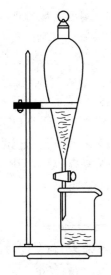

图 6 – 7　萃取装置

液,使乳化液分层。然后将其倒入分液漏斗中,用分液漏斗将油层和水层完全分开(如图 6 – 7 所示)。打开顶塞,再将活塞缓缓旋开,放出下层的玫瑰精油,用接收瓶收集。向接收瓶中加入无水硫酸钠,吸去油层中含有的水分,放置过夜。

2. 橘皮精油的提取(压榨法)

1)浸泡

将洗净晾干的橘皮浸泡在 pH 大于 12、质量分数为 7% ~ 8% 的石灰水中,时间为 16 ~ 24 h。

2)漂洗

将浸泡后的橘皮用流水漂洗,洗净后捞起、沥干。

3)压榨

将橘皮粉碎至 3 mm 大小,同时加入相当于橘皮质量 0.25% 的小苏打和 5% 的 Na_2SO_4 溶液,并调节 pH 为 7 ~ 8,然后进行机械压榨。

4)过滤

先用普通布袋过滤除去固体物和残渣,然后离心进一步除去质量较小的残留固体物,再用分液漏斗或吸管将上层的橘皮精油分离出来。

5)静置

将分离出的产品放在 5 ~ 10 ℃ 的冰箱中静置 5 ~ 7 天,使杂质沉淀。

6)再过滤

用吸管吸出上层的澄清橘皮精油,剩余部分用滤纸过滤,将滤液和吸出的上层橘皮精油合并,即获得最终的橘皮精油。

【操作要点】

1. 玫瑰精油的提取

蒸馏时许多因素都会影响产品品质。例如,蒸馏温度太高、时间太短,产品品质就比较差。如果要提高产品品质,就需要控制温度和延长蒸馏时间。

2. 橘皮精油的提取

橘皮在石灰水中的浸泡时间为 10 h 以上。橘皮要浸透,这样压榨时不会滑脱,出油率高,并且压榨液的黏稠度不会太高,过滤时不会堵塞筛眼。

【结果计算】

$$出油率 = 芳香油的质量/原料的质量$$

【思考题】

描述一下精油的特点,分析实验成功的经验或失败的教训,提出改进建议。

第7章 综合性、设计性实验

实验五十 缩合反应——肉桂酸的制备

缩合反应的范围极为广泛,例如羟醛(aldol)缩合、珀金(Perkin)和克莱森(Claisen)酯缩合等反应。

1) 羟醛缩合反应

通常在稀碱作用下,一分子醛的 α-氢原子加到另一分子醛的氧原子上,其余部分加到羰基碳原子上,生成 β-羟基醛,这个反应称为羟醛缩合反应。

含有两个 α-氢原子的醛生成的 β-羟基醛在受热或少量碘存在下,发生分子内脱水而生成 α,β-不饱和醛。

只有一个 α-氢原子的醛,其缩合反应进行到 β-羟基醛为止。

2) 珀金反应

芳醛与具有 α-氢原子的脂肪酸酐在与脂肪酸酐结构相应的无水脂肪酸钾盐或钠盐的催化作用下共热,发生缩合反应,生成芳基取代的 α,β-不饱和酸,这个反应称为珀金反应。

3) 克莱森酯缩合反应

酯和含有活性甲基或亚甲基的羰基化合物,在碱性缩合剂作用下发生脱醇缩合反应,称为克莱森酯缩合反应。例如,两个酯分子(其中一个必须有 α-氢原子)在醇钠的作用下缩合,生成 β-酮酸酯。

由于 β-丁酮酸酯中亚甲基($-CH_2$)上的氢原子在酮基和酯基的影响下酸性较强($pK_a = 11$),在乙醇钠中实际得到的不是游离的 β-丁酮酸酯,而是它的钠盐,故还需用乙酸酸化才能得到 β-丁酮酸酯。

上述三个缩合反应的共同点是首先生成碳负离子,然后碳负离子和醛或羧酸衍生物(酐和酯)分子中的羰基发生亲核加成,形成中间体。

欲使这些反应顺利进行,必须使反应条件有利于碳负离子的生成及使一系列平衡反应有利于产物的生成。

在羟醛缩合反应中,醛分子中的 α-H 由于超共轭效应,具有变为质子的趋势而显得相当活泼,稀碱水溶液里的 OH^- 就足够夺取质子,形成 $R{-}^-CH{-}CHO$ 碳负离子。

在珀金反应中,借熔融的醋酸钾或醋酸钠提供 CH_3COO^- 负离子,以夺取乙酐分子中的 α-H,形成 $^-CH_2CO{-}O{-}OCCH_3$ 碳负离子。实验所用仪器必须是干燥的。

在克莱森酯缩合反应中,酯分子中的 α-H 活性很弱,故必须用强碱(如 $C_2H_5O^-$)才能夺取质子形成 $R{-}^-CHCOOR'$。由于酯(如乙酸乙酯)中一般都含有少量(约2%)乙醇,故可直接用金属钠。实验所用仪器必须干燥,药品必须是无水的。

【实验目的】

(1) 了解通过珀金(Perkin)反应制备肉桂酸的基本原理和方法。

（2）掌握空气冷凝管回流和水蒸气蒸馏操作。

（3）进一步巩固减压过滤、重结晶操作。

【实验原理】

芳香醛酸酐在相应羧酸的钠盐或钾盐存在下发生缩合，生成 $\alpha,\beta-$ 不饱和酸的反应，称为 Perkin 反应。本实验就是利用 Perkin 反应制得肉桂酸。

反应式如下：

$$\text{C}_6\text{H}_5\text{—CHO} + (\text{CH}_3\text{CO})_2\text{O} \xrightarrow[150\sim170\,℃]{\text{无水CH}_3\text{COOK}}$$

$$\text{C}_6\text{H}_5\text{—CH}=\text{CHCOOH} + \text{CH}_3\text{COOH}$$

【仪器及药品】

1. 仪器

三颈烧瓶（50 mL，1 个）、空气冷凝管（1 支）、温度计（250 ℃，1 支）、75°弯管（1 个）、直形冷凝管（1 支）、接引管（1 个）、锥形瓶（1 个）、玻璃空心塞（1 个）、水蒸气蒸馏装置（1 套）、吸滤瓶（1 个）、布氏漏斗（1 个）。

2. 药品

苯甲醛（3.2 g，3 mL，0.03 mol）、乙酸酐（6.0 g，5.5 mL，0.06 mol）、无水 CH_3COOK（3 g，0.03 mol）、Na_2CO_3、活性炭、浓盐酸。

【物理常数】

试剂的物理常数见表 7 - 1。

表 7 - 1　试剂的物理常数

化合物名称	相对分子质量	性状	相对密度 (d_4^{20})	熔点 /℃	沸点 /℃	折射率	溶解度/（g/100 mL 溶剂）		
							水	乙醇	乙醚
苯甲醛	105.12	无色液体	1.046	-26	179.1	1.545 6	0.3	（溶）	（溶）
乙酸酐	102.09	无色液体	1.081	-73	140.0	1.391 0	（水解）	（水解）	（溶）
肉桂酸	148.15	无色针状晶体	1.245	133	300	1.245 0	（不溶于冷水，溶于热水）	（易溶）	（易溶）

【实验装置】

实验装置见图 7 - 1 和图 7 - 2。

在实验中要求做到以下几点。

（1）水蒸气发生器中的水占容器容积的 1/2 ~ 2/3。

（2）安全管要插到水蒸气发生器的底部。

（3）整套装置应在同一平面上，水蒸气发生器支管与水蒸气导入管应直线连接，以保证水蒸气顺利导入。

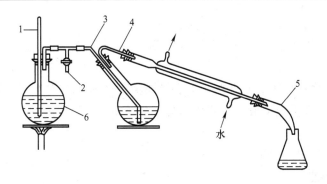

图 7 – 1 水蒸气蒸馏装置

1—安全管;2—螺旋夹;3—水蒸气导入管;4—馏出液导出管;

5—接液管;6—水蒸气发生器

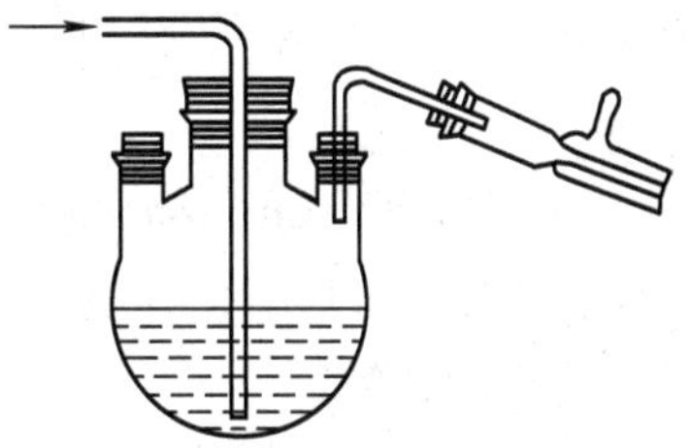

图 7 – 2 利用原反应容器进行
水蒸气蒸馏的装置

【实验步骤】

向 50 mL 的三口圆底烧瓶中加入 3.00 g 无水醋酸钾、3 mL 新蒸馏的苯甲醛和 5.5 mL 乙酐,振荡使三者混合。装上温度计和空气冷凝管(温度计水银球在液面下不能碰到瓶底)。在石棉网上加热回流 1 h,温度保持在 150 ~ 170 ℃。

向反应液中趁热(100 ℃)倒入 25 mL 左右热水,一边摇一边慢慢加入适量固体碳酸钠(约 5 g),直到反应液呈碱性。然后进行水蒸气蒸馏,直至馏出液无油珠为止。

向剩余液中加入少许活性炭,加热回流 5 ~ 10 min。趁热过滤,将滤液小心地用浓 HCl 酸化,使溶液呈明显的酸性。用冰水冷却,待肉桂酸全部析出,过滤,收集结晶,并以少量过冷水洗涤结晶,抽滤除去水分。产物可在 30% 的乙醇中重结晶,产量为 2 ~ 2.5 g。

【操作要点】

(1)仪器必须充分干燥。因为乙酸酐遇水即水解成乙酸;无水碳酸钾极易吸潮。

(2)加热回流时要使反应液始终保持微沸状态,反应温度应严格控制在 150 ~ 170 ℃,反应时间为 45 ~ 60 min。

(3)水蒸气蒸馏的操作要点如下:

①操作前仔细检查整套装置的严密性;

②先打开 T 形管的止水夹,待蒸气逸出时再旋紧止水夹;

③控制馏出液的流出速度,以 2 ~ 3 滴/s 为宜;

④随时注意安全管的水位,若有异常现象,先打开止水夹,再移开热源,检查、排除故障后方可继续蒸馏;

⑤蒸馏结束后先打开止水夹,再停止加热,以防倒吸。

(4)活性炭脱色后要趁热过滤。

(5)用浓 HCl 酸化时,要酸化至呈明显的酸性。若滤液过多,先浓缩至 15 mL 左右,再进行酸化。

【思考题】

总结本实验的成败关键。

(**提示** 反应用的仪器干燥与否和反应温度的控制)

实验五十一　坎尼扎罗反应——苯甲醇和苯甲酸的制备

坎尼扎罗(Cannizzaro)反应是无 α - 氢原子的醛类在浓的强碱溶液作用下发生的歧化反应：一分子醛被氧化成羧酸(在碱性溶液中成为羧酸盐)，另一分子醛则被还原成醇。

【实验目的】

(1)学习由苯甲醛制备苯甲醇和苯甲酸的原理和方法。

(2)进一步熟悉机械搅拌器的使用。

(3)进一步掌握萃取、洗涤、蒸馏、干燥和重结晶等基本操作。

(4)全面复习巩固有机化学实验基本操作技能。

【实验原理】

本实验采用苯甲醛在浓的氢氧化钠溶液中发生坎尼扎罗反应，制备苯甲醇和苯甲酸，反应式如下：

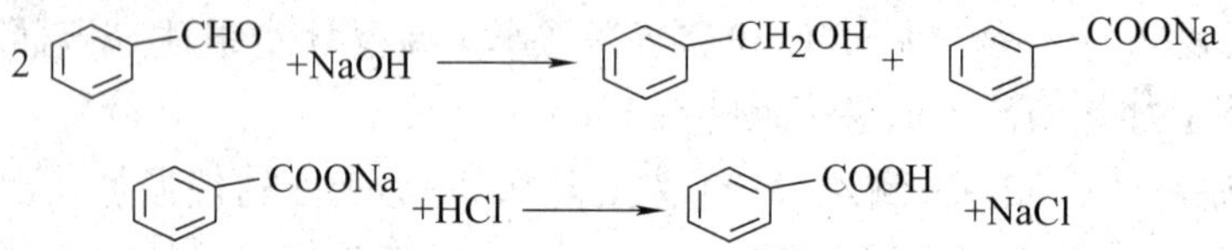

$$2 \bigcirc\!\!-CHO + NaOH \longrightarrow \bigcirc\!\!-CH_2OH + \bigcirc\!\!-COONa$$

$$\bigcirc\!\!-COONa + HCl \longrightarrow \bigcirc\!\!-COOH + NaCl$$

【仪器及药品】

1. 仪器

250 mL 的圆底烧瓶、球形冷凝管、分液漏斗、直形冷凝管、蒸馏头、温度计套管、温度计(250 ℃)、支管接引管、锥形瓶、空心塞、量筒、烧杯、布氏漏斗、吸滤瓶、表面皿、红外灯、机械搅拌器。

2. 药品

苯甲醛(10 mL,0.10 mol)、氢氧化钠(8 g,0.2 mol)、浓盐酸、乙醚、饱和亚硫酸氢钠溶液、10%的碳酸钠溶液、无水硫酸镁。

【物理常数】

试剂的物理常数见表7-2。

表7-2　试剂的物理常数

化合物	相对分子质量	相对密度 (d_4^{20})	熔点 /℃	沸点 /℃	折射率	溶解度/(g/mL 溶剂)		
						水	乙醇	乙醚
苯甲醛	105.12	1.046	-26	179.1	1.545 6	0.3	(溶)	(溶)
苯甲醇	108.13	1.041 9	-15.3	205.3	1.539 2	4^{17}	∞	∞
苯甲酸	122.12	1.265 9	122	249	1.501	(微溶)	(溶)	(溶)

【实验装置】

本实验制备苯甲醇和苯甲酸采用机械搅拌下的加热回流装置，如图7-3所示。乙醚的沸点低,要注意安全,蒸馏低沸点液体的装置如图7-4所示。

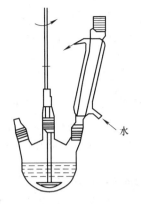

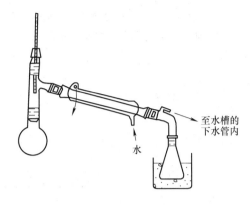

图 7 - 3 制备苯甲酸和苯甲醇的反应装置 　　　　　　图 7 - 4 蒸乙醚的装置

【实验步骤】

(1)在 250 mL 的三口烧瓶上安装机械搅拌器及回流冷凝管,另一口塞住,见图 7 - 3。

(2)加入 8 g 氢氧化钠和 30 mL 水,搅拌溶解。稍冷,加入 10 mL 新蒸的苯甲醛。

(3)开启搅拌器,调整转速,使搅拌平稳进行。加热回流约 40 min。

(4)停止加热,从球形冷凝管上口缓缓加入冷水 20 mL,摇动均匀,冷却至室温。

(5)反应物冷却至室温后,倒入分液漏斗中,用乙醚萃取 3 次,每次 10 mL。水层保留待用。

(6)合并 3 次的乙醚萃取液,依次用 5 mL 饱和亚硫酸氢钠、10 mL 10% 的碳酸钠溶液、10 mL 水洗涤。

(7)分出醚层,倒入干燥的锥形瓶中,加无水硫酸镁干燥,注意锥形瓶要加塞。

(8)如图 7 - 4 安装好低沸点液体的蒸馏装置,缓缓加热蒸出乙醚(回收)。

(9)升高温度蒸馏,当温度升到 140 ℃时改用空气冷凝管,收集 198～204 ℃的馏分,即为苯甲醇,量体积,回收,计算产率。

(10)将第(5)步保留的水层慢慢地加入含有 30 mL 浓盐酸和 30 mL 水的混合物中,同时用玻璃棒搅拌,析出白色固体。

(11)冷却,抽滤,得到粗苯甲酸。

(12)粗苯甲酸用水作溶剂重结晶,需加活性炭脱色。产品在红外灯下干燥后称重,回收,计算产率。

【实验注意事项】

(1)本实验需要用乙醚,而乙醚极易着火,必须在近旁没有任何明火时才能使用。蒸乙醚时可在接引管支管上连接一根长橡胶管通入水槽的下水管内或引出室外,接收器用冷水浴冷却。

(2)重结晶提纯苯甲酸可用水作溶剂,苯甲酸在水的溶解度为:80 ℃时,每 100 mL 水可溶解苯甲酸 2.2 g。

【思考题】

(1)试比较 Cannizzaro 反应与羟醛缩合反应在醛的结构上有何不同。

(2)本实验中的两种产物是根据什么原理分离提纯的?用饱和亚硫酸氢钠及 10% 的碳酸钠溶液洗涤的目的是什么?

（3）用乙醚萃取后剩余的水溶液用浓盐酸酸化到中性是否最恰当？为什么？

（4）为什么要用新蒸的苯甲醛？长期放置的苯甲醛含有什么杂质？如不除去，对本实验有何影响？

实验五十二　霍夫曼酰胺降级反应——邻氨基苯甲酸的制备

在实验室中常用霍夫曼酰胺降级反应来制备伯胺。例如，乙酰胺与溴和强碱反应，脱去一个羰基而生成甲胺。

实际上反应是分步进行的。在由乙酰胺制备甲胺的过程中，可观察到有 N - 溴代乙酰胺沉淀析出，在强碱中，N - 溴代乙酰胺进一步分解为甲胺，分解反应是强放热性的，所以需要控制分解反应的温度，通常把反应物之一逐渐加到另一个反应物中，使反应不至于进行得太剧烈。

在这个反应中，主要的副反应是乙酰胺的碱性水解。乙酰胺在与次溴酸钠作用时，虽然大部分转变成 N - 溴代乙酰胺，但平衡混合物中仍含有少量乙酰胺，它在强碱液的作用下逐渐水解而放出氨，混杂在甲胺中，所以粗制的甲胺盐酸盐中含有氯化铵。因为氯化铵难溶于无水乙醇，所以用热的无水乙醇进行重结晶，可得纯净的甲胺盐酸盐。

以邻苯二甲酰亚胺进行霍夫曼降级反应是制备邻氨基苯甲酸的较好方法。由于邻氨基苯甲酸具有偶极离子的结构，既能溶于酸，也能溶于碱。因此，在加酸从碱性反应液中析出邻氨基苯甲酸时，一定要小心控制好酸的加入量，使溶液的 pH 接近邻氨基苯甲酸的等电点。

【实验目的】

（1）学习和掌握霍夫曼降级反应的原理和应用。

（2）学习和掌握冰盐浴的使用方法。

【实验原理】

邻氨基苯甲酸的制备反应式如下：

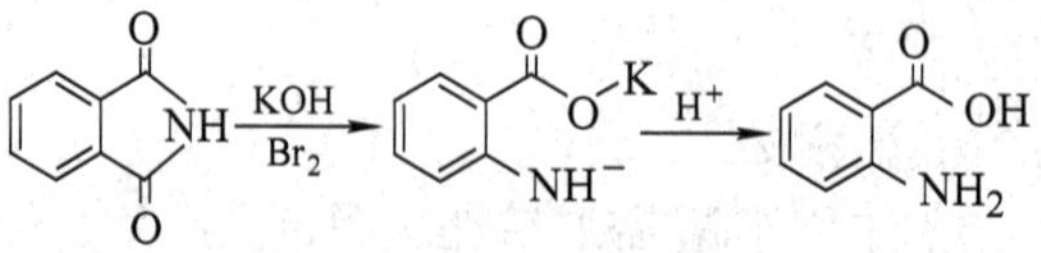

其反应机理为：

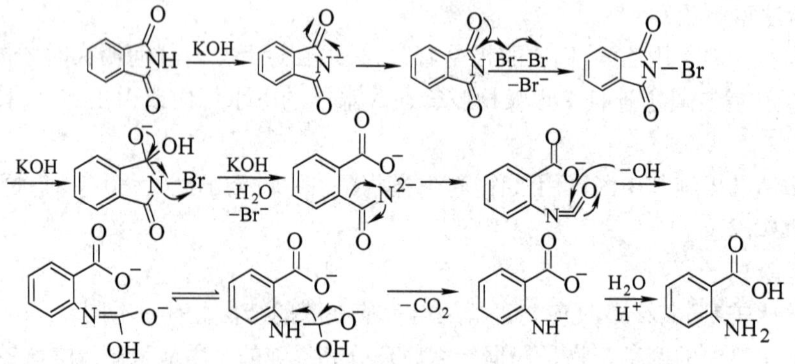

【仪器及药品】

1. 仪器

圆底烧瓶、烧杯、漏斗、滤纸、玻璃棒。

2. 药品

50% 的氢氧化钾溶液、溴、邻苯二甲酰亚胺、粉末状氢氧化钾、36% 的亚硫酸氢钠溶液、浓盐酸、冰醋酸。

【物理常数】

主要试剂及产物的物理常数见表 7 - 3。

表 7 - 3　主要试剂及产物的物理常数

名称	相对分子质量	相对密度 (d_4^{20})	熔点/℃	沸点/℃	溶解性		
					水	乙醇	乙醚
邻苯二甲酰亚胺	147.13	1.21	238	366	微溶	易溶	微溶
邻氨基苯甲酸	137.14	1.41	146～147	—	热易冷难	易溶	易溶

【实验步骤】

向 200 mL 的圆底烧瓶中加入 18.00 mL 50% 的氢氧化钾溶液,在搅拌下分三批加入 50 g 碎冰,并将烧杯用冰盐浴冷却,使其温度降至 - 15 ℃。滴加 5 g(2 mL)溴①,调节滴加速度使温度不超过 10 ℃。在全部溴溶解后,分批加入 5 g(0.034 mol)研细的邻苯二甲酰亚胺,注意将温度保持在 0 ℃以下。然后将透明反应液冷至 - 5 ℃②,加入 5.00 g 粉末状氢氧化钾,再搅拌 0.5 h。然后将溶液缓慢加热至 70 ℃,加入 2.5 mL 36% 的亚硫酸氢钠溶液③,冷却、过滤,滤液应该淡而透明。向滤液中加入 8～10 mL 浓盐酸,需要注意溶液仍应保持碱性④,再加入约 6 mL 冰醋酸,使邻氨基苯甲酸析出。放置,过滤,用少量冷水冲洗,干燥,得邻氨基苯甲酸约 4 g。

【注释】

①溴是易挥发、有刺激性和腐蚀性的红棕色液体,量取最好用移液管,在通风橱中进行,并防止被溴灼伤。

②反应须在 0 ℃以下进行,因为在较高温度下会生成含溴的杂质以及难以除掉的树脂状物质,使产物呈暗色,并大大降低其产率。

③加入亚硫酸氢钠溶液使过量的次溴酸钾分解。

④盐酸过量时,邻氨基苯甲酸易分解。

注意:在实验过程中不可遇明火。

实验五十三　乙酰水杨酸(阿司匹林)的制备

【实验目的】

(1)掌握阿司匹林的制备原理和实验方法。

(2)巩固重结晶操作技能。

【仪器及药品】

1. 仪器

熔点仪、标准磨口仪。

2. 药品

水杨酸、乙酸酐、浓硫酸。

【实验原理】

本实验的主反应如下：

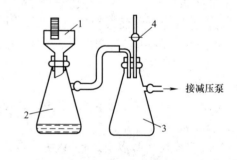

另外,水杨酸在酸性条件下还可发生缩合反应,生成少量聚合物,即

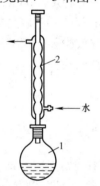

【实验装置】

实验装置见图 7－5 和图 7－6。

图 7－5　回流装置
1—圆底烧瓶;2—冷凝管

图 7－6　减压过滤装置
1—布氏漏斗;2—抽滤瓶;
3—缓冲用吸滤瓶;4—二通旋塞

【实验步骤】

水杨酸 1.60 g
乙酸酐 24 g
→浓硫酸 2 滴→充分摇荡→水浴加热(70 ℃)→20 min 不断振摇→稍冷→倒入 25 mL 冷水→

冰水冷却→抽滤→冰水洗涤两次→烘干,称重,测熔点

【实验注意事项】

(1)乙酸酐有毒,并有较强烈的刺激性,取用时应注意不要与皮肤直接接触,并防止吸入大量蒸气。加料时最好在通风橱内操作,物料加入烧瓶中后应尽快安装冷凝管,冷凝管内事先接通冷却水。

172

（2）反应温度不宜过高,否则会增加副产物的生成。

（3）由于阿司匹林微溶于水,所以洗涤结晶时,用水量要少些,温度要低些,以减少产品损失。

（4）浓硫酸具有强腐蚀性,应避免触及皮肤或衣物。

【思考题】

（1）什么是减压过滤？其有哪些主要步骤？

（2）介绍减压过滤装置中各仪器的名称和用途。

实验五十四 紫菜、海带中碘的提取

【实验目的】

（1）掌握提取紫菜和海带中的碘的原理和方法。

（2）了解物质分离和提纯的基本方法,熟练使用萃取分液等方法进行物质的分离和提纯。

（3）了解从植物中分离、检验某些元素的实验方法,熟练从紫菜、海带中分离和检验碘元素的操作流程,掌握溶解、过滤、萃取等基本操作。

【实验原理】

紫带、海带中的碘元素主要以 I^- 的形式存在,少量以有机碘和 IO_3^- 的形式存在。可使用某些氧化剂(如 H_2O_2、新制氯水)将 I^- 氧化为 I_2,然后检验 I_2 的存在,并分离 I_2,有关反应的离子方程式为

$$2I^- + H_2O_2 + 2H^+ = I_2 + 2H_2O$$
$$2I^- + Cl_2 = 2Cl^- + I_2$$

可使用淀粉溶液检验 I_2,用 CCl_4 萃取分液分离出 I_2。可用反萃取法提取碘单质,向碘的四氯化碳溶液中加入适量氢氧化钠溶液:

$$3I_2 + 6OH^- = 5I^- + IO_3^- + 3H_2O$$

再分层将水层转入小烧杯中,然后加硫酸酸化,可重新生成碘单质,方程式为

$$5I^- + IO_3^- + 6H^+ = 3I_2 + 3H_2O$$

由于碘单质在水中的溶解度很小,可沉淀析出,即可得到碘单质。

【仪器及药品】

1. 仪器

天平、镊子、剪刀、铁架台、酒精灯、坩埚、坩埚钳、泥三角、玻璃棒、分液漏斗、小烧杯、胶头滴管。

2. 药品

干紫菜和干海带、酒精、蒸馏水、淀粉溶液、5% 的 H_2O_2、2 mol/L 的 H_2SO_4 溶液、2 mol/L 的 NaOH 溶液、CCl_4 溶液。

【实验步骤】

1. 称取样品

称取 5 g 干海带或干紫菜,用刷子把海带或紫菜表面的附着物刷去(不要用水洗),用酒

精润湿后,放在坩埚中。

2. 灼烧灰化

将坩埚置于泥三角上,用酒精灯加热灼烧海带或紫菜至成灰。灼烧灰化的过程需要 5 ~ 6 min,干海带、干紫菜逐渐变得更干燥、卷曲,最后变成黑色粉末或细小颗粒,期间还会产生大量白烟,并伴有焦煳味。然后停止加热,自然冷却。

3. 溶解过滤

将海带、紫菜灰烬转入小烧杯中,并向小烧杯中加入约 15 mL 蒸馏水,沸煮 2 ~ 3 min,过滤,并用约 10 mL 蒸馏水洗涤沉淀得滤液。沸煮时固体未见明显溶解,过滤后得到淡黄色的清亮溶液。

4. 氧化及检验

向滤液中加入约 2 吸管 2 mol/L 的 H_2SO_4 溶液,再加入 4 吸管 5% 的 H_2O_2 溶液。取出少许混合液,用淀粉溶液检验碘单质。

5. 萃取分液

将氧化检验后的余液转入分液漏斗中,加入 2 mL CCl_4,充分振荡,打开上口的塞子或将旋塞的凹槽对准上口的小孔,静置,待完全分层后分液。

6. 反萃取

向碘的四氯化碳溶液中逐滴加入适量 2 mol/L 的 NaOH 溶液,边加边振荡,直至四氯化碳层不显红色为止;将水层转移入小烧杯中,并滴加 45% 的硫酸酸化,可重新生成碘单质,过滤得到碘单质。

【实验注意事项】

(1)将干海带、干紫菜在通风处加热灼烧,或使用通风设备去除白烟和难闻的气味;灼烧完毕,应将坩埚、玻璃棒放在石棉网上冷却。

(2)检验碘元素应取少量样品,不要向所有滤液中直接加淀粉溶液,否则后续实验将无法操作。

(3)灰烬应呈灰白色,不能烧成白色,否则碘会大量损失。

【思考题】

测定海带或紫菜中 I^- 的含量时,海带、紫菜灰烬溶于热水后为什么要滴加 2 mol/L 的 H_2SO_4 溶液?

实验五十五　彩色固体酒精的制备及燃烧热的测定

【实验目的】

(1)了解彩色固体酒精的制备原理、用途,掌握其制备方法。

(2)了解燃烧热的定义,氧弹量热计的结构、工作原理,学会用氧弹量热计测定固体酒精的燃烧热。

【实验原理】

固体酒精制备过程中涉及的主要化学反应式为

$$C_{17}H_{35}COOH + NaOH \Longrightarrow C_{17}H_{35}COONa + H_2O$$

反应生成的硬脂酸钠是一个长碳链的极性分子,室温下在酒精中不易溶,在较高的温度下,硬脂酸钠可以均匀地分散在液体酒精中,而冷却后则形成凝胶体系,使酒精分子被束缚于相互连接的大分子之间,呈不流动状态而使酒精凝固,形成固体酒精。

【仪器及药品】

1.仪器

三颈烧瓶(100 mL)、回流冷凝管、电热恒温水浴锅、天平、电动搅拌器、氧弹量热计、贝克曼温度计或数字精密度/温差测量仪、容量瓶。

2.药品

硬脂酸(化学纯)、酒精(工业品,90%)、氢氧化钠(分析纯)、酚酞(指示剂)、硝酸铜(分析纯)、苯甲酸(分析纯)、棉纱、引火丝、氧气钢瓶。

【实验步骤】

安全预防:酒精易燃,避免明火。

1.彩色固体酒精的制备

用蒸馏水将硝酸铜配成10%的水溶液,备用。将氢氧化钠配成8%的水溶液,然后用工业酒精稀释成1∶1的混合溶液,备用。将1 g酚酞溶于100 mL 60%的工业酒精中,备用。

取2.5 g工业硬脂酸、50 mL工业酒精和2滴酚酞置于100 mL的三颈烧瓶中,水浴加热,搅拌,回流。维持水浴温度在70 ℃左右,在冷凝管上方滴加上述1∶1的混合溶液,直至溶液颜色由无色变为浅红色又立即褪掉为止。继续维持水浴温度在70 ℃左右,搅拌,回流反应10 min后,一次性加入1.5 mL 10%的硝酸铜溶液再反应5 min,然后停止加热,冷却至60 ℃,将溶液倒入模具中,自然冷却后即得嫩蓝绿色的固体酒精。

2.彩色固体酒精燃烧热的测定

利用氧弹法测定所制彩色固体酒精的燃烧热。

【思考题】

(1)固体酒精燃料的性能如何评价?

(2)固体酒精制备常用的固化剂有哪些?

(3)提高固体酒精产品的质量有什么措施和方法?

实验五十六 补锌口服液葡萄糖酸锌的综合实验

【实验目的】

(1)学习和掌握合成简单药物的基本方法。

(2)学习并掌握葡萄糖酸锌的合成。

(3)进一步巩固络合滴定分析法。

(4)了解锌的生物意义。

【实验原理】

人体缺锌会造成生长停滞、自发性味觉减退、创伤愈合不良等现象,从而发生各种疾病。以往常用硫酸锌作添加剂,但它对人体的胃肠道有一定的刺激作用,而且吸收率也比较低。葡萄糖酸锌具有吸收率高、副作用小、使用方便等特点,是20世纪80年代中期发展起来的一种补锌添加剂,特别作为儿童食品、糖果的添加剂,应用日趋广泛。

葡萄糖酸锌为白色或接近白色的结晶性粉末,无臭,略有不适味,溶于水,易溶于沸水,

15 ℃时饱和溶液的质量分数为25%,不溶于无水乙醇、氯仿和乙醚。

合成葡萄糖酸锌的方法很多,可分为直接合成法和间接合成法两大类。葡萄糖酸锌的纯度分析可采用络合滴定法。

葡萄糖酸锌以葡萄糖酸钙和硫酸锌(或硝酸锌)等为原料直接合成,其反应为

$$Ca(C_6H_{11}O_7)_2 + ZnSO_4 = Zn(C_6H_{11}O_7)_2 + CaSO_4$$

这种方法的缺点是产率低、产品纯度差。

在pH≈10的溶液中,铬黑T(EBT)能与Zn^{2+}形成比较稳定的酒红色螯合物(Zn-EBT),而EDTA能与Zn^{2+}形成更为稳定的无色螯合物。因此滴定至终点时,铬黑T便被EDTA从Zn-EBT中置换出来,游离的铬黑T在pH值为8~11的溶液中呈纯蓝色。

$$\underset{酒红色}{Zn-EBT} + EDTA = Zn-EDTA + \underset{纯蓝色}{EBT}$$

葡萄糖酸锌溶液中游离的锌离子也可与EDTA形成稳定的络合物,因此EDTA滴定法能确定葡萄糖酸锌的含量。

【仪器及药品】

1. 仪器

台秤、蒸发皿、布氏漏斗、吸滤瓶、电子天平、滴定管(50 mL)、移液管(25 mL)、烧杯、容量瓶。

2. 药品

葡萄糖酸钙、$ZnSO_4 \cdot 7H_2O$、硫酸(1 mol/L)、乙醇(95%)、$NH_3 \cdot H_2O - NH_4Cl$缓冲溶液(pH≈10)、活性炭、乙二胺四乙酸二钠盐(简称EDTA,AR)、Zn粒、氨水(1:1)、HCl(6mol/L)、铬黑T(固体,1%)。

【实验步骤】

1. 葡萄糖酸锌的合成

称取葡萄糖酸钙4.5 g,放入50 mL的烧杯中,加入12 mL蒸馏水。另称取$ZnSO_4 \cdot 7H_2O$ 3.0 g,用12 mL蒸馏水使之溶解。在不断搅拌下把$ZnSO_4$溶液逐滴加入葡萄糖酸钙溶液中,加完后在90 ℃的水浴中保温约20 min,抽滤除去$CaSO_4$沉淀,将溶液转入烧杯中,加热近沸,加入少量活性炭脱色,趁热抽滤。将滤液冷却至室温,加10 mL 95%的乙醇(降低葡萄糖酸锌的溶解度),并不断搅拌,此时有胶状葡萄糖酸锌析出,充分搅拌后用倾析法除去乙醇液,得到葡萄糖酸锌粗品。

用适量水溶解葡萄糖酸锌粗品,加热(90 ℃)至溶解,趁热抽滤,滤液冷却至室温,加10 mL 95%的乙醇,充分搅拌,结晶析出后抽滤至干,得精品,在50 ℃下烘干,称量,可得供压制片剂的葡萄糖酸锌。

本品可作为营养增补剂(锌强化剂)。用于代乳品时,每升代乳品含锌量不得超过6 mg。

2. 葡萄糖酸锌含量的测定

设计用EDTA滴定法测定葡萄糖酸锌含量的实验步骤。

【实验注意事项】

(1)反应需在90 ℃的恒温水浴中进行。这是由于温度太高,葡萄糖酸锌会分解;温度太低,则葡萄糖酸锌的溶解度会降低。

（2）以乙醇为溶剂进行重结晶时,开始有大量胶状葡萄糖酸锌析出,不易搅拌,可用竹棒代替玻璃棒进行搅拌。乙醇溶液全部回收。

（3）在装柱过程中注意保持液面始终高于树脂层。

（4）配制锌标准溶液时,为防止锌与酸剧烈反应,必须加盖表面皿,定量转移须吹洗表面皿并多次淋洗烧杯。

（5）葡萄糖酸锌加水不溶时,可微热。

【结果和讨论】

（1）计算葡萄糖酸锌的产率。

（2）列表记录 EDTA 标定过程,计算 EDTA 的物质的量浓度。

（3）列表记录葡萄糖酸锌的测定过程,计算葡萄糖酸锌产品的纯度。

【思考题】

（1）根据制备葡萄糖酸锌的原理和步骤,比较直接法和间接法制备葡萄糖酸锌的优缺点。

（2）葡萄糖酸锌可以用哪几种方法进行结晶?

（3）可否用如下化合物与葡萄糖酸钙反应来制备葡萄糖酸锌? 为什么? ZnO,$ZnCO_3$,$ZnCl_2$,$Zn(CH_3COO)_2$。

（4）设计一个方案制备葡萄糖酸亚铁。

（5）试解释以铬黑 T 为指示剂的标定实验中的几个现象:

滴加氨水出现白色沉淀;

加入缓冲溶液后沉淀消失;

用 EDTA 标准溶液滴定溶液由酒红色变为纯蓝色。

（6）用铬黑 T 作指示剂时,为什么要控制 $pH \approx 10$?

实验五十七 香豆素 - 3 - 羧酸的制备

【实验目的】

（1）掌握 Perkin 反应的原理和芳香族羟基内酯的制备方法。

（2）掌握用薄层层析法监测反应的进程,熟练掌握重结晶的操作技术。

【实验原理】

Perkin 反应是不含有 $\alpha - H$ 的芳香醛(如苯甲醛)在强碱弱酸盐(如碳酸钾、醋酸钾等)的催化下,与含有 $\alpha - H$ 的酸酐(如乙酸酐、丙酸酐等)所发生的缩合反应,生成 $\alpha,\beta -$ 不饱和羧酸盐,经酸性水解即可得到 $\alpha,\beta -$ 不饱和羧酸。

香豆素又名香豆精,为 1,2 - 苯并吡喃酮,顺式邻羟基肉桂酸(苦马酸)的内酯,白色斜方晶体或结晶粉末,存在于许多天然植物中。它最早是 1820 年从香豆的种子中发现的,也含于熏衣草、桂皮的精油中。香豆素具有甜味,且有香茅草的香气,是重要的香料,常用作定香剂,可用于配制香水、花露水、香精等,也可用于制造一些橡胶制品和塑料制品,其衍生物还可用作农药、杀鼠剂、医药等。由于天然植物中香豆素含量很少,因而大量的是通过合成得到的。1868 年,Perkin 将邻羟基苯甲醛(水杨醛)与醋酸酐、醋酸钾一起加热制得香豆素,称为 Perkin 合成法。

水杨醛和醋酸酐首先在碱性条件下缩合,经酸化后生成邻羟基肉桂酸,接着在酸性条件下闭环成香豆素。Perkin 反应存在着反应时间长,反应温度高,产率有时不高等缺点。本实验采用改进的方法进行合成,用水杨酸和丙二酸酯在有机碱的催化下,可在较低的温度下合成香豆素的衍生物。这种合成方法称为 Knoevenagel 合成法,是对 Perkin 反应的一种改变,即让水杨醛与丙二酸酯在六氢吡啶的催化下缩合成香豆素-3-甲酸乙酯,后者加碱水解,酯基和内酯均被水解,然后经酸化再次闭环形成内酯,即为香豆素-3-羧酸。

【仪器及药品】

1. 仪器

分液漏斗(500 mL)、恒压滴液漏斗、布氏漏斗(φ8)、电动搅拌器、旋转蒸发仪、水浴锅、电热干燥箱、三口烧瓶(250 mL)、球形冷凝管、干燥管、玻璃水泵、温度计(0～300 ℃)、烧杯(500 mL)、量筒(100 mL)、滴液漏斗(60 mL)、电子天平。

2. 药品

水杨醛、丙二酸乙二酯、无水乙醇、六氢吡啶、冰醋酸、95%的乙醇、氢氧化钠、浓盐酸、无水氯化钙。

【实验步骤】

1. 香豆素-3-甲酸乙酯的制备

向干燥的 50 mL 圆底烧瓶中依次加入 1.7 mL 水杨醛、2.8 mL 丙二酸乙二酯、10 mL 无水乙醇、0.2 mL 六氢吡啶、1 滴冰醋酸和几粒沸石,装上配有无水氯化钙干燥管的球形冷凝管后,在水浴中加热回流 2 h。待反应液稍冷后将其转移到锥形瓶中,加入 12 mL 水,置于冰水浴中冷却,有结晶析出。待晶体析出完全后,抽滤,并每次用 2～3 mL 经冰水浴冷却过的 50%的乙醇洗涤晶体 2～3 次,得到的白色晶体为香豆素-3-甲酸乙酯的粗产物,干燥后产量为 2.5～3.0 g,熔点为 91～92 ℃。可用 25%的乙醇水溶液重结晶。纯香豆素-3-甲酸乙酯的熔点为 93 ℃。

2. 香豆素-3-羧酸的制备

向 50 mL 的圆底烧瓶中加入 2 g 上述自制的香豆素-3-甲酸乙酯、1.5 g NaOH、10 mL 95%的乙醇和 5 mL 水,再加入几粒沸石。装上冷凝管,水浴加热使酯溶解,然后继续加热回流 15 min。停止加热,将反应瓶置于温水浴中,用滴管吸取温热的反应液滴入盛有 5 mL 浓盐酸和 25 mL 水的锥形瓶中。边滴边摇动锥形瓶,可观察到有白色结晶析出。滴完后用冰水浴冷却锥形瓶,使结晶完全。抽滤晶体,用少量冰水洗涤,压紧,抽干。干燥后得产物约 1.5 g,熔点为 188.5 ℃。粗品可用水重结晶。纯香豆素-3-羧酸的熔点为 190 ℃(分解)。

本实验需 7～8 h。

注:加入 50%的乙醇溶液的作用是洗去粗产物中的黄色杂质。

【实验注意事项】

（1）缩合反应的反应时间比较重要，时间过短，反应不完全，但时间过长，反应副产物多，也影响酯的收率，且增大了后处理的难度。

（2）反应温度应控制在 70 ℃ 附近，乙醇的沸点为 78 ℃，反应温度超过 70 ℃ 会大大增加无水乙醇的挥发程度，增加副反应的发生。

（3）加入醋酸的目的：仅用六氢吡啶，不足以使反应发生，无法得到目标产物，向反应体系中加入 1 滴冰醋酸，反应即可在较低温度下进行，且缩短反应时间至 2 h。

【思考题】

（1）试写出本反应的反应机理，并指出反应中加入醋酸的目的是什么？

（2）试设计由香豆素 − 3 − 羧酸制备香豆素的反应过程和实验方法。

实验五十八　水杨酸甲醛（冬青油）的制备

【实验目的】

（1）掌握提高可逆反应产物的平衡产率的实验方法。

（2）了解水杨酸甲酯的制备原理及方法，理解浓硫酸对水杨酸甲酯的影响。

（3）训练查阅文献资料、设计实验方案、实施实验操作的能力。

【实验提示】

水杨酸在硫酸催化剂的作用下与甲醇发生反应，生成水杨酸甲酯，是可逆反应。水杨酸甲酯俗名冬青油，是无色且有香味的液体，沸点为 220 ~ 222 ℃，易溶于异辛烷、乙醚等有机溶剂，微溶于水。

促进可逆反应的平衡移动有多种方法。结合本实验的特点，选择可行的提高水杨酸甲酯平衡产率的实验方法。

一般酯化反应都用强酸作催化剂，可以是液体酸，也可以是固体酸，液体酸，可以是无机酸，也可以是有机酸。一般来说液体强酸为催化剂反应温度较低，而固体酸为催化剂需要较高的反应温度。

水杨酸是双官能团化合物，羧基和酚羟基都有酸性，在设计实验方案时要给予注意。

产物水杨酸甲酯是高沸点液体，高沸点液体化合物的精制，可以用常压蒸馏，也可以用减压蒸馏。

【仪器及药品】

1. 仪器

铁架台、圆底烧瓶、石棉网、冷凝管、锥形瓶、温度计、分液漏斗、烧杯、试管、天平、量筒、三口烧瓶。

2. 药品

水杨酸、甲醇、浓硫酸、浓盐酸、无水 $CaCl_2$、无水硫酸钠、5% 的 Na_2CO_3、异辛烷等。

【实验要求】

（1）查阅文献资料，依据实验室提供的条件，设计制备水杨酸甲酯的实验方案，并实施实验操作。

（2）以 0.05 mol 水杨酸为基准，确定实验规模、各种试剂的用量等，选择合适的仪器。

(3)综合分析文献资料,决定实验方案实施后原料水杨酸和甲醇是否需要回收,如果需要回收,设计回收方案,并根据实验条件进行鉴定。

(4)提出产物鉴定方法,并根据实验条件进行鉴定。

(5)写出实验报告。

【思考题】

(1)可否用回流分水的实验方法提高水杨酸甲酯的平衡产率?为什么?

(2)综合分析文献资料,总结提高酯化反应的产物平衡产率的方法,举例说明每种方法应用的条件。

实验五十九　香豆素的制备

【实验目的】

(1)了解香豆素的性质和用途。

(2)掌握珀金反应的原理及实验方法。

(3)巩固水蒸气蒸馏、重结晶等操作技术。

【实验原理】

香豆素,学名邻羟基桂酸内酯,又称香豆内酯,分子式为 $C_9H_6O_2$,相对分子质量为 146.15。香豆素是一种具有黑香豆浓重香味及巧克力气息的白色晶体或结晶粉末,味苦,能升华,熔点为 $68 \sim 70 \, ℃$,沸点为 $297 \sim 299 \, ℃$,不溶于冷水,溶于热水、乙醇、乙醚和氯仿。它是一种重要的香料,常用作定香剂,用于配制紫罗兰、熏衣草、兰花等香精,也用作饮料、食品、香烟、橡胶制品、塑料制品等的增香剂,在电镀工业中用作光亮剂。香豆素存在于许多植物中,天然黑香豆中含有 1.5% 以上。工业上利用珀金反应的原理来制备香豆素。芳香醛与脂肪酸酐在碱性催化剂作用下进行缩合生成 α, β – 不饱和芳香酸的反应,称为珀金反应(Perkin Reaction)。香豆素是以水杨醛和醋酸酐作原料,在弱碱(如醋酸钠、叔胺等)催化下经珀金反应、酸化及环化脱水而制得。反应中生成少量反式邻羟基肉桂酸,不能发生内酯环化,而生成邻乙酰氧基肉桂酸副产物。

【仪器及药品】

1. 仪器

50 mL 的圆底烧瓶、回流冷凝管(直形)、干燥管、250 mL 的三口烧瓶、水蒸气发生装置、抽滤装置、电热套、接引管、烧杯、250 mL 的锥形瓶。

2. 药品

水杨醛、醋酸酐、三乙胺、无水醋酸钠、无水氯化钙、沸石、碳酸氢钠、稀 $FeCl_3$ 溶液、活性炭。

【实验步骤】

1. 回流反应

向 50 mL 的圆底烧瓶中依次加入 1.9 mL 水杨醛、2 mL 三乙胺及 5 mL 醋酸酐,投入 2 粒沸石,配置回流冷凝管,冷凝管上连接氯化钙干燥管,将混合物加热回流 2 h。

2. 水蒸气蒸馏

回流结束后,将反应混合物趁热转入盛有 20 mL 水的 250 mL 三口烧瓶中,用少量热水冲洗反应瓶,以使反应物全部转入三口烧瓶中。然后进行水蒸气蒸馏,蒸除未反应完全的水杨醛。蒸馏至馏出液清亮时,再蒸馏一段时间,间或取出馏出液试样,用几滴稀 $FeCl_3$ 溶液检验,直到不发生显色反应,蒸馏即到终点。

2. 制得粗产品

水蒸气蒸馏结束后,待蒸馏烧瓶中的剩余物稍稍冷却,将其倒入烧杯中,在充分搅拌下慢慢加入碳酸氢钠粉末,直到溶液呈弱碱性(pH = 8)。将烧杯置于冰浴中使晶体析出。如果无结晶析出,可投入 1 粒香豆素晶种或用玻璃棒在烧瓶壁上摩擦,以诱使结晶析出。过滤,用少许冷水洗涤,即得香豆素粗产品。

4. 纯化

香豆素粗品可用水重结晶。1 g 粗品加 200 mL 水,沸煮 15 min。稍冷,加入半匙活性炭,再沸煮 3 min,趁热过滤。将滤液转至烧杯中,投入 1 ~ 2 粒沸石,加热沸煮直到溶液剩下约 80 mL 为止。待溶液稍冷却后,将烧杯置于冰浴中,使香豆素晶体充分析出,然后过滤,收集固体产品,干燥、称量、测熔点并计算产率。香豆素粗品也可用 1:1 的乙醇水溶液进行重结晶。

【实验注意事项】

(1)香豆素的制备除采用本实验的方法外,还可采用滴加蒸馏、减压蒸馏等方法。

(2)三乙胺有毒,应小心量取,或改用无水醋酸钠。量取醋酸酐时也应细心,若溅及皮肤,要用大量水冲洗。

(3)回流时所用的玻璃仪器需干燥,热源可以是 170 ℃ 左右的油浴,也可使用电热套,加热的程度以冷凝管内上升蒸气的高度不超过冷凝管高度的 1/3 为宜。

(4)酚类化合物可以与 $FeCl_3$ 溶液形成显色配合物,水杨醛可以与 $FeCl_3$ 溶液形成紫色配合物。

(5)滤液中含有副产物邻乙酰氧基肉桂酸,可用 20% 的盐酸酸化,经过滤收集沉淀物,沉淀物可用水 – 乙醇混合溶剂重结晶,即得邻乙酰氧基肉桂酸,熔点为 153 ~ 154 ℃。

(6)活性炭的加入量视溶液中有色杂质的多少而定,一般为 0.1 ~ 0.5 g,若无有色杂质,可不加。

【思考题】

(1)在实验中三乙胺起什么作用? 可否用其他化合物替代? 试举例说明。

(2)本实验有何副反应? 如何分离副产物?

(3)水蒸气蒸馏过程依据什么原理确定蒸馏的终点?

实验六十　玉米须中黄酮和多糖的提取、鉴别与含量测定

【实验目的】

(1)对玉米须中的黄酮和多糖进行分步提取、鉴别和含量测定。

(2)掌握天然产物的提取、鉴别和含量测定方法。

【实验原理】

黄酮类化合物多为结晶性固体,少数(如黄酮苷类)为无定形粉末。黄酮类化合物多为黄色,其颜色的深浅与其是否具有交叉共轭体系、助色团的多少有关,一般具有交叉共轭体系的黄酮类化合物(如黄酮、黄酮醇、查耳酮)多呈黄色或颜色较深,而不含有交叉共轭体系的黄酮类化合物(如二氢黄酮、二氢查耳酮、异黄酮)多无色或颜色较浅。黄酮类化合物在

紫外光下一般具有荧光,荧光的颜色与分子的结构有关。

黄酮类化合物的溶解度因其结构及存在的状态(苷或苷元、单糖苷、双糖苷或三糖苷)不同而有很大的差异。一般的游离黄酮苷元难溶或不溶于水,易溶于甲醇、乙醇、乙酸乙酯、乙腈等有机溶剂及稀碱中。黄酮类化合物糖苷化后,水溶性增强,脂溶性降低,一般易溶于热水、甲醇、乙醇及稀碱溶液,而难溶于苯、乙醚、氯仿、石油醚等亲脂性有机溶剂。游离的黄酮和黄酮苷一般都含酚羟基,故可溶于碱中,加酸后又沉淀出来,可利用此性质提取、分离黄酮类化合物。

玉米须中含黄酮类物质,能清除羟基和 DPPH 自由基,有调节小鼠的脂质代谢、抗衰老和抗疲劳作用。研究结果表明低浓度的玉米须提取物也有很好的抗氧化能力。

多糖又称多聚糖,是由单糖聚合成的聚合度大于 10 的极性大分子,分子量为数万至数百万,是构成生命活动的四大基本物质之一,与生命的多种生理功能密切相关。多糖是自然界中含量最丰富的生物聚合物,几乎存在于所有生物体中。多糖的种类繁多,传统水提法是研究和应用得最多的一种方法。水提法可用水煎煮提取,也可用冷水浸提。

玉米须多糖在玉米须中的含量为 1% ~ 4%,是玉米须最主要的水溶性成分之一。大量实验证明多糖具有抗病毒、增强免疫力、抗肿瘤、延缓衰老、降血糖、抗凝血等多种功效。

【仪器及药品】

1. 仪器

圆底烧瓶、冷凝管、烧杯(2 只)、量筒(10 mL、50 mL 各 1 个)、滤布、滴管、蒸发皿、pH 试纸、玻璃棒、恒温槽、减压装置一套、紫外分光光度计、容量瓶。

2. 药品

玉米须 10.0 g(干燥至恒重,过 40 目筛,精密称取)、乙醇、蒸馏水、浓盐酸、浓硫酸、苯酚、三氯化铝、锌粉、萘酚。

【实验步骤】

将 1 g 玉米须放入 150 mL 的圆底烧瓶中,以 30 倍的水量,用恒温水浴锅加热至 90 ℃,开始计时,反应 1 h,离心 3 min(3 500 r/min),取上清液抽滤。

1. 提取

1)黄酮苷

取玉米须柱头 2.0 g 放入圆底烧瓶中,以 1∶20 的料液比,用 60% 的乙醇于 80 ℃ 的水浴内提取 1 h;倒出,加入 10 mL 溶剂提取 30 min,共提取 2 次,合并 2 次的提取液过滤后,置于 50 mL 的容量瓶中定容。

2)多糖

取玉米须柱头 2.0 g 放入圆底烧瓶中,以 1∶20 的料液比,用蒸馏水于 90 ℃ 的水浴内提取 1 h;倒出,加入 10 mL 溶剂提取 30 min,共提取 2 次,合并 2 次的提取液过滤后,置于 50 mL 的容量瓶中定容。

2. 鉴别

1)α - 萘酚实验(Molisch 紫环反应)

取检品的水溶液 1 mL,加 5% 的萘酚试液数滴振摇后,沿管壁滴入 5 ~ 6 滴浓硫酸,使成两液层,2 ~ 3 min 后,两层液面出现紫红色环(糖、多糖或甙类)。

多糖类遇浓硫酸被水解成单糖,单糖被浓硫酸脱水闭环,形成糠醛类化合物,其在浓硫

酸存在下与 α-萘酚发生酚醛缩合反应,生成紫红色缩合物。

2)盐酸-镁粉实验

取检品的乙醇溶液 1 mL,加少量镁粉,然后加浓盐酸 4~5 滴,置于沸水浴中加热 2~3 min,如出现红色表示有游离的黄酮类或黄酮甙。黄酮有邻酚羟基,可与镁离子形成红色或橙色络合物。

实验六十一　冷饮品的制备

【实验目的】

(1)通过本实验了解冷饮品的制备原理和方法。

(2)进一步熟悉冷饮品制备的基本操作。

(3)了解冷饮品的应用价值。

【实验原理】

汽水、冰淇淋是夏季人们所喜欢的清凉饮品。汽水的主要成分之一是二氧化碳,它能把人体内的热气带出,产生凉爽的感觉,因此能消暑。冰淇淋以牛乳或牛乳制品和白糖为主要原料,加入鸡蛋或蛋制品、稳定剂、食用香精等,经过消毒,放在冰箱中冻凝而成。冰淇淋可口、营养价值高,是一种优良的冷饮品。

【实验内容】

1.汽水的制备

自制汽水的主要原料是柠檬酸和小苏打,当两者混合时,就产生二氧化碳。

柠檬酸和小苏打的质量比为 192:(3×84),约为 3:4,为使汽水带有一点酸味,可适当增大柠檬酸的用量。配方见表 7-4。

表 7-4　制备汽水的配方

配料	份数	配料	份数
柠檬酸	1	冷开水	100
白糖	15	食用香精	少许
小苏打	1		

向洁净的汽水瓶中加入冷开水、柠檬酸、白糖和少许食用香精,振摇使其溶解。再加入小苏打,立即密封瓶口,放入冰箱中冷却 0.5 h 后,即可饮用。

2.冰淇淋的制备

冰淇淋一般含脂肪 10%~12%,非脂肪乳固体 8%~10%,蔗糖 12%~16%,总干物质 32%~38%。配方见表 7-5。

表 7-5　制备冰淇淋的配方

配料	数量	配料	数量
牛奶	250 g	淀粉	适量
白糖	25 g	食用香精	数滴
鸡蛋黄	1 个		

制作时用温开水调好淀粉,与打匀的蛋黄混在一起,加入数滴食用香精,拌和调匀。另将牛奶加上白糖煮沸,慢慢地冲到蛋黄和淀粉的混合物中,并不断搅拌。再把调匀的牛奶蛋黄混合液煮沸,自然冷却到室温,放在冰箱的冷冻室内冻凝而成。

附　录

附录一　国际单位制

国际单位制以下表中的 7 个单位为基础,这 7 个单位称为 SI 基本单位。

SI 基本单位

量		单位	
名称	符号	名称	符号
长度	l	米	m
质量	m	千克(公斤)	kg
时间	t	秒	s
电流	I	安[培]	A
热力学温度	T	开[尔文]	K
物质的量	n	摩[尔]	mol
发光强度	I_V	坎[德拉]	cd

常用的 SI 导出单位

量		单位		
名称	符号	名　称	符号	定义式
频率	ν	赫[兹]	Hz	s^{-1}
能量	E	焦[耳]	J	$kg \cdot m^2 \cdot s^{-2}$
力	F	牛[顿]	N	$kg \cdot m \cdot s^{-2} = J \cdot m^{-1}$
压强	p	帕[斯卡]	Pa	$kg \cdot m^{-1} \cdot s^{-2} = N \cdot m^{-2}$
功率	P	瓦[特]	W	$kg \cdot m^2 \cdot s^{-3} = J \cdot s^{-1}$
电量	Q	库[仑]	C	$A \cdot s$
电位、电压、电动势	U	伏[特]	V	$kg \cdot m^2 \cdot s^{-3} \cdot A^{-1} = J \cdot A^{-1} \cdot s^{-1}$
电阻	R	欧[姆]	Ω	$kg \cdot m^2 \cdot s^{-3} \cdot A^{-2} = V \cdot A^{-1}$
电导	G	西[门子]	S	$kg^{-1} \cdot m^{-2} \cdot s^3 \cdot A^2 = \Omega^{-1}$
电容	C	法[拉]	F	$A^2 \cdot S^4 \cdot kg^{-1} \cdot m^{-2} = A \cdot s \cdot V^{-1}$
磁通量	Φ	韦[伯]	Wb	$kg \cdot m^2 \cdot s^{-2} \cdot A^{-1} = V \cdot s$
电感	L	亨[利]	H	$kg \cdot m^2 \cdot s^{-2} \cdot A^{-2} = V \cdot A^{-1} \cdot s$
磁通量密度(磁感应强度)	B	特[斯拉]	T	$kg \cdot s^{-2} \cdot A^{-1} = V \cdot s$

附录二　相对原子质量四位数表

（以 $^{12}C = 12$ 相对原子质量为标准）

表中除了 5 种元素有较大的误差外，所列数值均准确到第四位有效数字，末位数的误差不超过 ±1。对于既无稳定同位素又无特征天然同位素的各个元素，均以该元素的一种熟知的放射性同位素来表示，表中用其质量数（写在化学符号的左上角）及相对原子质量标出。

序数	名称	符号	相对原子质量	序数	名称	符号	相对原子质量	序数	名称	符号	相对原子质量
1	氢	H	1.008	37	铷	Rb	85.47	73	钽	Ta	180.9
2	氦	He	4.003	38	锶	Sr	87.62	74	钨	W	183.9
3	锂	Li	6.941	39	钇	Y	88.91	75	铼	Re	186.2
4	铍	Be	9.012	40	锆	Zr	91.22	76	锇	Os	190.2
5	硼	B	10.81	41	铌	Nb	92.91	77	铱	Ir	192.2
6	碳	C	12.01	42	钼	Mo	95.94	78	铂	Pt	195.1
7	氮	N	14.01	43	锝	Tc	98.91	79	金	Au	197.0
8	氧	O	16.00	44	钌	Ru	101.1	80	汞	Hg	200.6
9	氟	F	19.00	45	铑	Rh	102.9	81	铊	Tl	204.4
10	氖	Ne	20.18	46	钯	Pd	106.4	82	铅	Pb	207.2
11	钠	Na	22.99	47	银	Ag	107.9	83	铋	Bi	209.0
12	镁	Mg	24.31	48	镉	Cd	112.4	84	钋	^{210}Po	210.0
13	铝	Al	26.98	49	铟	In	114.8	85	砹	^{210}At	210.0
14	硅	Si	28.09	50	锡	Sn	118.7	86	氡	^{222}Rn	222.0
15	磷	P	30.97	51	锑	Sb	121.8	87	钫	^{223}Fr	223.2
16	硫	S	32.07	52	碲	Te	127.6	88	镭	^{226}Ra	226.0
17	氯	Cl	35.45	53	碘	I	126.9	89	锕	^{227}Ac	227.0
18	氩	Ar	39.95	54	氙	Xe	131.3	90	钍	Th	232.0
19	钾	K	39.10	55	铯	Cs	132.9	91	镤	^{231}Pa	231.0
20	钙	Ca	40.08	56	钡	Ba	137.3	92	铀	U	238.0
21	钪	Sc	44.96	57	镧	La	138.9	93	镎	^{237}Np	237.0
22	钛	Ti	47.88	58	铈	Ce	140.1	94	钚	^{239}Pu	239.1
23	钒	V	50.94	59	镨	Pr	140.9	95	镅	^{243}Am	243.1
24	铬	Cr	52.00	60	钕	Nd	144.2	96	锔	^{247}Cm	247.1
25	锰	Mn	54.94	61	钷	Pm	144.9	97	锫	^{247}Bk	247.1
26	铁	Fe	55.85	62	钐	Sm	150.4	98	锎	^{252}Cf	252.1
27	钴	Co	58.93	63	铕	Eu	152.0	99	锿	^{252}Es	252.1
28	镍	Ni	58.69	64	钆	Gd	157.3	100	镄	^{257}Fm	257.1
29	铜	Cu	63.55	65	铽	Tb	158.9	101	钔	^{256}Md	256.1
30	锌	Zn	65.39	66	镝	Dy	162.5	102	锘	^{259}No	259.1
31	镓	Ga	69.72	67	钬	Ho	164.9	103	铹	^{260}Lr	260.1
32	锗	Ge	72.61	68	铒	Er	167.3	104	鿌	^{261}Rf	261.1
33	砷	As	74.92	69	铥	Tm	168.9	105	𨧀	^{262}Db	262.1
34	硒	Se	78.96	70	镱	Yb	173.0	106	𨭎	^{263}Sg	263.1
35	溴	Br	79.90	71	镥	Lu	175.0	107	𨨏	^{264}Bh	264.1
36	氪	Kr	83.80	72	铪	Hf	178.5	108	𨭆	^{265}Hs	265.1

摘自：化学通报.1984,3:58(32 号 Ge 和 41 号 Nb 已根据《化学通报》1985,12:53 中的修订值进行了校正)。

附录三　常用有机溶剂的沸点、相对密度

名称	沸点/℃	相对密度(d_4^{20})	名称	沸点/℃	相对密度(d_4^{20})
甲醇	64.9	0.791 4	苯	80.1	0.878 7
乙醇	78.5	0.789 3	甲苯	110.6	0.866 9
乙醚	34.5	0.713 7	二甲苯(o-,m-,p-)	~140.0	
丙酮	56.2	0.789 9	氯仿	61.7	1.483 2
乙酸	117.9	1.049 2	四氯化碳	76.5	1.594 0
乙酐	139.5	1.082 0	二硫化碳	46.2	1.263 2
乙酸乙酯	77.0	0.900 3	硝基苯	210.8	1.203 7
二氧六环	101.7	1.033 7	正丁醇	117.2	0.809 8

摘自:高占先. 有机化学实验.4 版.北京:高等教育出版社,2004。

附录四　有机化合物的密度

下列有机化合物的密度可用方程式 $\rho_t = \rho_0 + 10^{-3}\alpha(t-t_0) + 10^{-6}\beta(t-t_0)^2 + 10^{-9}\gamma(t-t_0)^3$ 来计算。式中 ρ_0 为 $t=0$ ℃时的密度。单位为 $g\cdot cm^{-3}$，$1\ g\cdot cm^{-3} = 10^3\ kg\cdot m^{-3}$。

化合物	ρ_0	α	β	γ	温度范围/℃
四氯化碳	1.632 55	−1.911 0	−0.690 0		0~40
氯仿	1.526 43	−1.856 3	−0.530 9	−8.81	−53~55
乙醚	0.736 29	−1.113 8	−1.237 0		0~70
乙醇	0.785 06 ($t_0=25$ ℃)	−0.859 1	−0.560 0	−5.00	
醋酸	1.072 40	−1.122 9	0.058 0	−2.00	9~100
丙酮	0.812 48	−1.100 0	−0.858 0		0~50
异丙醇	0.801 40	−0.809 0	−0.270 0		0~25
正丁醇	0.823 90	−0.699 0	−0.320 0		0~47
乙酸甲酯	0.959 32	−1.271 0	−0.405 0	−6.00	0~100
乙酸乙酯	0.924 54	−1.168 0	−1.950 0	20.00	0~40
环己烷	0.797 07	−0.887 9	−0.972 0	1.55	0~65
苯	0.900 05	−1.063 8	−0.037 6	−2.213	11~72

摘自:International Critical Tables of Numerical Data. Physics,Chemistry and Technology. Ⅲ:28。

附录五　20 ℃下乙醇－水溶液的密度

乙醇的质量百分数/%	$\rho/(kg\cdot m^{-3})$	乙醇的质量百分数/%	$\rho/(kg\cdot m^{-3})$
0	$0.998\ 28\times10^3$	55	$0.902\ 58\times10^3$
10	$0.981\ 87\times10^3$	60	$0.891\ 13\times10^3$
15	$0.975\ 14\times10^3$	65	$0.879\ 48\times10^3$
20	$0.968\ 64\times10^3$	70	$0.867\ 66\times10^3$
25	$0.961\ 68\times10^3$	75	$0.855\ 64\times10^3$
30	$0.953\ 82\times10^3$	80	$0.843\ 44\times10^3$
35	$0.944\ 94\times10^3$	85	$0.830\ 95\times10^3$
40	$0.935\ 18\times10^3$	90	$0.817\ 97\times10^3$
45	$0.924\ 72\times10^3$	95	$0.804\ 24\times10^3$
50	$0.913\ 84\times10^3$	100	$0.789\ 34\times10^3$

摘自:International Critical Tables of Numerical Data. Physics,Chemistry and Technology. Ⅲ:116。

附录六　乙醇–水溶液的混合体积与浓度的关系

（温度为 20 ℃，混合物的质量为 100 g）

乙醇的质量百分数/%	$V_混$/mL	乙醇的质量百分数/%	$V_混$/mL
20	103.24	60	112.22
30	104.84	70	115.25
40	106.93	80	118.56
50	109.43		

摘自：傅献彩，等．物理化学（上册）．北京：人民教育出版社，1979：212。

附录七　常用酸碱溶液的相对密度、质量分数和物质的量浓度

酸

相对密度 (15 ℃)	HCl		HNO₃		H₂SO₄	
	w/%	c/(mol/L)	w/%	c/(mol/L)	w/%	c/(mol/L)
1.02	4.13	1.15	3.70	0.6	3.1	0.3
1.04	8.16	2.3	7.26	1.2	6.1	0.6
1.05	10.2	2.9	9.0	1.5	7.4	0.8
1.06	12.2	3.5	10.7	1.8	8.8	0.9
1.08	16.2	4.8	13.9	2.4	11.6	1.3
1.10	20.0	6.0	17.1	3.0	14.4	1.6
1.12	23.8	7.3	20.2	3.6	17.0	2.0
1.14	27.7	8.7	23.3	4.2	19.9	2.3
1.15	29.6	9.3	24.8	4.5	20.9	2.5
1.19	37.2	12.2	30.9	5.8	26.0	3.2
1.20			32.3	6.2	27.3	3.4
1.25			39.8	7.9	33.4	4.3
1.30			47.5	9.8	39.2	5.2
1.35			55.8	12.0	44.8	6.2
1.40			65.3	14.5	50.1	7.2
1.42			69.8	15.7	52.2	7.6
1.45					55.0	8.2
1.50					59.8	9.2
1.55					64.3	10.2
1.60					68.7	11.2
1.65					73.0	12.3
1.70					77.2	13.4
1.84					95.6	18.0

碱

相对密度 (15 ℃)	$NH_3 \cdot H_2O$		NaOH		KOH	
	$w/\%$	$c/(mol/L)$	$w/\%$	$c/(mol/L)$	$w/\%$	$c/(mol/L)$
0.88	35.0	18.0				
0.90	28.3	15.0				
0.91	25.0	13.4				
0.92	21.8	11.8				
0.94	15.6	8.6				
0.96	9.9	5.6				
0.98	4.8	2.8				
1.05			4.5	1.25	5.5	1.0
1.10			9.0	2.5	10.9	2.1
1.15			13.5	3.9	16.1	3.3
1.20			18.0	5.4	21.2	4.5
1.25			22.5	7.0	26.1	5.8
1.30			27.0	8.8	30.9	7.2
1.35			31.8	10.7	35.5	8.5

摘自:高职高专化学教材编写组.分析化学.4版.北京:高等教育出版社,2014.

附录八　我国化学药品等级的划分

等级	名称	英文名称	符号	适用范围	标签颜色
一级试剂	优级纯	Guaranteed Reagent	GR	纯度很高,适用于精密分析工作和科学研究工作	绿色
二级试剂	分析纯	Analytical Reagent	AR	纯度仅次于一级品,适用于一般定性、定量分析工作和科学研究工作	红色
三级试剂	化学纯	Chemically Reagent	CP	纯度较二级品差一些,适用于一般定性分析工作	蓝色
四级试剂	实验试剂	Laboratorial Reagent	LR	纯度较低,适于作实验辅助试剂及用于一般化学制备	棕色或其他颜色
	生物试剂	Biological Reagent	BR		黄色或其他颜色

摘自:徐英岚.无机与分析化学.北京:中国农业出版社,2001.

附录九　常用化学信息网址资料

1.科技文献网址

（1）http://www.las.ac.cn　　　　　　　中国科学院文献情报中心

（2）http://www.stdaily.com　　　　　　中国科技网

（3）http://www.acs.org　　　　　　　　美国化学会

（4）http://www.ccs.ac.cn　　　　　　　中国化学会

（5）http://china.chemnet.com　　　　　中国化工网

（6）http://webbook.nist.gov　　　　　　美国国家标准局

（7）http://www.sipo.gov.cn　　　　　中华人民共和国国家知识产权局

2. 部分大学及教育部门网址

（1）http://www.cernet.edu.cn　　　　中国教育和科研计算机网

（2）http://www.moe.edu.cn　　　　　中华人民共和国教育部

（3）http://www.chinaedu.com　　　　中国教育信息网

（4）http://www.tsinghua.edu.cn　　　清华大学

（5）http://www.pku.edu.cn　　　　　北京大学

（6）http://www.nju.edu.cn　　　　　南京大学

（7）http://www.zju.edu.cn　　　　　浙江大学

（8）http://www.fudan.edu.cn　　　　复旦大学

（9）http://www.jlu.edu.cn　　　　　吉林大学

（10）http://www.scu.edu.cn　　　　　四川大学

（11）http://www.dlut.edu.cn　　　　大连理工大学

（12）http://www.ecust.edu.cn　　　　华东理工大学

（13）http://www.nankai.edu.cn　　　南开大学

参 考 文 献

[1] 高占先.有机化学实验[M].4版.北京:高等教育出版社,2004.

[2] 浙江大学,南京大学,北京大学,等.综合化学实验[M].北京:高等教育出版社,2001.

[3] 南京大学大学化学实验教学组.大学化学实验[M].北京:高等教育出版社,1999.

[4] 古凤才,肖衍繁.基础化学实验教程[M].北京:科学出版社,2000.

[5] 袁履冰.有机化学[M].北京:高等教育出版社,2000.

[6] 张坐省.有机化学[M].北京:中国农业出版社,2001.

[7] 周科衍,高占先.有机化学实验[M].北京:高等教育出版社,1994.

[8] 吕俊民.有机化学实验常用数据手册[M].大连:大连工学院出版社,1987.

[9] 方珍发.有机化学实验[M].南京:南京大学出版社,1992.

[10] 张景文,杨乃峰.有机化学实验[M].长春:吉林大学出版社,1992.

[11] 徐晓强,刘洪宇,魏翠娥.基础化学实验[M].北京:化学工业出版社,2013.

[12] 唐迪.基础化学实验指导[M].2版.南京:南京大学出版社,2012.

[13] 洪芸.基础化学实验[M].上海:上海交通大学出版社,2010.